中东金花茶 *Camellia achrysantha*

薄叶金花茶 *Camellia chrysanthoides*

德保金花茶 *Camellia debaoensis*

显脉金花茶 *Camellia euphlebia*

簇蕊金花茶 *Camellia fascicularis*

淡黄金花茶 *Camellia flavida*

贵州金花茶 *Camellia huana*

凹脉金花茶 *Camellia impressinervis*

离蕊金花茶 *Camellia liberofilamenta*

柠檬金花茶 *Camellia indochinensis*

小花金花茶 *Camellia micrantha*

富宁金花茶 *Camellia mingii*

金花茶 *Camellia nitidissima*

小果金花茶 *Camellia nitidissima* var. *microcarpa*

小瓣金花茶 *Camellia parvipetala*

四季花金花茶 *Camellia perpetua*

平果金花茶 *Camellia pingguoensis*

顶生金花茶 *Camellia pingguoensis* var. *terminalis*

毛瓣金花茶 *Camellia pubipetala*

中华五室金花茶 *Camellia quinqueloculosa*

喙果金花茶 *Camellia rostrata*

东兴金花茶 *Camellia tunghinensis*

武鸣金花茶 *Camellia wumingensis*

金花茶组植物喀斯特（石灰土）生境

金花茶组植物土山（酸性土）生境

薄叶金花茶（石灰土）

德保金花茶（石灰土）

贵州金花茶（石灰土）

凹脉金花茶（石灰土）

柠檬金花茶（石灰土）

顶生金花茶（石灰土）

四季花金花茶（石灰土）

平果金花茶（石灰土）

淡黄金花茶（石灰土）

富宁金花茶（石灰土）

毛瓣金花茶（石灰土）

显脉金花茶（酸性土）

金花茶（酸性土）

东兴金花茶（酸性土）

小瓣金花茶（酸性土）

广西壮族自治区
中国科学院　广西植物研究所

金花茶组植物的
生态适应机制及保育研究

柴胜丰　韦　霄　唐健民　邹　蓉　江海都　秦惠珍　等著

广西科学技术出版社
·南宁·

图书在版编目（CIP）数据

金花茶组植物的生态适应机制及保育研究 / 柴胜丰等著 . —南宁：
广西科学技术出版社，2023.4
ISBN 978-7-5551-1940-1

Ⅰ.①金… Ⅱ.①柴… Ⅲ.①山茶科—植物生态学—适应性—研究
②山茶科—植物保护—研究 Ⅳ.① Q949.758.4

中国国家版本馆 CIP 数据核字（2023）第 073234 号

JINHUACHAZU ZHIWU DE SHENGTAI SHIYING JIZHI JI BAOYU YANJIU
金花茶组植物的生态适应机制及保育研究
柴胜丰 韦 霄 唐健民 邹 蓉 江海都 秦惠珍 等著

责任编辑：吴桐林	装帧设计：韦娇林
责任校对：吴书丽	责任印制：韦文印

出 版 人：卢培钊	出版发行：广西科学技术出版社
社　　址：广西南宁市东葛路66号	邮政编码：530023
网　　址：http://www.gxkjs.com	

经　　销：全国各地新华书店	
印　　刷：广西民族印刷包装集团有限公司	
地　　址：南宁市高新区高新三路1号	邮政编码：530007
开　　本：787 mm×1092 mm　1/16	
字　　数：365千字	印　　张：21.25　插　页：8
版　　次：2023年4月第1版	印　　次：2023年4月第1次印刷
书　　号：ISBN 978-7-5551-1940-1	
定　　价：168.00 元	

《金花茶组植物的生态适应机制及保育研究》
著作者名单

柴胜丰	韦 霄	唐健民	邹 蓉
江海都	秦惠珍	朱显亮	陈宗游
杨 雪	覃小玲	蒋水元	曾丹娟
付传明	杨一山	邓丽丽	史艳财
韦记青	蒋运生	熊忠臣	李吉涛
陈益农	丁 涛	付 嵘	蒋昌杰
谭春生	赵 博	黄瑞斌	杨泉光
刘晟源	农登攀	韦国旺	黄甫克

内容简介

　　金花茶组植物（*Camellia* Sect. *Chrysantha* Chang）为山茶属中唯一开黄色花的类群，是广西极具特色的珍贵植物资源，其所有种均已被列入《国家重点保护野生植物名录》。金花茶组植物中除少数几种分布于砂页岩和花岗岩山地（土山区）外，大部分种分布于石灰岩山地（石山区）。本书总结了中国金花茶组植物的种类及地理分布特征，阐述了2种生境下的金花茶组植物对不同土壤环境的生态适应机制，并对其开展生理生态学、生殖生态学和保育遗传学等方面的研究，研究结果对理解金花茶组植物物种多样性的形成及适应机制具有重要意义，对开展针对该组植物的保护及引种驯化具有重要的指导作用；同时本书对金花茶组植物的主要化学成分、繁殖技术、引种栽培和种质圃建设等方面的研究成果进行全面总结，为该类群的保护及开发利用提供科学依据和技术支撑。

　　本书可供高等院校、科研院所、自然保护区等机构从事植物学、生态学及相关领域学习研究的人员参考使用，尤其适用于从事珍稀濒危植物保育的专业技术人员，对金花茶生产企业技术人员和金花茶爱好者也有较高的参考价值。

序

中国是世界上植物多样性最为丰富的国家之一。近年来，由于气候变化、人口增长、环境污染、过度砍伐、生物入侵等诸多因素的影响，植物的生存正面临前所未有的挑战，许多植物物种趋于濒危甚至灭绝。珍稀植物是维护全球生物多样性的重要资源，加强对珍稀植物的保护，对改善生态环境、维护生态平衡、推动经济发展都具有重大意义。

金花茶自20世纪60年代在广西首次被发现并报道后，引起了国内外植物学界和园艺学界的广泛关注，被冠以"茶族皇后""植物中的大熊猫""梦幻中的山茶花"等美誉，是世界范围内珍贵、稀有的种质资源。金花茶还是广西壮族人民的传统用药，常用于清热解毒、利尿去湿、治痢疾、止痛止血、预防肿瘤等。近年来，金花茶组植物野生资源受到极为严重的破坏，对其开展保育及相关研究，有利于更好地对该类群进行保护和开发利用。

广西壮族自治区中国科学院广西植物研究所是国内最早从事金花茶组植物研究的单位之一，在金花茶组植物保育研究方面开展了许多卓有成效的工作。《金花茶组植物的生态适应机制及保育研究》是该所广西特色植物保育及利用创新团队出版的第二部关于金花茶组植物研究的专著。该书首次揭示了金花茶组植物的喜钙和嫌钙行为及生理生态适应机制，从生理生态学、生殖生态学和保育遗传学等方面阐明了该组植物的生物学、生态学特性及濒危机制，同时对金花茶组植物的主要化学成分、繁殖技术、引种栽培、种质圃建设等方面的研究成果进行了全面总结，是一本系统反映金花茶组植物保育生物学研究成果的专著，具有很高的学术价值和实用价值。该书的出版，将对金花茶组植物的保育及产业化发展起到很大的推动作用，对于从事珍稀濒危植物保护和利用的科技工作者也具有重要的参考价值。因此，在该书出版之际，乐意为之作序。

中国科学院院士 陈新滋

前　言

　　小麦育种专家李振声院士说过："一个物种可以决定一个国家的经济命脉，一个基因可以影响一个民族的兴衰。一个物种可能蕴含着能在未来被我们所应用的巨大价值，一旦灭绝，人类甚至在自己尚未意识到的情况下就永远丧失了发现这种价值的机会。"杂交水稻的成功培育有赖于野生稻基因的留存，青蒿素的发现源于野生黄花蒿种质资源。植物资源及其多样性是我们赖以生存和发展的基础，保护植物在某种意义上就是保护人类自身。

　　中国是植物资源尤为丰富的国家之一，植物资源约占世界植物总量的十分之一，且近一半为中国特有。近年来，由于人类活动、气候变化及植物自身的竞争劣势，许多植物的生存受到威胁。2013年9月，原环保部和中国科学院发布《中国生物多样性红色名录——高等植物卷》，内容显示，我国34450种高等植物中，属于灭绝等级的有52种；受威胁的物种有3767种，占评估物种总数的10.9%。中国大量野生植物处于濒临灭绝的境地。此外，一种植物的灭绝不仅意味着其自身基因、文化和科学价值的丧失，还会引起10～30种其他生物的生存危机。

　　植物资源保护日益受到国家的重视，成为我国生态文明建设的重要内容。2021年9月7日，国家林业和草原局、农业农村部发布最新的《国家重点保护野生植物名录》（2021年第15号），将455种野生植物列入其中，这是时隔22年首次对1999年发布的名录（第一批）进行更新。新的《国家重点保护野生植物名录》将成为未来一段时间野生植物保护的重要依据。2021年，中国正式设立三江源、大熊猫、东北虎豹、海南热带雨林、武夷山等第一批国家公园，并于2022年开始陆续在北京和广州成立国家植物园及华南国家植物园。国家公园和国家植物园体系的建设将有力促进中国野生植物资源的保护。2005年，云南省率先提出"极小种群野生植物"这一指导物种保护的新概念，并得到国家政府层面和保护生物学领域的关注和认可。国家和各省级机构组织实施了一系列关于极小种群野生植物的保护和专项拯救计划，极大地促进了中国极小种群野生植物的保护。

　　金花茶组植物（*Camellia* Sect. *Chrysantha* Chang）为山茶属中唯一开黄色花的类群，是广西极具特色的珍贵植物资源。近年来，由于"金花茶热"的持续影响，几乎

1

所有的金花茶组植物野生资源都受到极为严重的破坏。本人与中国科学院昆明植物研究所杨世雄老师于2020年合作发表喙果金花茶（*Camellia rostrata*）新种，在发表时就已找不到野外成年植株，该物种几乎已经野外灭绝，让本人真正体会到"一个物种还未被认识就已灭绝或濒临灭绝"绝不是危言耸听，也充分认识到开展金花茶组植物保育工作的紧迫性和必要性。广西壮族自治区中国科学院广西植物研究所（以下简称广西植物研究所）从20世纪70年代末开始进行金花茶组植物的研究工作，是从事金花茶组植物科研和保育的一支重要力量。本书是广西植物研究所广西特色植物保育及利用创新团队近10年来关于金花茶组植物研究成果的总结。全书总结了中国金花茶组植物的种类及地理分布特征，阐述了金花茶组植物中2种立地类型的金花茶（石灰土金花茶和酸性土金花茶）对不同土壤环境的生态适应机制，并对其开展生理生态学、生殖生态学、保育遗传学、繁殖技术、引种栽培、化学成分分析和种质圃建设等方面的研究和保护实践，这对于金花茶组植物的保护及开发利用具有极为重要的参考价值。

本书的研究工作得到国家自然科学基金项目"金花茶组植物嗜钙与嫌钙机制的比较研究"（31660092）、"广西喀斯特地区两种四季开花金花茶的繁殖策略及其适应意义"（32060248）、"东兴金花茶和同域分布的近缘广布种长尾毛蕊茶生殖生态学特性比较研究"（31860169）、"迁地保护的东兴金花茶群体遗传多样性、近交衰退和远交衰退研究"（32160091），广西自然科学基金项目"金花茶抗寒相关WRKY基因的克隆与功能解析"（2015GXNSFBA139051），广西重点研发计划项目"金花茶良种选育及繁殖技术研究与示范"（桂科AB21196018），广西首批高端智库建设试点单位研究成果项目（桂科院ZL202302、ZL202307）等的资助。研究工作还得到广西壮族自治区防城金花茶国家级自然保护区管理中心、广西弄岗国家级自然保护区管理中心、广西崇左白头叶猴国家级自然保护区管理中心、广西龙虎山自然保护区管理处、南宁市金花茶公园等单位的支持和帮助。四川省自然资源科学研究院峨眉山生物资源试验站李策宏工程师为本书提供了部分照片。中国科学院昆明植物研究所杨世雄老师和广西师范大学唐绍清老师提供了关于金花茶组植物分类的一些见解。此外，本书作者所在单位广西植物研究所对本研究提供了大力支持和帮助。在此，致以衷心的感谢！

由于作者水平有限，加之时间仓促，书中疏漏和错误之处在所难免，敬请读者批评指正。

柴胜丰

2023年2月

目 录

第一部分

概 论

第一章
中国金花茶组植物的种类

1.1 金花茶组植物的分类

1979年，张宏达先生根据金花茶及其近缘种开黄色花的特征建立了金花茶组（Sect. *Chrysantha* Chang），并对该组进行了修订，在 1998 年出版的《中国植物志》中收录了 16 种 2 变种（张宏达 等，1998）。闵天禄先生为 FLORA OF CHINA 山茶属的主编，其在 FLORA OF CHINA 中不承认金花茶组，把除毛瓣金花茶以外的金花茶种类都归为古茶组（Sect. *Archecamellia*）（闵天禄 等，2000），并对以前发表的种类进行了大量归并，承认的金花茶植物有 11 种 5 变种。梁盛业先生也是早期开展金花茶研究的重要人物，并发表了大量新种，他认为目前已知世界上的金花茶有 42 种 5 变种，除越南北部所产 10 多种和我国云南、贵州、四川各产 1 种外，其余 29 种 5 变种均产于广西南部和西南部（梁盛业，2007）。目前关于金花茶植物的分类还存在较大分歧，国内主流观点基本认可金花茶组植物这一分类群，本书也遵从这一观点。

近年来，我国和越南又陆续发现了一些金花茶新种，因越南发表的新种数量较多，且资料收集存在困难，本书暂只对我国的金花茶组植物进行统计。以《国家重点保护野生植物名录（广西部分）》（广西壮族自治区林业局 等，2021）中关于金花茶组的记录为主要参考依据，结合作者多年来对金花茶组植物的研究经验，以及近年来关于金花茶组植物分类的研究成果，分析得出我国金花茶组植物共有 23 种（含变种）（表1-1）。

表1-1　中国金花茶组植物的种类及归并情况

序号	中文名	拉丁名	归并情况
1	中东金花茶	*Camellia achrysantha*	
2	薄叶金花茶	*Camellia chrysanthoides*	龙州金花茶*Camellia longzhouensis*并入该种
3	德保金花茶	*Camellia debaoensis*	
4	显脉金花茶	*Camellia euphlebia*	

续表

序号	中文名	拉丁名	归并情况
5	簇蕊金花茶	*Camellia fascicularis*	
6	淡黄金花茶	*Camellia flavida*	弄岗金花茶*Camellia grandis*、毛籽金花茶*Camellia ptilosperma*、陇瑞金花茶*Camellia longruiensis*并入该种
7	贵州金花茶	*Camellia huana*	天峨金花茶*Camellia tianeensis*并入该种
8	凹脉金花茶	*Camellia impressinervis*	
9	离蕊金花茶	*Camellia liberofilamenta*	
10	柠檬金花茶	*Camellia indochinensis*	其他常用学名：*Camellia limonia*
11	小花金花茶	*Camellia micrantha*	夏石金花茶*Camellia xiashiensis*并入该种
12	富宁金花茶	*Camellia mingii*	
13	金花茶	*Camellia nitidissima*	
14	小果金花茶	*Camellia nitidissima* var. *microcarpa*	
15	小瓣金花茶	*Camellia parvipetala*	
16	四季花金花茶	*Camellia perpetua*	*Camellia chuongtsoensis*为该种异名
17	平果金花茶	*Camellia pingguoensis*	
18	顶生金花茶	*Camellia pingguoensis* var. *terminalis*	
19	毛瓣金花茶	*Camellia pubipetala*	
20	中华五室金花茶	*Camellia quinqueloculosa*	多瓣金花茶*Camellia multipetala*、直脉金花茶*Camellia longgangensis* var. *patens*并入该种
21	喙果金花茶	*Camellia rostrata*	
22	东兴金花茶	*Camellia tunghinensis*	
23	武鸣金花茶	*Camellia wumingensis*	

1.2 金花茶组植物的形态特征

1.2.1 中东金花茶 *Camellia achrysantha* Chang et S. Y. Liang

常绿灌木或小乔木，高 2～3 m。树皮黄褐色。叶革质，长 6～9.5 cm，宽 2.5～4 cm，先端钝尖，基部阔楔形，边缘具细锯齿，或近全缘，腹背两面无毛；侧脉 5～6 对，在腹面稍下陷，网脉不明显；叶柄长 5～7 mm。花单生于叶腋，直径 2.5～4 cm，黄色；花梗下垂，长 5～10 mm；苞片 4～6 枚，半圆形，长 2～3 mm，外面无毛，内面被白色短柔毛；萼片 5 枚，近圆形，长 4 ～ 10 mm，无毛，但内侧有短柔毛；花瓣 10 ～ 13 片，外轮近圆形，长 1.5 ～ 1.8 cm，宽 1.2 ～ 1.5 cm，无毛，内轮倒卵形或椭圆形，长 2.5 ～ 3 cm，宽 1.5 ～ 2 cm；雄蕊多数，外轮花丝连成短管，长 1 ～ 2 cm；子房 3 ～ 4 室，无毛，花柱 3 ～ 4 枚，长 1.8 ～ 2 cm，分离。蒴果扁三角状球形或扁球形，直径 3 ～ 4 cm，每室有种子 1 ～ 2 粒。花期 12 月至翌年 3 月。

1.2.2 薄叶金花茶 *Camellia chrysanthoides* Chang

常绿灌木或小乔木，高 2 ～ 5 m。树皮灰褐色，无毛。嫩叶紫红色，老叶革质，长椭圆形，长 7.5 ～ 19 cm，宽 3.5 ～ 6 cm，先端尾状渐尖或急尖，基部楔形或近圆形，边缘具细锯齿，腹面深绿色，背面淡绿色，散生黑褐色小腺点，两面均无毛；侧脉 9 ～ 13 对，干后在腹面下陷，在背面突起，中脉在腹面稍突起，在背面明显突起，网脉在腹面不明显下陷，在背面明显突起；叶柄长 0.9 ～ 1.2 cm，在腹面有沟槽，无毛，绿色。花单生，腋生或顶生，直径 1.5 ～ 3.5 cm，近无花梗；苞片 5 ～ 6 枚，近圆形，直径 2 ～ 4 mm，外面被灰色柔毛，边缘具缘毛；萼片 5 枚，近圆形或宽卵形，直径 3 ～ 5 mm，覆瓦状排列，外面上部常有紫红色斑块，且被灰色短柔毛较密，内面柔毛较少，边缘膜质；花瓣约 9 片，金黄色，分离，近圆形至长圆形，长 1 ～ 1.9 cm，宽 0.9 ～ 1.5 cm，外面被稀疏的银色小柔毛或近无毛；雄蕊多数，成 4 轮排列，长约 0.9 cm，花丝无毛；子房 3 室，密被灰白色柔毛，花柱 3 枚，完全分离，长约 1.5 cm，中部以下常被短柔毛。蒴果扁球形或三角状扁球形，直径 2 ～ 2.5 cm，高约 1 cm，表面被短柔毛，鲜果灰绿色，干后紫褐色，果皮薄，厚约 1 mm，每室种子 1 ～ 2 粒。种子灰褐色，无毛。花期 11 月至翌年 1 月。

1.2.3 德保金花茶 *Camellia debaoensis* R. C. Hu & Y. Q. Liufu

灌木或小乔木，高 2 ～ 3 m。幼枝圆柱形，无毛，黄棕色或灰棕色，当年生小枝紫红色。叶片革质，卵形到长卵形，长 8 ～ 13 cm，宽 4 ～ 6 cm，基部楔形到宽楔形，先端尾状尖端，边缘具细锯齿，腹面深绿色，无毛，背面浅绿色，具棕色腺体，沿脉疏生开展长柔毛；脉背面隆起，腹面凹陷，中脉每侧有次脉 5 ～ 6 条，在边缘连接；叶柄长 5 ～ 12 mm，无毛。花单生于叶腋，直径 3 ～ 4.5 cm；花梗长 4 ～ 6 mm；小苞片 4 ～ 5 枚，长 1 ～ 3 mm，卵状三角形，绿色无毛，边缘具缘毛；萼片 5 ～ 6 枚，半圆形到宽卵形，长 3 ～ 5 mm，宽 5 ～ 8 mm，无毛，稍黄色，偶有粉红色斑块，边缘具缘毛；花瓣 10 片，3 轮，每轮 3 ～ 4 片，黄色，无毛，外轮花瓣近圆形，偶有粉红色斑块，长 0.7 ～ 1.1 cm，内轮花瓣卵形或椭圆形，长 1.2 ～ 1.8 cm，宽 1.2 ～ 2.6 cm，基部稍合生；雄蕊多数，无毛，长约 2 cm，外轮花丝基部合生约 1/4，长 1.6 cm，内轮花丝近离生，长 1.7 cm；子房圆柱形，直径约 2 mm，无毛，3 室，花柱长 2 cm，无毛，基部合生，先端 3 裂为花柱长度的 1/6。蒴果三角状扁球形，无毛，直径 1.8 ～ 4.8 cm。种子半球形，棕色，被短柔毛。花期 12 月至翌年 2 月。

1.2.4 显脉金花茶 *Camellia euphlebia* Merr. ex Sealy

常绿灌木或小乔木，高 3 ～ 5 m。树皮灰色，幼枝紫褐色，粗壮，无毛，1 年生枝灰褐色。叶革质，椭圆形或阔椭圆形，长 14 ～ 20 cm，宽 5 ～ 8 cm，先端急短尖，基部钝或近圆，边缘具锯齿，腹面深绿色，背面淡绿色，两面无毛；侧脉 11 ～ 13 对，在腹面稍凹陷，背面显著突起；叶柄长 1 cm，粗壮，无毛。花 1 ～ 2 朵腋生或近顶生，直径 3 ～ 4 cm；花梗长 5 mm；苞片 8 枚，半圆形至圆形，长 2 ～ 5 mm；萼片 5 枚，近圆形，长 5 ～ 6 mm；花瓣 8 ～ 9 片，黄色，倒卵形，长 1.5 ～ 3 cm，基部连生；雄蕊长 1.5 ～ 2.5 cm，外轮花丝基部合生，内轮花丝离生；子房卵球形，直径约 2.5 mm，无毛，3 室，花柱 3 枚，长 1.5 ～ 2.5 cm。蒴果扁球形或扁三角状球形，直径 3.5 ～ 6 cm，高 2.5 ～ 3.5 cm，3 室，每室种子 1 ～ 3 粒。种子半球形或球形，黑褐色，无毛或近无毛。花期 12 月至翌年 2 月。

1.2.5 簇蕊金花茶（云南金花茶）*Camellia fascicularis* H. T. Chang

灌木或小乔木，高 2 ～ 6 m。幼枝紫褐色，无毛，1 年生枝灰褐色。叶薄革质，椭圆形、倒卵状椭圆形或长椭圆形，长 10 ～ 19.5 cm，宽 5 ～ 9.5 cm，先端急缩短尾尖，尾长约 1 cm，基部楔形至阔楔形，边缘具细钝锯齿，腹面深绿色，几无光泽，背面淡绿色，散生褐色细腺点，两面无毛；中脉在腹面平或略突，背面隆起，侧脉 9 ～ 10 对，纤细，在腹面微凹，背面突起；叶柄长 1 ～ 1.5 cm，无毛。花单生小枝上部叶腋或近顶生，鲜黄色，直径 3.5 ～ 4.5 cm；花梗长 6 ～ 8 mm，粗壮，向上增粗；小苞片 5 ～ 6 枚，半圆形或卵形，长 1 ～ 2 mm，宽 2 ～ 3 mm，外面无毛或疏生微柔毛，里面被白色短柔毛，边缘具睫毛；萼片 5 枚，近圆形，长 7 ～ 9 mm，外面疏生微柔毛或近无毛，里面被白色短柔毛，边缘具睫毛；花瓣 7 ～ 8 片，外方 2 枚较小，近圆形，长 1.3 ～ 1.5 cm，宽 1.1 ～ 1.5 cm，里面被白色短柔毛，其余为椭圆形或长圆状椭圆形，长 2 ～ 3 cm，宽 1.5 ～ 2 cm，无毛，基部连生；雄蕊长约 1.8 cm，无毛，外轮花丝下部合生，长约 5 mm；子房球形，直径约 3 mm，无毛，纵向具 3 条浅沟，先端 3 裂，3 室，花柱 3 枚，离生，长约 2 cm。蒴果圆球形、三角状球形或扁球形，直径 4 ～ 8 cm，干后果皮厚 3 ～ 6 mm。种子半球形，栗色，密被黄褐色柔毛。花期 12 月至翌年 1 月。

1.2.6 淡黄金花茶 *Camellia flavida* Chang

灌木，高 1 ～ 3.5 m。幼枝紫红色，无毛，1 年生枝灰褐色。叶薄革质，椭圆形或长圆状椭圆形，长 8 ～ 16 cm，宽 3 ～ 6.5 cm，先端渐尖或短尾尖，基部阔楔形或钝，边缘具细锯齿，腹面深绿色，背面淡绿色，具褐色细腺点，两面无毛；侧脉 7 ～ 9 对，中脉和侧脉在腹面多少凹陷，背面突起，网脉在腹面可见，背面略窄；叶柄长 3 ～ 6 mm，无毛，腹面具槽。花单生、腋生或近顶生，淡黄色或外花瓣略带紫色；花梗长 3 ～ 5 mm；小苞片 5 ～ 6 枚，半圆形或卵形，长 1.5 ～ 2.5 mm，宽 2 ～ 3.5 mm，外面无毛，里面被白色微柔毛，边缘具睫毛；花瓣 7 ～ 13 片，倒卵形或倒卵状椭圆形，长 1.2 ～ 2.5 cm，宽 0.9 ～ 1.5 cm，内轮花瓣基部连生；雄蕊长 1 ～ 1.5 cm，无毛，外轮花丝下部合生，长 3 ～ 5 mm；子房卵球形，直径 1.5 ～ 2 mm，无毛，花柱 3 枚，离生，长 1 ～ 1.3 cm。蒴果扁三角状球形，高 1.5 ～ 2 cm，直径 2.5 ～ 3.5 cm，果皮薄，厚约 1 mm，每室有种子 1 ～ 2 粒。种子圆球形或半球形，栗褐色，直径 1 ～ 1.5 cm，被棕色柔毛。花期 9 ～ 11 月。

1.2.7 贵州金花茶 *Camellia huana* T. L. Ming et W. J. Zhang

灌木或小乔木，高 1 ～ 3 m。幼枝紫红色，纤细，无毛，1 年生枝灰黄色，具褐色小皮孔。叶薄革质，椭圆形或长椭圆形，长 7.5 ～ 11.5 cm，宽 3 ～ 5 cm，先端短渐尖，基部楔形，边缘具锯齿，腹面深绿色，干后变黄绿色，有光泽，背面淡绿色，具褐色细腺点，两面无毛；侧脉 6 ～ 7 对，中脉和侧脉在腹面清晰或微凹，背面突起，网脉在腹面多少可见，背面略突；叶柄长 7 ～ 12 mm，无毛。花单生或 2 ～ 3 朵簇生于叶腋，淡黄色或初开时白色，后变为淡黄色，直径 3 ～ 3.5 cm；花梗长 6 ～ 10 mm；小苞片 5 ～ 6 枚，不遮盖花梗，半圆形或卵形，长 0.5 ～ 2 mm，外面无毛，里面被白色短柔毛，边缘具睫毛；萼片 5 枚，绿色，卵形或近圆形，长约 5 mm，外面无毛，里面被白色短柔毛，边缘具睫毛；花瓣 7 ～ 9 片，外方 2 ～ 3 片较小，阔椭圆形或倒卵形，长 1 ～ 1.2 cm，宽 0.8 ～ 1 cm，其余为倒卵状椭圆形，长 1.5 ～ 2 cm，宽 1 ～ 1.5 cm，基部连生；雄蕊长约 1.5 cm，无毛，外轮花丝下部合生，长约 4 mm；子房球形，直径约 2 mm，无毛，3 室，花柱 3 枚，离生，长约 1.4 cm。蒴果扁球形，高约 1.5 cm，直径 3～3.5 cm，果皮厚 1～1.5 mm，3 室，每室有种子 2 粒。种子半球形，褐色，密被棕色长柔毛。花期 2～3 月。

1.2.8 凹脉金花茶 *Camellia impressinervis* Chang et S. Y. Liang

灌木或小乔木，高 2～5 m。嫩枝红褐色，有短粗毛，老枝变为无毛。叶革质，椭圆形或长椭圆形，长 11.5～22 cm，宽 5～8.5 cm，先端急尖，基部阔楔形或窄而圆，边缘具细锯齿，腹面干后呈橄榄绿色，有光泽，背面黄褐色，有柔毛，具褐色腺点；侧脉 10～14 对，与中脉及网脉在腹面凹下，在背面突起；叶柄长 1 cm，腹面有沟，无毛，背面有毛。花通常单生，或 2 朵簇生，生于叶腋，直径 3.5～6 cm，淡黄色；花梗粗大，长 6～7 mm，无毛；苞片 5 枚，新月形，散生，无毛，宿存；萼片 5 枚，半圆形至圆形，长 4～8 mm，无毛；花瓣 12 片，淡黄色，无毛；雄蕊离生，无毛；子房无毛，花柱 3～4 枚，无毛。蒴果扁球形，直径约 4 cm，3～4 室，每室有种子 1～2 粒。种子球形，直径约 1.5 cm。花期 1～3 月。

1.2.9 离蕊金花茶 *Camellia liberofilamenta* Chang et C. H. Yang

常绿灌木，高 2～3 m。嫩枝纤细，无毛，干后黄绿色。叶薄革质，椭圆形，长 6～13 cm，宽 3.5～5.5 cm，先端急短尖，尖头长 8～14 mm，基部阔楔形，边缘上部 2/3 处具细锯齿，腹面干后呈绿色，稍发亮，背面黄绿色，无毛，有细微黑腺点；侧脉 5～6 对，与网脉在腹面能见，在背面稍突起；叶柄长 8～12 mm。花黄色，1～2 朵顶生或腋生，直径 4～4.5 cm；花梗长 6～7 mm，无毛；苞片 4～5 枚，卵形，长 1～2 mm，无毛；萼片 5 枚，卵形，长 4～5 mm，先端圆，无毛；花瓣 7～8 片，卵圆形，长 1.5～2.1 cm，宽 1.2～1.5 cm，无毛，先端圆，基部连生；雄蕊多轮，长 1.2～1.5 cm，基部与花瓣贴生 4～5 mm，其余部分离生；子房近球形，光滑无毛，花柱 3 枚，长 1.8 cm，离生。蒴果扁球形，高 2～4 cm，宽 3～6.8 cm，果皮厚 6～11 mm。种子近球形，褐色，被棕色短茸毛。花期 11 月至翌年 1 月。

1.2.10 柠檬金花茶 *Camellia indochinensis* Merr.

常绿灌木，高 1～3 m。树皮灰黄色。小枝纤细，稍弯垂，皮红褐色至灰褐色，无毛。

叶薄革质，椭圆形或长圆形，偶为倒卵形，长 4～8 cm，宽 2～4 cm，先端尾状渐尖，基部阔楔形，腹面深绿色，背面无毛，有褐色腺点，边缘具细锯齿；侧脉 5～8 对，腹面下陷；叶柄长 5～8 mm。花单生或 2～3 朵簇生于叶腋，淡黄色或近白色，直径 1.5～2.5 cm，花梗长 3～5 mm；苞片 4～5 枚，细小，半圆形，萼片 5 枚，近圆形，长 2～3 mm；花瓣 8～10 片，外轮较小，近圆形，直径 5～6 mm，内轮椭圆形至卵圆形，长 10～16 mm，近平展，无毛；雄蕊长 8～10 mm，花丝基部稍合生；子房近球形，直径约 1.5 mm，无毛，花柱 3 枚，完全分离，长 10～15 mm，无毛。蒴果三角状扁球形或扁球形，直径 1.5～2 cm，高 1～1.5 cm，果皮薄，厚约 1 mm。种子 1～3 粒，表面无毛。花期 12 月至翌年 1 月。

1.2.11 小花金花茶 *Camellia micrantha* S. Y. Liang et Y. C. Zhong

灌木或小乔木，高 2～3 m。幼枝紫红色，无毛，1 年生枝黄棕色。叶薄革质，阔倒卵形、倒卵状椭圆形或椭圆形，长 10～15 cm，宽 3.5～5.5 cm，先端急尖或短尾尖，基部阔楔形或钝，边缘具细锯齿，腹面深绿色，略具光泽，背面淡绿色，具褐色细腺点，两面无毛；侧脉 7～8 对，中脉和侧脉在腹面显著凹陷，背面突起；叶柄长 6～8 mm，无毛。花单生或 2～3 朵簇生于叶腋或近顶端，淡黄色，直径 1.5～2.5 cm；花梗长 3～5 mm；小苞片 5～7 枚，卵形或半圆形，两面无毛；萼片 5 枚，近圆形，长 3～4 mm，外面被微柔毛，里面无毛，边缘具睫毛；花瓣 6～8 片，外方 2～3 片近圆形，长 6～7 mm，其余呈椭圆形或倒卵状椭圆形，长 9～15 mm，宽 5～8.5 mm；雄蕊长 7～9 mm，无毛，外轮花丝下部合生，长约 3 mm；子房球形，直径约 1 mm，被白色短柔毛，3 室，花柱 3 枚，长 6～8 mm，离生，无毛。蒴果扁球形，直径约 3 cm。种子半球形，褐色，无毛。花期 11 月至翌年 1 月。

1.2.12 富宁金花茶 *Camellia mingii* S. X. Yang

灌木或小乔木，高 2～4 m。幼枝圆柱形，棕色到深棕色，密被浅黄色开展茸毛。叶薄革质，椭圆状卵形到狭卵形，长 10～15 cm，宽 4～6 cm，边缘疏生细锯齿，先端渐尖到尾状渐尖，基部宽楔形到圆形，腹面深绿色，无毛，背面浅绿色，具腺点，具贴伏长柔毛，沿脉密布长柔毛；中脉每侧的次脉 7～10 条，背面突起，腹面凹陷；叶柄长 5～7 mm。花腋生，单生，很少 2～3 朵簇生，直径 4.5～5.5 cm；花梗长 3～6 mm 或近无花梗；小苞片 4～5 枚，不等长，卵形或宽卵形，外面浅绿色，无毛或中脉疏生微柔毛，内面浅黄色，浓密被微柔毛，边缘具缘毛；萼片浅绿色，5～6枚，宽卵形到圆肾形，长5～10mm，外面无毛或近无毛，内面浅黄色和密被微柔毛，边缘具缘毛；花瓣12～13片，近圆形，金黄色，基部合生1～3mm，外轮花瓣长约1.8cm，宽2cm，内轮花瓣长约2.7cm，宽3.3cm，两面被微柔毛；雄蕊多数，长约3cm，外部花丝基部合生约1/2，被微柔毛，内部花丝近离生，距基部约2/3处被微柔毛；子房卵球形，3室，直径2～3mm，浅黄色，密被茸毛，花柱长约3cm，无毛或疏生短柔毛，先端3浅裂，裂2～3mm。蒴果扁球形，直径5～7cm，高2～3cm，果皮厚5～8mm，近无毛，仅在先端和基部被微柔毛，3室，每室内有种子2～3粒。种子半球形，棕色到深棕色，直径约1cm，被短柔毛。花期12月至翌年2月。

1.2.13　金花茶 *Camellia nitidissima* Chi

灌木或小乔木，高2～5m。树皮灰黄色至黄褐色。嫩枝圆柱形，淡紫色，无毛。叶革质，长圆形或披针形，长11～16cm，宽2.5～4.5cm，先端尾状渐尖，基部楔形，腹面深绿色，发亮，无毛，背面浅绿色，无毛，有黑腺点；中脉与侧脉在腹面下陷，背面隆起，有稀疏网脉而明显，侧脉6～9对；叶柄长7～11mm，无毛。花蜡质金黄色，单生或2朵簇生，腋生或近于顶生；花梗长5～13mm，稍下垂；苞片5枚，散生，阔卵形，长2～3mm，宽3～5mm，宿存；萼片5～6枚，卵圆形至圆形，长4～8mm，宽7～8mm，基部略连生，先端圆；花瓣8～12片，近圆形至阔倒卵形，肉质肥厚，具蜡质光泽，长1.5～3cm，宽1.2～2cm，基部略相连生，两面无毛；雄蕊多数，排成4轮，外轮与花瓣略相连生，花丝近离生或稍连合，无毛，长1.2cm；子房无毛，3～4室，花柱3～4枚，完全分离，无毛，长1.8cm。蒴果扁三角球形，高3.5～4.5cm，直径4.5～6.5cm，熟时黄绿色或带淡紫色，果皮厚8～9mm，每室有种子1～3粒。种子近球形或不规则形而有棱角，长1.5～2.5cm，宽1.2～2.2cm，淡黑褐色，无毛。花期12月至翌年3月。

1.2.14　小果金花茶 *Camellia nitidissima* var. *microcarpa* Chang et Ye

常绿灌木，高2～3m。树皮灰褐色至黄褐色，近平滑。小枝灰黄色，圆柱形，无毛。嫩叶紫红色，老叶革质，椭圆形，倒卵状椭圆形，长10～15cm，宽3～5.5cm，先端钝尖，基部阔楔形至近圆形，边缘具小锯齿，两面无毛，腹面绿色，有光泽，背面淡绿色；侧脉7～8对，腹面略下陷，网脉在两面均不明显；叶柄长5～13mm，无毛。花黄色，单生或 2 ～ 3 朵簇生于叶腋，直径 2.5 ～ 3.5 cm；花梗长 5 ～ 8 mm；苞片 5 ～ 6 枚，倒卵形，长 1.5 ～ 2 mm；萼片 5 枚，半圆形至近圆形，长 3 ～ 6 mm，外面近无毛，内面被银灰色短柔毛；花瓣 7 ～ 9 片，基部稍合生，外轮花瓣较短，近圆形或阔卵形，长 1 ～ 2 cm，内轮花瓣阔卵形至长椭圆形，长 1.5 ～ 2.3 cm；雄蕊多数，花丝长 1.2 ～ 1.5 cm，外轮花丝基部连生，内轮花丝离生，无毛；子房扁球形，直径 2 mm，3 室，无毛，花柱通常 3 枚，稀 4 枚，完全分离，长 1.5 ～ 2 cm，无毛。蒴果扁球形或扁三角状球形，直径 2.5 ～ 3.5 cm，熟时黄绿色或稍带淡紫色，无毛，顶端凹陷，3 室，每室种子 1 ～ 3 粒。种子半球形或球形，褐色，无毛。花期 12 月至翌年 1 月。

1.2.15 小瓣金花茶 *Camellia parvipetala* J. Y. Liang et Z. M. Su

常绿灌木，高 2 ～ 4 m。树皮灰褐色。嫩枝黄褐色或紫褐色。叶薄革质或纸质，广卵形至倒卵状椭圆形，长 6 ～ 15 cm，宽 3.5 ～ 5 cm，先端突尖或近短尖，基部阔楔形或圆形，上面深绿色，下面浅绿色，边缘具细锯齿；侧脉 7 ～ 9 对，在腹面略下陷；叶柄长 5 ～ 10 mm。花常单生，或 2 ～ 3 朵簇生于叶腋，直径 1.5 ～ 2 cm，淡黄色；花梗长 2 ～ 4 mm；苞片 4 ～ 5 枚，细小，半圆形，边缘有睫毛；萼片 5 ～ 6 枚，半圆形至圆形，直径 3 mm，有睫毛；花瓣 6 ～ 8 片，外轮近圆形，直径 4 ～ 7 mm，先端凹陷，内轮长圆形，长 1.3 cm，宽 7 ～ 10 mm；雄蕊长 8 ～ 10 mm，外轮花丝基部稍连生，成短管，无毛；子房 3 室，无毛，花柱 3 枚，离生，偶有 4 枚，长 8 ～ 10 mm。花期 11 月至翌年 1 月。

1.2.16 四季花金花茶（崇左金花茶）*Camellia perpetua* S. Y. Liang et L. D. Huang

灌木或小乔木，高 2 ～ 5 m。树皮红褐色。嫩枝浅红色，无毛，老枝灰褐色。叶薄革质，椭圆形、长圆形到窄倒卵形，长 5 ～ 7 cm，宽 2.5 ～ 3.4 cm，先端急尖，尖头钝，基部圆形、近圆形或宽楔形，边缘具胼胝质状细锯齿，腹面干后深绿色，有光泽，背面浅绿色，无毛，有多数分散褐色腺点；中脉两面突起，侧脉纤细，5 ～ 7 对，腹面微凹，背面突起；叶柄长 4 ～ 7 mm，无毛。花黄色，单独腋生或顶生，直径 5 ～ 6 cm；花梗连小苞片长 0.5 cm；小苞片 4 ～ 5 枚，阔卵圆形，由下向上渐次增大，在花梗上疏离，外面无毛，内面有白色短柔毛，边缘有睫毛，宿存；萼片 5 ～ 6 枚，不等大，覆瓦状排列，外面 2 ～ 3 枚较小，半圆形，绿色，革质，长宽均为 5 ～ 7 mm，内面 2 ～ 3 枚较大，阔卵圆形，黄色，边缘薄膜质，长 8 ～ 9 mm，宽 9 ～ 11 mm，外面无毛，内面有疏短白色柔毛，边缘有睫毛，宿存；花冠黄色，基部连成长 5 ～ 6 mm 的花冠管，内面贴生于雄蕊 9 mm；花瓣 13 ～ 16 片，倒卵形到阔倒卵形，外面数片较小，长 1.1 ～ 1.5 cm，宽 0.8 ～ 1.1 cm，其余长 2.2 ～ 3.4 cm，宽 1.4 ～ 1.8 cm；雄蕊多数，排成 5 ～ 6 轮，长 1.7 ～ 2.3 cm，外轮花丝基部连生成短管，管长 4 mm，内轮花丝完全离生，花丝无毛；子房无毛，3 室，每室胚珠 1 ～ 3 个，花柱 3 ～ 4 枚，完全离生，长 2 ～ 2.5 cm，无毛。蒴果三角状球形，果皮淡黄色，光滑，直径约 2.3 cm。种子每室 1 ～ 2 粒，种皮光滑，无毛。几乎全年开花，盛花期 6 ～ 10 月。

1.2.17 平果金花茶 *Camellia pingguoensis* D. Fang

常绿灌木，高 1 ～ 3 m。树皮灰色。幼枝紫红色，纤细，无毛，1 年生枝灰黄色。嫩叶暗红色，老叶薄革质，卵形或长卵形，长 4 ～ 8 cm，宽 2.5 ～ 3.5 cm，先端骤尖，基部圆楔形至楔形，腹面深绿色，背面浅绿色，有黑棕色腺点，边缘具细锯齿，两面无毛；侧脉 5 ～ 6 对，腹面清晰或不显，背面突起；叶柄长 6 ～ 10 mm。花 1 ～ 2 朵生于叶腋，黄色，直径 1.5 ～ 2 cm；花梗长 4 ～ 5 mm；苞片 4 ～ 5 枚，细小，无毛；萼片 5 ～ 6 枚，近圆形，长 2 ～ 4 mm；花瓣 7 ～ 8 片，长 8 ～ 10 mm，基部稍连生；雄蕊多数，长 8 ～ 10 mm，无毛，外轮花丝下部合生，长约 3 mm；子房近球形，无毛，花柱 3 枚，离生，长 9 ～ 13 mm。蒴果扁三角状球形，3 室，直径 2 ～ 3 cm，高 1.2 ～ 1.5 cm，果皮薄，厚 1 ～ 1.5 mm。种子半球形，直径约 1 cm，褐色，无毛。花期 11 月至翌年 1 月。

1.2.18 顶生金花茶 *Camellia pingguoensis* D. Fang var. *terminalis*（J. Y. Liang et Z. M. Su）S. Y. Liang

常绿灌木，高 1 ～ 3 m。树皮灰黄褐色。小枝黄褐色，密集，纤细。嫩叶淡紫红色，老叶薄革质，椭圆或长圆状椭圆形，叶长 3.5 ～ 6 cm，宽 2 ～ 3 cm，先端渐尖或尾状渐尖，基部楔形或阔楔形，两面无毛，背面散生黑褐色小腺点，边缘具小锯齿；侧脉每边 4 ～ 6 条，背面明显突起，中脉在两面明显突起，网脉不明显；叶柄长 5 mm，绿色，无毛。花单生于小枝顶端，偶有 2 朵顶生，直径 3.5 ～ 4.5 cm；花梗长 5 ～ 10 mm；苞片细小，半圆形，绿色；萼片 5 ～ 6 枚，长 5 ～ 8 mm，近圆形或半圆形，先端微凹，内面有灰白色短柔毛；花瓣 8～10 片，黄色，外轮花瓣较短，长圆形，长 1～1.5 cm，宽 1～1.2 cm；内轮花瓣较长，近圆形、椭圆形或卵状椭圆形，长 2～2.6 cm，宽 1.5～2 cm；雄蕊多数，成 5～6 轮排列，长 1～1.4 cm，花丝无毛，外轮花丝基部合生，内轮花丝基部离生；子房近球形，直径约 2 mm，无毛，3 室，花柱长 1～1.3 cm，无毛，离生。蒴果扁球形，直径 2.5～3 cm，高 1.5～2 cm，无毛，顶端微凹，果皮厚 8～14 mm，果柄长 3 mm 或近无柄，无毛，3 室，每室有种子 1～2 粒。种子球形、半球形或三角形，直径 1～1.5 cm，黑褐色，种皮被黄棕色细茸毛。花期 11 月至翌年 1 月。

1.2.19 毛瓣金花茶 *Camellia pubipetala* Y. Wan et S. Z. Huang

常绿灌木或小乔木，高 2～4 m。树皮灰黄色。幼枝被灰黄色开展柔毛，1 年生枝灰褐色，毛被变褐色硬毛状。叶薄革质，长圆形至椭圆形，长 10～17 cm，宽 3.5～6 cm，先端渐尖，基部圆形或阔楔形，边缘具细锯齿，腹面深绿色，有光泽，无毛，背面黄绿色，被茸毛；侧脉 8～10 对；叶柄长 5～10 mm，被毛。花黄色，直径 3.5～5 cm，顶生或腋生，单朵，稀双生，近无花梗；苞片和萼片均 10～15 枚，由外向内渐次增大，新月形、广卵形至近圆形，长 3～10 mm，外被柔毛；花瓣 9～13 片，倒卵形，长 2.2～3.8 cm，宽 1.6～3.0 cm，基部略连生，外被柔毛；雄蕊多数，花丝有毛，长 1.9～2.6 cm，外轮花丝基部与花瓣连生，内轮花丝离生；花柱 3 枚，长 2.4～2.9 cm，被柔毛，下部合生，子房 3 室，近球形，直径 2.5～3.8 mm，外被柔毛。蒴果扁球形，直径约 3.5 cm，通常 3 室，每室有种子 1～3 粒。种子半球形或球形，黑褐色。花期 1～3 月。

1.2.20 中华五室金花茶 *Camellia quinqueloculosa* S. L. Mo et Y. C. Zhong

常绿灌木或小乔木，高 3～5 m。树皮灰黄褐色。嫩枝淡红色，老枝黄褐色，无毛。嫩叶淡紫红色，老叶革质，椭圆形至长椭圆形，长 8.5～14.5 cm，宽 4～7.5 cm，先端尾状渐尖，基部圆形或阔楔形，边缘具细锯齿，两面均无毛，腹面深绿色，背面淡绿色，具黑色腺点；侧脉 7～8 对，与中脉在腹面下陷，在背面明显突起；叶柄长 1～1.5 cm，绿色，无毛。花单生，成腋生或顶生，直径 3.5～5 cm，淡黄色，无蜡质；花梗长 4 mm；苞片 4～5 枚，半圆形，内面被灰白色至灰褐色绢毛，边缘具小睫毛；萼片 5 枚，近圆形，长 3～6 mm；花瓣 11～17 片，外轮花瓣较短，近圆形，长 1.3 ～ 1.5 cm，内面被白色短柔毛，内轮花瓣较大，椭圆形或倒卵状椭圆形，长 2 ～ 2.5 cm，内面被稀疏短柔毛；雄蕊多数，成 3 ～ 4 轮排列，花丝无毛，外轮花丝基部连合，内轮花丝离生；子房近球形，无毛，通常 3 室，少数兼有 4 室或 5 室的变异，花柱 3 枚，稀 4 枚，完全分离，无毛。蒴果扁球形，直径 3 ～ 4 cm。花期 2 ～ 3 月。

1.2.21 喙果金花茶 *Camellia rostrata* S. X. Yang & S. F. Chai

灌木到小乔木，高 2 ～ 6 m。幼枝圆柱形，灰白色，无毛。顶芽无毛。叶薄革质，椭圆形到长圆形，大小二形，（13 ～ 16）cm×（5.5 ～ 7）cm，有时（6 ～ 8）cm×（3 ～ 4.5）cm，先端渐尖，基部楔形或宽楔形，边缘疏生细锯齿，腹面深绿色，稍发亮，无毛，背面黄绿色，散布深棕色腺体斑点，无毛；中脉具 7 ～ 10 对侧脉，腹面两条脉稍凹陷，背面突出；叶柄长 1 ～ 1.5 cm，无毛。花近顶生或腋生，单生，或很少 2 朵至多朵簇生于叶腋，直径 3.5 ～ 4.5 cm；花梗长 1.0 ～ 1.5 cm，通常下垂；小苞片 4 ～ 5 枚，绿色到黄绿色，不等长，背面无毛，内面有很短的粉状短柔毛，边缘具缘毛；萼片 5 ～ 6 枚，黄绿色到蜡黄色，宽卵形到近圆形，（4 ～ 13）mm×（6 ～ 13）mm，外面无毛，内面被微柔毛，边缘具缘毛；花瓣 11 ～ 12 片，3 ～ 4 轮，近圆形到椭圆形，（2 ～ 3）cm×（1.5 ～ 2.5）cm，金黄色，基部合生 2 ～ 4 mm，外面无毛，内面微柔毛；雄蕊多数，长约 2.5 cm，外部花丝基部合生，贴生于花冠约 1 cm，无毛或近无毛，内部花丝离生，基部疏生短柔毛；雌蕊长 2 ～ 2.8 cm，子房卵形球状，3 室，无毛，花柱合生，顶部分成 3 裂。蒴果三角形球状或椭圆形，绿色到黄绿色，直径 4 ～ 4.5 cm，先端狭窄成长 0.5 ～ 1 cm 的喙，果皮厚约 3 mm，裂成 3 瓣。种子每室 2 ～ 4 粒，楔形或半球形，直径约 1.5 cm，深棕色到黑棕色，疏生短柔毛。花期 10 ～ 12 月。

1.2.22 东兴金花茶 *Camellia tunghinensis* Chang

常绿灌木，高 2 ～ 4 m。树皮灰色。嫩枝圆柱形，纤细，无毛。嫩叶淡绿色或紫红色，老叶薄革质，椭圆形，长 5 ～ 8 cm，宽 3 ～ 4 cm，先端急尖，基部阔楔形，边缘上部具钝锯齿，腹面淡绿色，背面浅绿色，无毛；侧脉 4 ～ 6 对；叶柄绿色，长 8 ～ 15 mm，无毛。花单生或 2 ～ 3 朵簇生，黄色，腋生或顶生，直径 2.5 ～ 3.5 cm；花梗长 9 ～ 13 mm；苞片 6 ～ 7 枚，细小；萼片 5 枚，近圆形，长 4 ～ 5 mm，无毛；花瓣 7 ～ 9 片，长 1.5 ～ 2.5 cm；雄蕊多数，花丝长 1.5 ～ 1.8 cm，外轮花丝基部连生，内轮花丝离生；子房无毛，3 ～ 4 室，花柱 3 ～ 4 枚，长 2 ～ 2.5 cm，完全分离，无毛。

蒴果扁球形或扁三角状球形，直径 2～4 cm，果皮薄，厚 1.5～2 mm，3～4 室，每室种子 1～3 粒。种子半球形或球形，褐色，无毛。花期 2～4 月。

1.2.23 武鸣金花茶 *Camellia wumingensis* S. Y. Liang et C. R. Fu

常绿灌木，高 1～3 m。树皮灰褐色至黄褐色。嫩枝圆柱形，暗红色，老枝灰白色或黄褐色，无毛。嫩叶淡绿色，有时红褐色，老叶革质或近革质，椭圆形或长椭圆形，长 10.5～13.5 cm，宽 3.2～5 cm，先端渐尖，基部阔楔形或圆形，边缘具锯齿，腹面深绿色，背面浅绿色，无毛；侧脉 7～9 对，在背面稍突起；叶柄长 1～1.3 cm，绿色，无毛。花常单生，稀 2～3 朵簇生，成顶生或腋生，直径 3.5～4.5 cm，黄色；花梗长 5～10 mm；苞片 4～6 枚，半圆形，长 3～5 mm；萼片 5 枚，卵形或近圆形，长 5～9 mm，边缘均具灰白色小睫毛；花瓣 8～10 片，宽卵形或椭圆形，长 1.2～3.3 cm，宽 1.1～2.3 cm；雄蕊多数，成 4～5 轮排列，花丝长 1～1.3 cm，无毛，外轮花丝基部与花瓣连生，内轮花丝离生；子房近球形，3 室，稀 4 室，直径 3～4 mm，无毛，花柱 3 枚，长 1.5～1.7 cm，无毛，离生。蒴果扁球形，熟时黄绿色或带淡紫红色，高 1.2～2 cm，直径 2.5～4 cm，果皮厚 3～5 mm，每室有种子 1～2 粒。种子近球形或半圆形，淡褐色，无毛。花期 12 月至翌年 2 月。

关于金花茶组植物的分类目前还没有定论，且近年来仍有金花茶种类被发表。本书中记录的金花茶种类只是已有研究资料和成果的总结，因本书中部分研究工作开展较早，一些金花茶种类仍沿用其归并之前的名称。随着研究的不断深入，以及金花茶新种的不断发现，中国金花茶组植物物种资源将逐步得到完善。

第二章
中国金花茶组植物的地理分布

2.1 金花茶组植物的分布区

金花茶组植物是世界范围内珍贵、稀有的观赏植物和种质资源，分布范围狭窄，资源量有限，目前已全部被列入《国家重点保护野生植物名录》（国家林业和草原局等，2021）。生长在我国的金花茶组植物共有 23 种（含变种），其中广西有 21 种，云南有 2 种，贵州有 2 种。金花茶组植物在广西的分布区包括防城、东兴、江州、宁明、凭祥、龙州、扶绥、大新、天等、邕宁、西乡塘、隆安、武鸣、平果、田东、那坡、天峨等 17 个县（市、区），在云南主要分布于河口、马关、富宁等县，在贵州分布于册亨县和罗甸县。整个金花茶组植物分布区的南端在广西防城港市防城区，约为北纬 21°30′；北端在贵州罗甸县，约为北纬 25°19′；西端在云南河口瑶族自治县，约为东经 103°26′；东端在广西南宁市邕宁区，约为东经 108°35′。分布区跨纬度 3°49′，经度 5°09′。

分布区主要受太平洋东南季风的影响，由于东南面有十万大山，东北边缘为广西弧西翼，大部分地区处于背风的位置，整个分布区雨量偏少，气候比较干热，河谷地区尤甚。但十万大山的迎风区，雨量又特别丰富，成为广西多雨中心。低平地区的年均温为 22℃ 左右，少数地区不足 21℃，最冷月（1 月）均温 12 ～ 15℃，最热月（7 月）均温在 28℃ 以上，≥ 10℃ 年积温 7500 ～ 8000℃。分布区年降水量一般为 1300 mm，河谷地区不足 1200 mm，十万大山东南面为 2822.7 mm。多数地区雨季较短且开始较晚，每年 5 月才开始，9 月则终止，10 月降水量锐减，春旱、秋旱严重，旱季长达 5 个月。但这些地区空气湿度较大，年均相对湿度为 77% ～ 81%，1 月最低，也有 72% ～ 78%。十万大山东南面气候虽然不那么干热，且雨季可提前至 4 月开始，但每年也有 3 个月（11 月至翌年 1 月）的旱季。

分布区除以由碳酸盐岩发育成的各种喀斯特地貌为特色外，还有由砂页岩、砾岩和花岗岩发育成的流水侵蚀地貌，两种地貌类型均有金花茶组植物出现。分布区由于地质构成不同，金花茶组植物分布的土壤也不同，喀斯特地貌分布区的土壤为石灰土，流水侵蚀地貌分布区的土壤为红壤。石灰土包括棕色石灰土、黑色石灰土和水化棕色石灰土3种，每种土壤均可出现金花茶组植物。前两种类型分布于坡地，水化棕色石灰土见于圆洼地和谷地。石灰土一般碳酸钙和有机质含量较高，呈中性或弱碱性。红壤有赤红壤、红壤和黄壤3种类型，金花茶组植物一般见于前两类土壤，该两类土壤均呈酸性反应，碳酸钙和有机质含量低于石灰土。

分布区地带性植被为季节性雨林，可出现湿润性沟谷雨林，除贵州金花茶和离蕊金花茶分布区外，均属于热带森林的类型，但由于处在热带的北缘，已带有过渡的特点，金花茶组植物作为下层组成成分出现于林下。目前分布区现状植被以次生林为主，原生性天然林较少。喀斯特地区海拔700 m以下的范围，季节性雨林的代表树种为蚬木（*Excentrodendron tonkinense*）、金丝李（*Garcinia paucinervis*）、网脉核果木（*Drypetes perreticulata*）、肥牛树（*Cephalomappa sinensis*）、假肥牛树（*Cleistanthus petelotii*）、苹婆（*Sterculia monosperma*）、米扬噎（*Streblus tonkinensis*），沟谷雨林有海南风吹楠（*Horsfieldia hainanensis*）、人面子（*Dracontomelon duperreanum*）、东京桐（*Deutzianthus tonkinensis*）、假肥牛树、中国无忧花（*Saraca dives*）、肥牛树、纸叶琼楠（*Beilschmiedia pergamentacea*）、粗壮润楠（*Machilus robusta*）等。土山地区海拔500 m以下的范围，季节性雨林代表树种为榄类（*Canarium* spp.）、米老排（*Mytilaria laosensis*）、锈毛梭子果（*Eberhardtia aurata*）、见血封喉（*Antiaris toxicaria*）、人面子、粗糠柴（*Mallotus philippensis*）、山油柑（*Acronychia pedunculata*）、广西澄广花（*Orophea polycarpa*）、鹅掌柴（*Heptapleurum heptaphyllum*）、肉实树（*Sarcosperma laurinum*）等。

2.2 金花茶组植物的地理分布规律

2.2.1 生态环境

根据金花茶组植物生长的土壤不同，可将其分为石灰土金花茶和酸性土金花茶两大类，前者17种，分布于石灰岩山地（石山区）；后者6种，分布于砂页岩山地（土山区）（表2-1）。在自然情况下，尚未发现同一种类的金花茶可以在两类不同性质的土壤上生长，但在人工引种栽培下，原生长在石灰土上的金花茶种类引种到酸性土上也可以正常生长。两类土壤上的金花茶组植物对湿度、郁闭度等生态环境既有着大体相似的要求，也存在着差异，它们严格地按照这种特性进行分布。首先，它们正常情况下多出现于原生性的林内，为林下灌木和小乔木，难以达到乔木第二亚层以上的空间（树高 8 m 以上），在遭受砍伐破坏而退化成的次生林和灌木丛中也有分布，在草丛中则没有分布。其次，在土山区，它们一般分布于沟谷两旁和溪边，相对高度 20 ～ 30 m，此高度以上地区则很少见到，并以稍见阳光的坡面较多，在林缘亦少见；在石山区，它们出现于圆洼地底部及湿度和郁闭度较大的坡面。金花茶组植物不能忍受直射光的照射，在无荫蔽的环境下出现的一些植株，表现出生长不良、叶色变黄等现象，很快就会死亡；金花茶组植物生长群落的林冠层郁闭度一般在 75% 以上，林内湿度较大。与土山区金花茶相比，大部分石山区金花茶更为耐旱。

2.2.2 水平分布

金花茶组植物分布区主要在北回归线以南，个别地区稍向北扩散。如果以个体（数量）最多的地方作为金花茶组植物分布区的中心（几何中心），那么存在两个中心，一个在十万大山东南面，即防城区境内，另一个在龙州县境内，前者为土山区，后者为石山区。如果以种类最多的地方作为分布区的中心（最大变异中心），那么也存在两个中心，一个在龙州县境内（延伸到宁明县和凭祥市），该地区分布有 7 种金花茶组植物；另一个在扶绥县境内，分布有 5 种金花茶组植物。经向变化不如纬向变化那样复杂，而且只能从土山区（砂页岩和花岗岩山地）看到这样的变化，大约以东经 107°30′ 为界，以西为小瓣金花茶、小花金花茶分布区，以东为金花茶、东兴金花茶、显脉金花茶和小果金花茶分布区。

2.2.3 垂直分布

绝大多数金花茶组植物是北热带季节性雨林下的灌木和小乔木，因此，其垂直分布的高度与当地季节性雨林相同。金花茶组植物一般出现于海拔 700 m 以下，以海拔 200 ～ 500 m 的范围较为常见，其分布下限为海拔 20 m 左右，如在防城区大王江村附近的滨海丘陵台地，金花茶组植物仍为林下灌木层的优势种或共优势种；其分布上限可至海拔 800 ～ 900 m，如宁明县那陶大山海拔 890 m 处仍可见到小瓣金花茶（苏宗明 等，1988）。

表2-1　中国金花茶组植物的地理分布

序号	种名	分布	生境
1	中东金花茶 C. achrysantha	扶绥	石山
2	薄叶金花茶 C. chrysanthoides	龙州、宁明	石山
3	德保金花茶 C. debaoensis	德保	石山
4	显脉金花茶 C. euphlebia	防城、东兴	土山
5	簇蕊金花茶 C. fascicularis	河口、马关	石山
6	淡黄金花茶 C. flavida	龙州、宁明、凭祥、崇左、扶绥、南宁	石山
7	贵州金花茶 C. huana	册亨、罗甸、天峨	石山
8	凹脉金花茶 C. impressinervis	龙州、大新	石山
9	离蕊金花茶 C. liberofilamenta	册亨	石山
10	柠檬金花茶 C. indochinensis	龙州、宁明、崇左、扶绥	石山
11	小花金花茶 C. micrantha	龙州、宁明	土山
12	富宁金花茶 C. mingii	富宁、那坡	石山
13	金花茶 C. nitidissima	防城、东兴、南宁、扶绥	土山
14	小果金花茶 C. nitidissima var. microcarpa	南宁	土山
15	小瓣金花茶 C. parvipetala	宁明	土山
16	四季花金花茶 C. perpetua	崇左、宁明	石山
17	平果金花茶 C. pingguoensis	平果、田东	石山
18	顶生金花茶 C. pingguoensis var. terminalis	天等	石山
19	毛瓣金花茶 C. pubipetala	隆安、大新	石山
20	中华五室金花茶 C. quinqueloculosa	崇左、扶绥	石山
21	喙果金花茶 C. rostrata	隆安	石山
22	东兴金花茶 C. tunghinensis	防城	土山
23	武鸣金花茶 C. wumingensis	武鸣	石山

第二部分

金花茶组植物对不同土壤环境的生态适应机制

第三章
金花茶组植物－土壤主要营养元素含量特征及其相互关系

3.1 材料与方法

3.1.1 试验材料

试验材料为 14 种金花茶组植物，其中石灰土金花茶（喜钙型金花茶）有 10 种，分别为凹脉金花茶（CIM）、弄岗金花茶（CGR）、龙州金花茶（CLO）、四季花金花茶（CPE）、柠檬金花茶（CLI）、顶生金花茶（CPT）、毛瓣金花茶（CPU）、平果金花茶（CPI）、贵州金花茶（CHU）、淡黄金花茶（CFL）；酸性土金花茶（嫌钙型金花茶）有 4 种，分别为金花茶（CNI）、东兴金花茶（CTU）、显脉金花茶（CEU）、小瓣金花茶（CPA）。在野外进行各金花茶种类根部土壤和植物样品的采集，采集地点位于 14 种金花茶组植物自然分布区，地理位置为北纬 21°33′18″ ～ 25°09′13″，东经 106°48′20″ ～ 108°10′45″，包括龙州县广西弄岗国家级自然保护区的三联保护站和陇瑞保护站、宁明县峙浪乡派台村、隆安县广西龙虎山自然保护区、南宁市西乡塘区双定镇陇丰坡村、天等县小山乡江南村、平果市太平镇茶密村、天峨县坡结乡坡结村、防城区广西防城金花茶国家级自然保护区上岳保护站等。采集时间为 10 月下旬至 11 月上旬。分布区的植被类型主要是热带北缘石灰岩常绿林、石灰岩山地季节性雨林和南亚热带常绿阔叶林，以海拔 120 ～ 350 m 的山间沟谷和溪旁及石灰岩岩溶坡麓、峰槽谷地和洼谷地带较为常见。

3.1.2 样品采集和测定

在金花茶组植物分布区，对每种金花茶组植物选择 1 个具有代表性的种群，在该种群中选择 3 株长势接近的成年植株作为重复，进行取样。在植株根部附近采集表层（0 ～ 20 cm）土壤约 1 kg，用塑料袋盛装，登记编号后带回实验室内，经过自然风干、除杂、磨细、过筛后，贮藏于密封袋保存备用。并相应地采集植株的侧根（粗

0.5 ～ 1 cm）、茎（1 ～ 3 年生）、叶（1 年生），分别装入干净信封带回实验室，洗净、烘干、粉碎后，密封于袋中保存备用。

总共采集 42 份土壤样品和 126 份植物样品。对土壤样品的 pH 值，有机质含量及 N、P、K、Ca、Mg、Fe、Mn 的全量进行测定。其中，土壤 pH 值用玻璃电极法测定，有机质含量用高温外热重铬酸钾氧化—容量法测定。全 N、全 P 用石墨消解仪消煮—全自动化学间断分析仪测定。全 K 用石墨消解仪消煮—火焰光度计测定。Ca、Mg、Fe、Mn 用微波消解—火焰原子吸收分光光度法测定。采用上述同样方法分别对植物根、茎、叶样品的营养元素（N、P、K、Ca、Mg、Fe、Mn）含量进行测定。总共测定了 30 种土壤和植物指标。为了有效地量化植物对土壤中每种营养元素的吸收能力，参考 De la Fuente 等（2010）的公式计算各营养元素的生物吸收系数（BAC）：

$$BAC_E = [(C_{PR} + C_{PS} + C_{PL})/3]/C_S$$

式中 C_{PR}、C_{PS} 和 C_{PL} 分别为植物根、茎、叶中营养元素（E）的平均浓度，以 $g \cdot kg^{-1}$ 表示；C_S 为土壤中元素的平均浓度，以 $g \cdot kg^{-1}$ 表示。通常 BAC 在 0.01 ～ 0.1 范围内表示吸收能力较弱，在 0.1 ～ 1 范围内表示吸收能力中等，在 1 ～ 10 范围内表示吸收能力较强。

3.1.3 数据处理

采用 R v4.1.1（Team，2015）进行统计分析。首先，对所有指标进行正态性检验，以 Shapiro-Wilk ≥ 0.9 为阈值，必要时，对各指标进行数学变换（如对数、正弦、余弦）。使用 t 检验比较石灰土金花茶和酸性土金花茶的根际土壤、根、茎、叶等 30 个指标间的差异，单因素方差分析（One-Way ANOVA）比较不同金花茶组植物间的各指标差异，并对 30 个指标进行相关性分析及显著性检验，以 $P < 0.05$ 为阈值提取显著相关的指标，随后利用 Cytoscape v3.8.2（Smoot et al.，2011）构建主要营养元素间的相关性网络图。相关性热图的绘制使用 TBtools v1.098669（Chen et al.，2020）。

3.2 结果与分析

3.2.1 石灰土金花茶和酸性土金花茶的生境土壤环境差异

石灰土生境的土壤 pH 值在 6.61（凹脉金花茶）与 7.53（平果金花茶）之间，呈中性或弱碱性，而酸性土生境的土壤平均 pH 值为 4.97（表 3–1）。石灰土生境的土壤平均有机质含量（8.05%）显著高于酸性土生境的（5.94%），其主要营养元素含量依次为 Fe > Mg > K > Ca > N > Mn > P；而酸性土的主要营养元素含量依次为 Fe > K > Mg > N > Ca > P > Mn。进一步比较发现，除 K 含量为酸性土高于石灰土外，其余营养元素含量均表现为石灰土高于酸性土。总体而言，两种土壤生境存在较大差异，石灰土生境富含更多营养元素，土壤相对肥沃，而酸性土的营养元素富集能力有限，土壤相对贫瘠。

3.2.2 石灰土金花茶和酸性土金花茶植物组织中的主要营养元素及吸收系数差异

在石灰土金花茶和酸性土金花茶植物组织中，11 项营养指标（主要是 P、K、Ca 的含量）存在显著差异（$P < 0.05$），其中 8 项存在于地上部分（茎和叶）（表 3–2）。P、Ca 在石灰土金花茶的根、茎、叶中的含量显著（$P < 0.05$）高于在酸性土金花茶中的，而 K 的含量则相反。Fe 和 Mn 的含量仅在茎中存在显著差异（$P < 0.05$）。在营养元素吸收能力方面，所有物种的 BAC_{Ca} 都最高，而 BAC_{Fe} 最低（图 3–1）。在各物种中，显脉金花茶对 7 种元素的累积 BAC 最高，毛瓣金花茶最低。四季花金花茶的 BAC_N 和 BAC_K 最高。总的来说，石灰土金花茶大部分元素的 BAC 低于酸性土金花茶的。

表3-1　不同土壤环境下14种金花茶组植物根部土壤主要营养元素差异

金花茶组植物种类	pH值	有机质含量（%）	N含量（g·kg⁻¹）	P含量（g·kg⁻¹）	K含量（g·kg⁻¹）	Ca含量（g·kg⁻¹）	Mg含量（g·kg⁻¹）	Fe含量（g·kg⁻¹）	Mn含量（g·kg⁻¹）
CIM（n=3）	6.61±0.48b	6.30±1.76cd	4.03±1.64bc	1.88±0.21ab	9.87±1.91a	2.54±0.94de	6.35±1.44cde	105.83±8.89a	2.19±0.15c
CPE（n=3）	7.00±0.51ef	5.58±0.72cd	1.56±0.37ef	0.54±0.06e	1.00±0.30h	3.31±0.96bcd	7.31±0.13cd	90.00±1.99b	1.20±0.05de
CLO（n=3）	6.93±0.25cde	9.17±0.89b	2.96±0.22cde	2.03±0.27a	2.35±0.10gh	5.12±1.01ab	9.93±0.46b	86.39±5.66bc	2.70±0.37d
CPT（n=3）	6.90±0.35ab	12.31±2.69a	6.69±1.64a	0.74±0.04de	2.33±0.29gh	1.95±0.76e	7.95±0.20c	80.20±3.29bcd	1.32±0.19d
CFL（n=3）	7.21±0.21ab	7.29±0.83c	2.21±0.50cdef	1.78±0.20bc	6.65±0.97bcd	3.53±1.26bc	5.75±0.44de	88.44±1.79a	4.31±1.16a
CHU（n=3）	7.19±0.37ab	6.95±1.66c	2.68±0.53cdef	1.06±0.04d	8.03±1.09b	4.50±1.48ab	3.83±1.36f	52.17±10.46f	3.50±0.80ab
CPU（n=3）	7.28±0.13ab	9.87±1.60b	3.06±0.50cde	1.69±0.33bc	4.63±0.56def	5.96±1.49a	13.87±1.12a	88.26±6.91bc	2.91±0.23bc
CLI（n=3）	6.93±0.17ab	6.46±1.21cd	3.85±1.42bcd	0.85±0.07de	4.50±0.10ef	3.49±0.57bc	3.68±0.08f	82.72±2.76bc	2.75±0.46bc
CGR（n=3）	6.98±0.59ab	6.62±0.67c	5.05±1.00b	1.07±0.33d	3.87±0.11fg	5.88±1.62a	7.89±0.92c	70.09±10.52cd	2.81±0.74bc
CPI（n=3）	7.53±0.28a	9.94±1.10b	2.17±1.16def	1.50±0.20c	3.10±0.89fg	5.38±1.36a	9.75±1.23b	77.25±2.16cd	2.36±0.60c
CSC（n=30）	7.06±0.25**	8.05±2.15**	3.43±1.54**	1.31±0.53**	4.63±2.78**	4.16±1.41**	7.63±3.06**	82.13±14.10**	2.61±0.93**
CTU（n=3）	5.00±0.37d	8.01±0.14bc	2.11±0.35def	0.76±0.02de	7.10±1.31bc	0.60±0.12e	6.62±1.12cde	50.71±2.30f	0.50±0.10de
CNI（n=3）	3.81±0.23e	5.59±1.44cd	3.24±0.94cde	0.64±0.03e	6.07±0.61cde	0.40±0.16e	3.85±1.11f	51.20±4.18f	0.33±0.07e
CEU（n=3）	5.21±0.57d	6.20±0.95cd	2.18±0.27def	0.73±0.06de	9.83±1.31a	0.48±0.10e	6.34±1.87cde	61.19±2.89ef	0.63±0.23de
CPA（n=3）	5.86±0.15c	3.97±1.06d	1.07±0.18f	0.56±0.10e	7.47±1.98bc	1.47±0.33e	5.15±1.30ef	29.99±7.55g	0.73±0.41de
ASC（n=12）	4.97±0.86**	5.94±1.69**	2.15±0.89**	0.67±0.09**	7.62±1.59**	0.74±0.50**	5.49±1.26**	48.27±13.11**	0.55±0.17**

注：数据为平均值±标准差。同列数据后不同字母表示经Duncan多重比较检验后差异显著（$P<0.05$）。加粗文字分别表示石灰土壤和酸性土壤金花茶根部土壤各指标的平均值，**表示石灰土金花茶根部土壤和酸性土金花茶根部土壤各指标经过检验后差异极显著（$P<0.01$）。

表3-2　石灰土金花茶和酸性土金花茶根、茎、叶的主要营养元素差异

营养指标（g·kg⁻¹）	CSC（n=30）	ASC（n=12）	差异显著性
N（根）	4.46 ± 2.31	5.72 ± 2.79	ns
P（根）	0.89 ± 0.52	0.53 ± 0.10	**
K（根）	2.45 ± 1.48	3.46 ± 1.59	*
Ca（根）	17.60 ± 9.13	11.16 ± 11.31	*
Mg（根）	2.30 ± 1.13	2.62 ± 1.09	ns
Fe（根）	0.39 ± 0.30	0.31 ± 0.11	ns
Mn（根）	0.75 ± 0.70	0.71 ± 0.54	ns
N（茎）	4.39 ± 2.10	4.01 ± 1.15	ns
P（茎）	0.93 ± 0.39	0.62 ± 0.08	**
K（茎）	2.76 ± 1.33	4.32 ± 1.94	*
Ca（茎）	22.98 ± 10.33	6.62 ± 2.03	**
Mg（茎）	3.06 ± 1.55	2.46 ± 1.42	ns
Fe（茎）	0.30 ± 0.20	0.43 ± 0.24	*
Mn（茎）	0.98 ± 0.87	0.32 ± 0.08	**
N（叶）	8.65 ± 5.63	7.12 ± 3.85	ns
P（叶）	0.84 ± 0.30	0.61 ± 0.14	**
K（叶）	6.46 ± 2.63	10.62 ± 4.32	**
Ca（叶）	20.59 ± 10.14	13.45 ± 7.22	*
Mg（叶）	2.26 ± 0.84	2.40 ± 1.41	ns
Fe（叶）	0.28 ± 0.16	0.29 ± 0.11	ns
Mn（叶）	1.49 ± 1.42	0.77 ± 0.37	ns

　　注：数据为平均值±标准差。ns表示不显著，*表示各指标间差异显著（$P<0.05$），**表示差异极显著（$P<0.01$）。

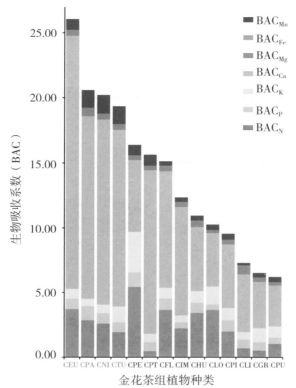

注：图例中BAC的下标代表不同的元素。横轴上的黑色和红色
文字分别代表石灰土金花茶和酸性土金花茶。

图3-1 14种金花茶组植物各营养元素的生物吸收系数（BAC）

3.2.3 金花茶组植物的营养元素特征

对 14 种金花茶组植物的根、茎、叶中的 7 种营养元素含量进行单因素方差分析，结果显示，除叶的 Fe 含量为显著差异（$P < 0.05$）外，其余 20 个指标均为极显著差异（$P < 0.01$）（图3-2）。在大部分金花茶组植物中，N 在叶中的含量远高于在茎和根中的，其中，龙州金花茶的叶的 N 含量最高，达 $18.01 \text{ g} \cdot \text{kg}^{-1}$。除淡黄金花茶外，其余物种的 P 含量在茎和叶中差别不大，但略高于在根中，而淡黄金花茶中 P 含量表现为根＞茎＞叶。K 含量与 N 含量类似，在大部分金花茶组植物中均表现为叶＞茎＞根。对于 Ca 含量，各物种表现出较大分化，但在大部分石灰土金花茶组植物中表现为茎＞叶＞根，而在酸性土金花茶中则表现为叶＞根＞茎。在大部分金花茶组植物中，Mg 主要聚集于茎，如凹脉金花茶、淡黄金花茶、顶生金花茶等；少数金花茶组植物的 Mg 主要聚集在叶中，如四季花金花茶和东兴金花茶。Fe 含量在金花茶组植物的各部位差别不大，除毛瓣金花茶外，都表现为地上部分（茎和叶）高于地下部分（根），但毛瓣

金花茶的 Fe 主要集中在根上。Mn 在各金花茶组植物中的分布十分不一致，例如，在四季花金花茶、淡黄金花茶、贵州金花茶、毛瓣金花茶和东兴金花茶等物种中主要集中在叶，而在凹脉金花茶、龙州金花茶和弄岗金花茶等物种中则集中在茎，在顶生金花茶和小瓣金花茶中主要集中在根。聚类分析表明，显脉金花茶、东兴金花茶和金花茶在根、茎、叶中具有相似的元素吸收特征，而小瓣金花茶与其他喜钙型金花茶（尤其是顶生金花茶）的元素吸收特征接近。

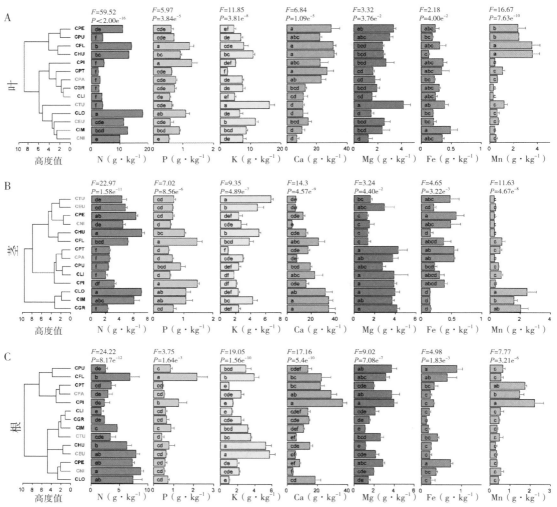

注：聚类树末端的黑色和红色文字分别代表石灰土金花茶和酸性土金花茶。F和P分别为方差分析的统计量和显著性。柱状图中的线表示标准差。Duncan多重比较检验后，不同字母表示差异显著（P＜0.05）。

图3-2　14种金花茶组植物的根、茎、叶中营养元素含量比较

3.2.4 金花茶组植物 – 土壤主要营养元素间的相互关系

对 14 种金花茶组植物的根部土壤、根、茎、叶营养元素含量等 30 个指标进行相关性分析，并进一步提取达到显著（$P < 0.05$）以上的相关系数构建主要营养元素间的相关性网络图（图 3–3）。在 30 个指标间，共检测到 135 个显著（$P < 0.05$）相关。在全部的显著相关中，土壤 pH 值（Soil-pH）与其他指标显著相关的数量最多（16），表明土壤 pH 值是影响金花茶组植物营养元素间互作的重要因素。此外，土壤中 Ca 含量（Soil-Ca）、土壤中 P 含量（Soil-P）和土壤中 Mn 含量（Soil-Mn）等土壤指标与其他指标显著相关的数量也分别达到了 15、13 和 11，例如，土壤中 Ca 含量与茎中 Ca 含量（Stem-Ca）的相关系数为 0.48，土壤中 P 含量与根中 P 含量（Root-P）、茎中 P 含量（Stem-P）、叶中 P 含量（Leaf-P）的相关系数分别为 0.54、0.75、0.60，土壤中 Mn 含量与叶中 Mn 含量（Leaf-Mn）和茎中 Mn 含量（Stem-Mn）的相关系数分别为 0.49 和 0.32，进一步证实土壤对金花茶组植物体内营养元素分布的显著影响。在各植物营养指标中，茎中 Mg 含量（Stem-Mg）与其他指标显著相关的数量最多（13），而叶中 Fe 含量（Leaf-Fe）与其他指标显著相关的数量最少，仅与叶中 Mn 含量存在一个显著负相关（–0.31），说明茎中 Mg 含量容易受到其他营养元素的影响，而叶中 Fe 含量则相反。叶中 N 含量（Leaf-N）和茎中 N 含量（Stem-N）间的相关系数是所有指标间最高的（0.86），此外，叶中 N 含量和根中 N 含量（Root-N）的相关系数也较高（0.78），这一结果表明 N 在金花茶组植物体内不同组织间存在正向相关。同样，P 和 K 在不同组织间也表现出与 N 一致的结果。但 Mg 却相反，叶中 Mg 含量（Leaf-Mg）和茎中 Mg 含量的相关系数为 –0.32，显著性为 $P < 0.05$。此外，本研究还发现植物体对一些元素的吸收存在显著的协同作用，例如，Ca 和 Mn 的相关系数在根、茎、叶中分别高达 0.71、0.73、0.70。但一些指标间也表现出了显著的拮抗作用，例如，根中 N 含量对根中 Ca 含量（Root-Ca）（–0.44）和根中 Mn 含量（Root-Mn）（–0.44）的影响，茎中 Fe 含量（Stem-Fe）对茎中 Mn 含量（–0.42）的影响，茎中 K 含量（Stem-K）对茎中 Mg 含量（–0.43）的影响等。

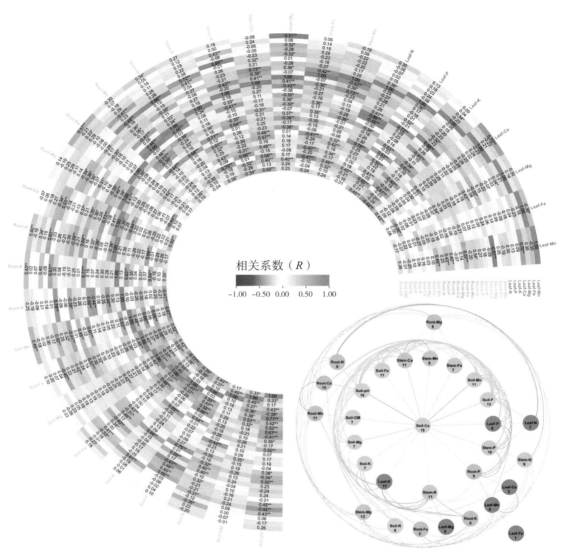

注：*和**分别表示在P=0.05和P=0.01水平上显著相关。通过热图中提取显著相关系数（P<0.05）构建网络图。其中圆圈表示指标，颜色对应热图上的指标，每个指标内的数值表示连接节点的数量。圆与圆之间的线的颜色表示相关系数。

图3-3　14种金花茶组植物–土壤主要营养元素间的相互关系

3.3 讨论

以往研究表明，与酸性土相比，石灰土的 pH 值和 Ca 含量相对更高（曹建华 等，2011；Liao et al.，2020）。本研究的结果与以往研究一致，并进一步证实了石灰土中有机质及大部分营养元素的含量也较高，例如 N（3.43 g·kg⁻¹）、P（1.31 g·kg⁻¹）和 Mg

（7.63 g·kg⁻¹）等。这可能与石灰土的土壤基岩中 Ca 含量高有关。据报道，Ca 对其他营养元素有吸附和沉淀作用，因此可以更好地固定土壤中的营养元素（Zhang et al.，2015）。而酸性土的土壤基岩多为砂页岩，Ca 含量较低，加上酸性环境下 Ca、Mg 淋溶加剧（朱书法 等，2007），进而促进有机质分解（Krull et al.，2003），可能导致土壤肥力进一步降低。此外，不同地形、土壤质地、风化环境等因素也可能导致土壤营养元素的差异（Wang et al.，2019）。我们发现石灰土金花茶的生境土壤中 N、P 的含量均高于先前报道的桂西北喀斯特石灰岩土壤中的（Wang et al.，2018），表明其生境土壤较为肥沃。相比较下，酸性土金花茶的生境土壤则相对贫瘠。

植物对土壤营养元素的储存能力可以作为对土壤环境的一种适应机制（Ferré et al.，2020）。石灰土金花茶和酸性土金花茶对 Ca、P、Mn 和 K 的富集差异可能是生境土壤中的营养元素含量差异的直接结果，表明金花茶组植物对土壤中这一类元素的变化较敏感。相反，尽管其他几种营养元素，如 N、Fe 和 Mg 的含量在石灰土金花茶和酸性土金花茶生境土壤之间也存在较大差异，但在大多数物种的营养组织中没有观察到显著的营养元素富集差异，这表明金花茶组植物对这类营养元素的吸收受土壤环境的影响较小。与茎和根相比，在大多数物种中，叶对 N、P 和 K 的积累占主导地位。这可能是由于叶是植物进行旺盛代谢的重要器官，需要许多基本元素（Van der Ent et al.，2018；Tang et al.，2021）。然而，一些营养元素的积累，尤其是 Ca 和 Mn，在不同组织和物种之间都表现出显著差异。在生境异质性高的地区，植物通过调整营养元素含量、水分吸收量、生物量、空间分布特征和形态结构来适应特定环境（何洁 等，2021）。金花茶组植物通过调节不同组织间的营养元素积累，可以更好地适应生境异质性高的喀斯特或非喀斯特地区。例如石灰土金花茶和酸性土金花茶对 Mn 的吸收差异主要在茎部，而对 K 的吸收差异主要在叶上。这些结果表明，在研究高度异质性生境中植物的营养特征时，应当整合不同组织的营养成分（符裕红 等，2020）。

喀斯特或非喀斯特生境植物对营养元素的吸收与它们的喜钙或嫌钙行为有关（Liao et al.，2020）。因此，本研究重点关注了金花茶组植物对 Ca 的吸收特征。结果表明，金花茶组植物对 Ca 的吸收效率和积累量明显高于对其他营养元素的，这说明土壤中 Ca 含量是影响植物生长发育的重要因素之一。根据植物对 Ca 的需求，植物可分为嗜钙型、喜钙型、嫌钙型、亚嫌钙型和中间型（侯学煜，1954）。喜钙型植物在高钙土壤中正常生长，很少在酸性土壤中生长，而嫌钙型植物在酸性土壤中生长良好，但土壤中 Ca 含量的轻微升高会对其造成损害。喜钙型植物通常比嫌钙型植物有更强的 Ca 吸收和储存能力（曹建华 等，2011；齐清文 等，2013；崔培鑫，2020；符裕红 等，2020）。石灰土金花茶和酸性土金花茶分别是喜钙型和嫌钙型植物。对植物喜钙或嫌钙行为的研究一直是一个热点，但很少在属或种尺度上进行讨论。罗绪强等（2014）研究发现，喀斯特森林中几种典型的喜钙型植物具有低 P、低 K、高 Ca、高 Mg 的特征，且多为 P 受限植物（N/P > 16）。然而除 K 和 Ca 的吸收特征与典型喜钙型植物一致外，与酸性土金花茶相比，石灰土金花茶表现出高 P 和接近的 Mg 含量。此外，石灰土金花茶的根、茎、叶的 N/P 均小于 14，表明它们是 N 受限而非 P 受限（罗绪强 等，2014）。这些营养元素的吸收特征可能揭示了金花茶组植物对不同土壤生境的独特适应机制。

从不同营养元素的吸收效率来看，金花茶组植物对土壤中含量最高的元素 Fe 的 BAC 较低，而对其他含量不高的营养元素的 BAC 较高。类似的营养元素吸收特征也在其他植物中有所发现，如广西热带亚热带森林岩溶区中的蚬木、五桠果叶木姜子（*Litsea dilleniifolia*）、肥牛树等优势树种（邓艳 等，2008）及石灰岩特有种圆叶乌桕（*Triadica rotundifolia*）（刘锡辉 等，2013）。有趣的是，酸性土金花茶对大多数营养元素的 BAC 高于石灰土金花茶。这表明，更高效的营养元素吸收效率可能促进酸性土金花茶适应更贫瘠的土壤环境。

土壤 pH 值和土壤中 Ca 含量通过影响土壤的物理、化学和生物学特性，对植物营养元素吸收和生长发育产生显著影响（刘锡辉 等，2013；Zhang et al.，2019）。通过构建金花茶组植物主要营养元素含量与土壤的关系网络，我们进一步证实这两种重要的土壤指标对植物营养元素吸收具有显著影响。与土壤 pH 值和土壤中 Ca 含量的相关性最高的植物指标为茎中 Ca 含量，说明如果土壤 pH 值或土壤中 Ca 含量发生变化，金花茶组植物茎中 Ca 含量受影响最大。因此，在今后的金花茶组植物栽培或保护中，应当重点关注土壤 pH 值和土壤中 Ca 含量。此外，我们还确定了一些以往研究中证实的营养元素之间的显著相互关系，如 N 和 P 的协同效应（Zhang et al.，2019）。本研究还发现某些营养元素之间的相互作用与以往的研究不一致。例如，在油菜中，Mn 含量的升高对 Ca 和 Fe（曾琦 等，2004）的吸收都有显著的抑制作用，而在金花茶组植物中，Mn 与 Ca 表现出显著的协同作用。一方面，这可能是由于不同物种的独特生物学特性；另一方面，植物 – 土壤系统中营养元素之间的协同或拮抗作用可能与它们的浓度密切相关（Narwal et al., 1985）。以 K 和 Mg 为例，当土壤中 K 含量较低时，植物对 K 和 Mg 的吸收表现为协同，当土壤中 K 含量较高时，两者又表现为拮抗（Ding et al., 2008）。值得注意的是，K 和 Mg 在本研究中表现出拮抗作用，说明生境土壤中 K 含量对金花茶组植物而言较为充足。然而，这些植物与土壤之间的营养元素相互关系还需要结合生理实验进一步验证。

第四章
不同地质背景下金花茶组植物叶片钙形态
多样性

4.1 材料与方法

4.1.1 试验材料

试验材料为 10 种只分布在喀斯特地区的石灰土金花茶及 4 种只分布在非喀斯特地区的酸性土金花茶，各金花茶种类和采样地点与第三章一致。采集时间为 10 月下旬至 11 月上旬，在 14 个分布区内，选择长势基本一致的 3 株成年植株，每株从东、南、西、北 4 个方向分别采集 1 年生成熟叶片，每株采集叶片约 100 g，共采集 42 份叶样。并相应地采集植株根部周围的表层土壤（0 ~ 20 cm），每份土样约采集 1 kg。

4.1.2 测定方法

1. 植物叶片钙形态测定

在实验室将叶样于 105℃ 杀青 30 min，80℃ 烘干 12 h，粉碎过 100 目筛待测。叶片各钙形态测定方法主要参考齐清文等（2013）的方法并略做改进。首先，称取 0.5 ± 0.0005 g 叶样粉末加入 50 mL 具盖离心管；加入 20 mL 80% 乙醇于 30℃ 恒温水浴中振荡提取 1 h，4000 r·min⁻¹ 离心 10 min；取上清液过滤至 50 mL 容量瓶，接着加入 10 mL 80% 乙醇继续提取 2 次，每次 1 h，提取完后离心取上清液过滤，用 5% 盐酸定容。然后，依次使用蒸馏水、1 mol·L⁻¹ 氯化钠、2% 醋酸、0.6% 盐酸重复上述步骤，共获得 5 种提取液。之后，将剩余残渣转入洁净的高脚烧杯中，电热板加热使杯内液体挥发干，KERRIC 通风橱内加硝酸 – 高氯酸（4∶1，V/V）混酸 5 mL，摇匀，在 50℃ 电热板上浸泡过夜；翌日再加硝酸 – 高氯酸（4∶1，V/V）混酸 10 mL，并在瓶口加一玻璃小漏斗，80℃ 消解 30 min，升温至 150℃ 消解 1 h 后，继续升温至 180℃ 消解，使瓶口产生的棕色烟转为白色烟；待瓶口白色烟冒净、高脚烧杯中液体挥发完全后，分两次加入 0.2% 硝酸共 15 mL，在电热板上加热使底部沉淀物充分溶解，冷却后，定量转移至 25 mL 容量瓶中，用 0.2% 硝酸定容，摇匀后用 0.45 m 滤膜过滤，获得残渣钙提取液。同时消煮空白和标准样品进行质量控制和结果校正。使用原子吸收分光光度法分别测定上述 6 种提取液中的硝酸钙和氯化钙（calcium nitrate and calcium chloride，AIC-Ca）、水溶性有机钙（water soluble organic calcium，H$_2$O-Ca）、果胶酸钙（calcium pectate，NaCl-Ca）、磷酸钙和碳酸钙（calcium phosphate and calcium carbonate，HAC-Ca）、草酸钙（calcium oxalate，HCl-Ca）、硅酸钙（calcium silicate，Res-Ca）含量，叶总钙（total calcium，Tot-Ca）含量为 6 种钙形态含量之和。

2. 土壤pH值和土壤中Ca含量测定

土壤样品经过自然风干、除杂、混合、磨细、过 100 目筛，制成分析样品备用。土壤 pH 值用玻璃电极法测定，称取土样 10 g 于 50 mL 高型烧杯中，加 25 mL 去离子水，用玻璃棒搅拌 1 min，使土粒充分分散，放置 30 min 后采用玻璃电极法测定上清液 pH 值。土壤中 Ca 含量用微波消解—火焰原子吸收分光光度法测定，称取土样 0.1 g，加入 4 mL 浓硝酸和 2 mL 氢氟酸，放置一会儿，放入微波样品制备仪中进行微波消解，消解完成后用原子吸收分光光度计测定 Ca 含量。

4.1.3 数据分析

数据统计及分析采用 SPSS v23.0，其中，石灰土金花茶和酸性土金花茶的土壤环境及叶片钙形态间的差异比较使用独立样本 t 检验；使用 Spearman 系数计算叶片钙形态与土壤指标间的相关性，并进行显著性检验；使用单因素方差分析（One-Way ANOVA）比较不同金花茶种类间的叶片钙形态差异，并采用 Duncan 法进行多重检验。使用 R 语言 Flexclust 程序包（Dolnicar et al.，2014）对金花茶组植物叶片钙形态特征进行聚类分析，聚类方法采用 Ward 系统聚类法，并使用欧式距离作为聚类距离。

4.2 结果与分析

4.2.1 石灰土金花茶和酸性土金花茶的土壤环境及叶片钙形态比较

t 检验结果显示，石灰土生境的 pH 值和 Ca 含量都极显著（$P < 0.01$）高于酸性土的（表 4–1），表明两种生境土壤环境存在较大差异。而在叶片中，除硝酸钙和氯化钙、果胶酸钙外，其余 4 种钙形态含量及叶总钙含量均表现为石灰土金花茶极显著（$P < 0.01$）高于酸性土金花茶。各钙形态含量占比在石灰土金花茶中依次为草酸钙

（41.17%）、果胶酸钙（27.67%）、硅酸钙（16.36%）、磷酸钙和碳酸钙（13.82%）、水溶性有机钙（0.61%）、硝酸钙和氯化钙（0.37%），而在酸性土金花茶中依次为果胶酸钙（43.10%）、草酸钙（28.70%）、磷酸钙和碳酸钙（17.13%）、硅酸钙（10.16%）、硝酸钙和氯化钙（0.53%）、水溶性有机钙（0.37%）。其中，硝酸钙和氯化钙、水溶性有机钙在石灰土金花茶和酸性土金花茶中含量均较低，所占比例均不足叶总钙含量的1%。

表4-1　石灰土金花茶和酸性土金花茶的土壤环境及叶片钙形态比较

指标	石灰土金花茶	酸性土金花茶	差异显著性
土壤pH值	7.07 ± 0.39	4.97 ± 0.83	**
土壤中Ca含量（mg·kg^{-1}）	4166.88 ± 1680.65	737.68 ± 481.25	**
叶中硝酸钙和氯化钙含量（mg·kg^{-1}）	19.79 ± 12.43	15.99 ± 8.07	ns
叶中水溶性有机钙含量（mg·kg^{-1}）	32.29 ± 17.08	11.28 ± 10.54	**
叶中果胶酸钙含量（mg·kg^{-1}）	1462.90 ± 187.87	1296.58 ± 326.13	ns
叶中磷酸钙和碳酸钙含量（mg·kg^{-1}）	730.51 ± 187.60	515.42 ± 231.44	**
叶中草酸钙含量（mg·kg^{-1}）	2176.80 ± 249.68	863.44 ± 862.50	**
叶中硅酸钙含量（mg·kg^{-1}）	864.80 ± 181.08	305.65 ± 445.77	**
叶中总钙含量（mg·kg^{-1}）	5287.10 ± 673.75	3008.35 ± 1773.53	**

注：**表示差异极显著（$P < 0.01$），ns表示差异不显著（$P > 0.05$）。

4.2.2 金花茶组植物土壤指标与叶片钙形态间的相关性

相关性分析显示，14种金花茶组植物土壤指标与叶片各钙形态间的相关系数（R）为0.12～0.95（图4-1）。其中，土壤pH值与土壤中Ca含量呈极显著正相关（$P < 0.01$）。土壤pH值与叶片各钙形态（除硝酸钙和氯化钙外）含量均呈极显著正相关（$P < 0.01$）。土壤中Ca含量与叶总钙含量及水溶性有机钙、草酸钙、硅酸钙、磷酸钙和碳酸钙等叶片钙形态含量呈显著（$P < 0.05$）或极显著（$P < 0.01$）正相关，但与硝酸钙和氯化钙、果胶酸钙含量之间相关性不显著（$P > 0.05$）。而叶总钙含量与6种钙形态含量的相关性均达到显著（$P < 0.05$）以上水平，其中与草酸钙、硅酸钙含量的相关系数分别达0.95和0.92，表明这两种钙形态含量对叶总钙含量的影响最大。草酸钙与硅酸钙含量之间的相关系数达0.82，磷酸钙和碳酸钙与草酸钙、硅酸钙含量的相关系数分别达0.70和0.71，表明叶片各钙形态含量之间也存在相互影响。

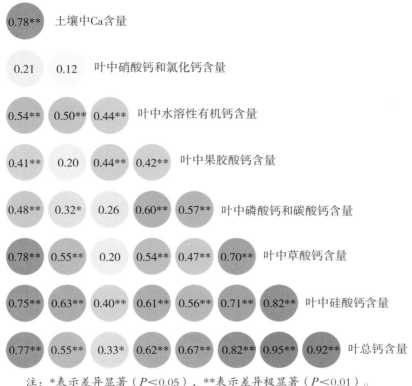

注：*表示差异显著（$P<0.05$），**表示差异极显著（$P<0.01$）。

图4-1　14种金花茶组植物土壤环境与叶片各钙形态含量的相关性

4.2.3　金花茶组植物间的叶片钙形态比较及聚类分析

单因素方差分析显示，叶片各钙形态含量及叶总钙含量在14种金花茶组植物间均表现出极显著差异（$P<0.01$）（图4-2）。其中，硝酸钙和氯化钙含量以柠檬金花茶为最高（50.48 mg·kg^{-1}），并显著高于其他金花茶种类。水溶性有机钙、果胶酸钙含量分别以平果金花茶（56.41 mg·kg^{-1}）和顶生金花茶为最高（1739.33 mg·kg^{-1}）。磷酸钙和碳酸钙含量以顶生金花茶为最高（1087.00 mg·kg^{-1}），金花茶最低（358.83 mg·kg^{-1}）。同样，草酸钙含量也以顶生金花茶为最高（2743.67 mg·kg^{-1}），金花茶最低（268.50 mg·kg^{-1}）。硅酸钙含量以平果金花茶为最高（1164.23 mg·kg^{-1}），金花茶最低（53.21 mg·kg^{-1}）。金花茶、显脉金花茶、东兴金花茶等3种酸性土金花茶叶片钙形态含量特征较为一致，磷酸钙和碳酸钙含量显著（$P<0.05$）低于大部分石灰土金花茶，草酸钙、硅酸钙含量也显著（$P<0.05$）低于石灰土金花茶。而小瓣

金花茶叶片钙形态含量特征与石灰土金花茶较为一致，其各钙形态含量与大部分石灰土金花茶无显著差异（$P > 0.05$）。

进一步利用聚类分析比较14种金花茶组植物间的钙形态特征，结果表明，14种金花茶组植物可划分为三大类（图4-3）。Ⅰ类：叶总钙含量低，钙形态以果胶酸钙为主，包括显脉金花茶、东兴金花茶、金花茶。Ⅱ类：叶总钙含量适中，钙形态以果酸钙和草酸钙为主，包括淡黄金花茶、毛瓣金花茶、龙州金花茶、凹脉金花茶、四季花金花茶。Ⅲ类：叶总钙含量高，钙形态以草酸钙为主，包括柠檬金花茶、弄岗金花茶、平果金花茶、顶生金花茶、贵州金花茶、小瓣金花茶。

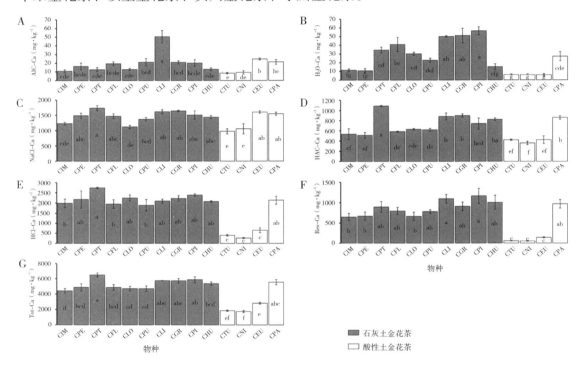

注：竖线为标准差，不同小写字母表示差异显著（$P < 0.05$）。

图4-2　14种金花茶组植物叶片的硝酸钙和氯化钙（A）、水溶性有机钙（B）、果胶酸钙（C）、磷酸钙和碳酸钙（D）、草酸钙（E）、硅酸钙（F）、叶总钙（G）含量比较

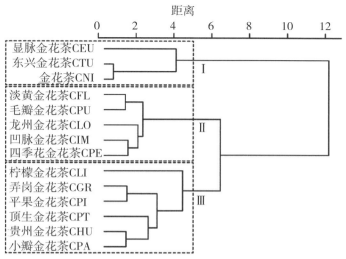

图4-3　14种金花茶组植物叶片钙形态含量特征聚类树形分析图

4.3 结论与讨论

叶作为植物重要的营养器官，对其钙形态特征的研究将有助于揭示植物对于栖息地土壤环境的钙富集、钙适应机制。曹建华等（2011）报道的喀斯特地区植物平均叶总钙含量为 1216.82 mg·kg^{-1}，非喀斯特地区植物平均叶总钙含量为 767.94 mg·kg^{-1}。喀斯特地区几种常见乔木的叶总钙含量分别为枫香树（*Liquidambar formosana*）1173.25 mg·kg^{-1}、黄樟（*Cinnamomum parthenoxylon*）1024.87 mg·kg^{-1}、香椿（*Toona sinensis*）963.63 mg·kg^{-1}。齐清文等（2013）报道了 11 种草本报春苣苔属（*Primulina*）植物叶片钙形态含量和组成，其中，来自石灰岩钙质土壤的植物平均叶总钙含量为 2285.6 mg·kg^{-1}，来自砂页岩酸性土壤的植物平均叶总钙含量为 1379.3 mg·kg^{-1}，来自丹霞地貌土壤的植物平均叶总钙含量为 1329.1 mg·kg^{-1}。而本研究中，石灰土金花茶和酸性土金花茶叶总钙含量分别达 5287.10 mg·kg^{-1} 和 3008.35 mg·kg^{-1}，均远高于上述地区植物的平均叶总钙含量，表明金花茶组植物具有较强的钙富集能力。除物种差异外，金花茶组植物具有较强的钙富集能力的部分原因可能是占据了生态位优势。例如，谢丽萍等（2007）在喀斯特森林生态系统中发现不同层次植物对于土壤中钙的吸收有较大差异，其中，灌木层具有比草本层更强的钙富集能力。而石灰土金花茶的叶总钙含量显著高于酸性土金花茶的，可能与其生境土壤的高 Ca 含量和高 pH 值有关。表明在不同生境土壤的长期适应中，石灰土金花茶和酸性土金花茶可能形成了独特的钙富集、钙适应机制。

调节体内钙形态组成也是植物适应不同钙环境的重要机制之一。曹建华等（2011）发现喀斯特地区植物叶片钙形态以果胶酸钙为主（27.91%～32.82%），而非喀斯特地区植物则以草酸钙为主（33.69%～34.34%）。然而本研究结果显示，石灰土金花茶叶片钙形态以草酸钙（41.17%）为主，而酸性土金花茶叶片钙形态则以果胶酸钙（43.10%）为主，与曹建华等（2011）所得结果相反。一方面，这可能是由于钙形态组成在不同物种间、同一物种的不同居群间表现出广泛变异（齐清文 等，2013）；另一方面，叶的化学元素计量特征可能受不同发育时期、气候、地形等综合因素影响而具有动态变化（王程媛 等，2012；Sardans et al.，2016）。以往研究表明，草酸钙在植物体内的基本功能是调节细胞钙水平，在高钙环境下，一些优势种植物可以将体内过量的游离态 Ca^{2+} 与草酸结合形成稳定的草酸钙结晶，而草酸钙结晶的晶型、大小及数量随生长环境中 Ca^{2+} 浓度的变化而变化，以此避免产生钙毒害（冯晓英 等，2010；He et al.，2014），这可能也是石灰土金花茶对高钙环境的适应机制之一。而果酸钙是一种活性钙，主要存在于细胞壁中，齐清文等（2013）研究发现，在低钙的砂页岩酸性土壤中，果胶酸钙可维持细胞内钙稳定，从而保证植物生长过程中对钙的正常需求。因此，以果胶酸钙为主的钙形态分布可能有助于酸性土金花茶更好地适应低钙环境。

土壤环境对于植物钙吸收的影响，一直是研究者关注的焦点（李晓婷 等，2019；许木果 等，2021）。在金花茶组植物中，我们观察到大部分叶片钙形态含量与土壤 pH 值和土壤中 Ca 含量呈显著（$P < 0.05$）正相关，表明高钙和高 pH 值的土壤环境会促进金花茶组植物体内各钙形态的积累。而硝酸钙和氯化钙与土壤 pH 值和土壤中 Ca 含量的相关均不显著（$P > 0.05$），这可能是硝酸钙和氯化钙在植物体内代谢较快、存在时间较短，因此受土壤环境影响小（曹建华 等，2011）。此外，相关性分析还揭示了各钙形态间的一些相互影响，例如，叶总钙含量受草酸钙、硅酸钙影响最大，而草酸钙、硅酸钙间的极显著正相关（$R=0.82$，$P < 0.01$）可能暗示了两者在金花茶组植物体内的相互促进作用。然而，目前有关植物各类钙形态间相关性的报道较少，本研究结果将为植物叶片钙形态多样性研究提供参考。

叶总钙含量及各钙形态在金花茶种类间均存在极显著差异（$P < 0.01$），表明金花茶组植物在物种多样化过程中钙形态特征产生了较大分化。为了更好地量化这些钙

形态特征，我们利用系统聚类对 14 种金花茶组植物进行了分类，结果显示，除小瓣金花茶外，其余 3 种酸性土金花茶归为一类，而石灰土金花茶可进一步划分为两类。植物叶片化学含量特征在物种分化过程中具有系统发育保守性，例如，最近在鬼臼属（*Dysosma*）植物的叶片中发现，90% 以上叶片化合物含量与物种间的系统发育关系密切相关（周鑫鹏，2019）。而金花茶组植物的叶片钙形态特征也可能受到物种间的系统发育关系调控。例如，肖政等（2014）利用 ISSR 标记对 29 种金花茶组植物进行遗传分析，发现顶生金花茶与平果金花茶的系统发育关系较近。刘凯等（2019）基于单核苷酸多态性（SNP）和卢家仕等（2021）基于目标起始密码子多态性（SCoT）分子标记技术的研究结果均显示，金花茶、东兴金花茶、显脉金花茶的系统发育关系较近。这些结果与我们基于叶片钙形态特征的聚类结果一致，表明金花茶组植物的叶片钙形态特征也可能受到了物种间的系统发育关系影响。值得注意的是，小瓣金花茶与贵州金花茶的聚类距离最近，并与姜丽娜等（2020）对 22 种金花茶组植物的花瓣多酚组分含量特征的聚类结果一致。但两者的系统发育关系并未在先前的研究（肖政 等，2014）中得到证实。这也可能与小瓣金花茶的生境（土壤 pH 值 =5.86，土壤中 Ca 含量 =1473.75 mg·kg^{-1}）位于酸性土和石灰土的过渡区间有关，或受到其他土壤因素的影响，例如有机质含量、营养元素、微生物等（邸欣月 等，2015）。综上所述，不同生境背景下的金花茶组植物的叶片钙形态差异可能是土壤环境和遗传因素共同作用的结果。在后续金花茶组植物的引种栽培和保育中，应尽可能确保其栽培土壤环境与原生境接近，并重点关注土壤 pH 值和土壤中 Ca 含量等指标的变化，避免产生钙毒害或钙供应不足。

第五章
不同土壤条件对 3 种金花茶组植物光合生理指标、生物量和营养元素含量的影响

5.1 材料与方法

5.1.1 试验地概况

本试验于 2018 年在广西桂林市雁山区广西植物研究所内进行。该地区位于北纬 25°11′，东经 110°12′，海拔 178 m，属中亚热带季风气候区。年均气温 19.2℃，最热月均温 28.4℃，最冷月均温 7.7℃；年均降水量 1854.8 mm，降水多集中于春夏季的 4 ～ 8 月，占年降水量的 73%；年均日照时数为 1553.09 h，年均相对湿度为 78%。试验地气候温和，雨量充沛，适合金花茶组植物的生长。

5.1.2 试验材料和处理

试验材料为金花茶、东兴金花茶和毛瓣金花茶，其中金花茶为 1 年生实生苗，东兴金花茶和毛瓣金花茶为 2 年生扦插苗。金花茶和东兴金花茶为嫌钙型金花茶，毛瓣金花茶为喜钙型金花茶。供试土壤分别为酸性土和石灰土。酸性土采自中国科学院桂林植物园（以下简称桂林植物园）内，为砂页岩风化发育而成的酸性黄壤，pH 值为 5.34，有机质含量较低，质地较黏，采集深度为 0 ～ 20 cm。石灰土采自桂林市恭城瑶族自治县喀斯特石山的石缝间，采集深度为 0 ～ 20 cm。土壤采回后剔除植物残体、石块等，敲碎大块土壤过筛后备用。与酸性土相比，石灰土近中性，有机质、全 N、交换性 Ca、交换性 Mg 等含量较高，速效 P 含量较低（表 5–1）。

于 2018 年 4 月选择长势一致的健康植株，分别以酸性土和石灰土为基质进行盆栽试验。将 3 种金花茶组植物幼苗的根部洗净后，分别栽种于内径 30 cm、深 25 cm 的塑料花盆中，每盆 1 株，每个处理 20 株，装盆后的金花茶组植物放置于相对光照强度为 10% 的荫棚中培养。定期除草，随时防治病虫害，为便于比较不同土壤对幼苗

生长的影响，试验期间不施肥。

表5-1　供试土壤的养分含量状况

土壤类型	pH值	有机质（%）	全N（g·kg⁻¹）	全P（g·kg⁻¹）	全K（g·kg⁻¹）	速效P（mg·kg⁻¹）	速效K（mg·kg⁻¹）	交换性Ca（g·kg⁻¹）	交换性Mg（mg·kg⁻¹）
石灰土	6.87	14.29	14.63	2.05	11.12	2.27	232.73	4.32	284.73
酸性土	5.34	1.26	1.53	1.09	14.11	29.92	191.49	0.41	21.33

5.1.3 测定项目和方法

2018 年 11 月上旬，选择不同土壤条件下生长的 3 种金花茶组植物的植株顶端向下第三至第五片成熟功能叶，进行气体交换参数、叶绿素荧光参数、光合色素含量等的测定，并对植株的生物量以及根、叶营养元素含量进行测定。

1. 气体交换参数的测定

采用 LI-6400 便携式光合测定系统分析仪（USA，LI-COR）测定苗木在不同土壤条件下的净光合速率（P_n）、蒸腾速率（T_r）、气孔导度（G_s）和胞间 CO_2 浓度（C_i）等气体交换参数。测定时间为晴天上午 9：00 ～ 11：00，测定时光合有效辐射（PAR）设置为 300 μmol·m⁻²·s⁻¹，控制叶室温度为 28℃，样本室 CO_2 浓度为 370 μmol·mol⁻¹。每个处理测定 6 株，每株测定 1 片叶。

2. 叶绿素荧光参数的测定

在清晨阳光直射前选取叶片，暗适应 20 min 后，用 Mini-Imaging-PAM 调制叶绿素荧光成像系统（德国 WALZ 公司）测定叶片的叶绿素荧光参数。先用强度为 0.1 μmol·m⁻²·s⁻¹ 的测量光测定初始荧光（F_o），随后用 6000 μmol·m⁻²·s⁻¹ 脉冲（脉冲时间 0.8 s）的饱和光激发产生最大荧光（F_m）。用强度为 55 μmol·m⁻²·s⁻¹ 的光化光诱导荧光动力学曲线，测定叶片光适应下的最小荧光（F_o'）、最大荧光（F_m'）和稳定荧光（F_s），并由 WinControl-3 软件计算光系统Ⅱ（PSⅡ）最大光化学效率（F_v/F_m）、实际光化学效率（$\Phi_{PSⅡ}$）、光合电子传递速率（ETR）、光化学猝灭（qP）、非光化学猝灭（NPQ）等参数。每个处理测定 6 株，每株测定 1 片叶。

3. 光合色素含量的测定

用 95％乙醇提取叶片光合色素，测定提取液在波长 665 nm、649 nm 和 470 nm 下的吸光值，按公式计算出叶绿素 a（Chl a）、叶绿素 b（Chl b）和类胡萝卜素（Car）的含量及叶绿素 a 含量与叶绿素 b 含量的比值（Chl a/Chl b）、类胡萝卜素含量与叶绿素含量的比值（Car/Chl）（李合生，2000）。

4. 生物量的测定

盆栽 7 个月后，收获整株植株，带回实验室洗净、晾干，105℃杀青 20 min，80℃ 烘干至恒重，用电子天平（精确度 0.0001 g）分别称根、茎、叶的质量，计算各部分的生物量。

5. 营养元素含量的测定

对收获的根和叶分别进行粉碎、过筛，测量其 N、P、K、Ca、Mg、Fe、Mn 含量。N 用硫酸 – 双氧水消煮—蒸馏滴定法（酸消解—靛酚蓝比色法）测定；P 用硫酸 – 双氧水消煮—钼锑抗比色法（酸消解—钼锑抗比色法）测定；K 用硫酸 – 双氧水消煮—火焰原子吸收分光光度法测定；Ca、Mg、Fe、Mn 用干灰化—火焰原子吸收分光光度法测定。

5.1.4 数据处理

对不同土壤条件下生长的同种金花茶组植物，各测定指标间采用 t 检验检测其差异显著性；用 SigmaPlot 12.5 绘图。

5.2 结果与分析

5.2.1 不同土壤条件对 3 种金花茶组植物气体交换参数的影响

与酸性土基质相比，2 种嫌钙型金花茶在石灰土上的 P_n、G_s、T_r 均显著降低（$P < 0.05$），而 C_i 显著升高（$P < 0.05$）；石灰土上金花茶和东兴金花茶的 P_n、G_s、T_r 分别为酸性土上的 9.51%、26.47%、23.40% 和 7.76%、9.84%、8.70%，C_i 则为酸性土上的 1.46 倍和 1.24 倍（表 5-2），表明石灰土上 2 种嫌钙型金花茶的光合能力显著减弱，生长受到抑制。石灰土上毛瓣金花茶的 P_n 高于酸性土上的（$P < 0.05$），G_s、T_r、C_i 等则与酸性土上的无显著差异（$P > 0.05$），表明喜钙型金花茶能适应高钙环境，长势良好。

表5-2　不同土壤条件对3种金花茶组植物气体交换参数的影响

种类	土壤类型	P_n （μmol·m^{-2}·s^{-1}）	G_s （mol·m^{-2}·s^{-1}）	T_r （mmol·m^{-2}·s^{-1}）	C_i （μmol·mol^{-1}）
金花茶	酸性土	2.84 ± 0.61	0.034 ± 0.011	0.940 ± 0.240	245.08 ± 20.27
	石灰土	0.27 ± 0.12	0.009 ± 0.001	0.220 ± 0.020	356.96 ± 17.22
	差异	**	**	**	*

续表

种类	土壤类型	P_n （$\mu mol \cdot m^{-2} \cdot s^{-1}$）	G_s （$mol \cdot m^{-2} \cdot s^{-1}$）	T_r （$mmol \cdot m^{-2} \cdot s^{-1}$）	C_i （$\mu mol \cdot mol^{-1}$）
东兴金花茶	酸性土	4.64 ± 0.49	0.061 ± 0.011	1.610 ± 0.310	259.33 ± 10.28
	石灰土	0.36 ± 0.29	0.006 ± 0.002	0.140 ± 0.060	321.40 ± 36.30
	差异	**	**	**	*
毛瓣金花茶	酸性土	3.09 ± 0.45	0.054 ± 0.011	1.005 ± 0.357	297.39 ± 7.37
	石灰土	3.66 ± 0.47	0.055 ± 0.010	0.950 ± 0.200	281.04 ± 18.19
	差异	*	ns	ns	ns

注：数据为均值±标准差（$n=6$）。*表示不同土壤类型间各指标差异显著，$P<0.05$；**表示不同土壤类型间各指标差异极显著，$P<0.01$；ns表示不同土壤类型间各指标差异不显著，$P>0.05$。

5.2.2 不同土壤条件对3种金花茶组植物叶绿素荧光参数的影响

石灰土上2种嫌钙型金花茶的F_v/F_m、$\Phi_{PSⅡ}$、ETR、qP等显著降低（$P<0.05$），F_o和NPQ显著升高（$P<0.05$），F_m无显著变化。表明石灰土降低了嫌钙型金花茶的实际光能转换效率，光合电子传递受到影响，进而减弱其光合能力。喜钙型金花茶的叶绿素荧光参数在酸性土和石灰土上无显著差异（表5-3）。

表5-3 不同土壤条件对3种金花茶组植物叶绿素荧光参数的影响

种类	土壤类型	F_o	F_m	F_v/F_m	$\Phi_{PSⅡ}$	ETR	qP	NPQ
金花茶	酸性土	276.33 ± 8.19	1323.00 ± 62.65	0.79 ± 0.01	0.63 ± 0.04	14.53 ± 0.88	0.88 ± 0.04	0.52 ± 0.13
	石灰土	359.57 ± 65.17	1305.00 ± 121.80	0.72 ± 0.03	0.39 ± 0.08	8.50 ± 1.71	0.75 ± 0.14	2.21 ± 0.45
	差异	*	ns	*	*	*	*	**
东兴金花茶	酸性土	265.20 ± 20.62	1253.40 ± 94.68	0.79 ± 0.01	0.65 ± 0.03	15.06 ± 0.80	0.91 ± 0.02	0.47 ± 0.16
	石灰土	417.83 ± 36.31	1365.00 ± 96.61	0.69 ± 0.03	0.42 ± 0.05	9.78 ± 1.12	0.87 ± 0.01	1.54 ± 0.25
	差异	*	ns	*	*	*	*	**
毛瓣金花茶	酸性土	257.00 ± 24.71	1218.57 ± 79.77	0.79 ± 0.01	0.60 ± 0.02	13.86 ± 0.53	0.86 ± 0.03	0.62 ± 0.10
	石灰土	239.33 ± 12.03	1218.33 ± 44.53	0.80 ± 0.01	0.59 ± 0.06	15.85 ± 4.11	0.83 ± 0.06	0.63 ± 0.19
	差异	ns	ns	ns	ns	ns	ns	ns

注：数据为均值±标准差（$n=6$）。*表示不同土壤类型间各指标差异显著，$P<0.05$；**表示不同土壤类型间各指标差异极显著，$P<0.01$；ns表示不同土壤类型间各指标差异不显著，$P>0.05$。

金花茶组植物的生态适应机制及保育研究

5.2.3 不同土壤条件对 3 种金花茶组植物叶片光合色素含量及比例的影响

石灰土上 2 种嫌钙型金花茶的 Chl a、Chl b、Chl（a+b）及 Car 的含量均显著（$P < 0.05$）低于酸性土上的，而 Chl a/Chl b 和 Car/Chl 显著（$P < 0.05$）高于酸性土上的。不同土壤条件下生长的毛瓣金花茶，各光合色素含量及比例无显著差异（$P > 0.05$）（表5-4）。

表5-4　不同土壤条件对3种金花茶组植物叶片光合色素含量及比例的影响

种类	土壤类型	Chl a (mg·g⁻¹·FW)	Chl b (mg·g⁻¹·FW)	Chl（a+b） (mg·g⁻¹·FW)	Car (mg·g⁻¹·FW)	Chl a/Chl b	Car/Chl
金花茶	酸性土	1.66 ± 0.08	0.66 ± 0.03	2.32 ± 0.10	0.26 ± 0.05	2.50 ± 0.14	0.11 ± 0.02
	石灰土	0.87 ± 0.09	0.39 ± 0.05	1.26 ± 0.10	0.22 ± 0.03	3.27 ± 0.31	0.18 ± 0.02
	差异	**	**	**	*	*	*
东兴金花茶	酸性土	2.09 ± 0.25	0.53 ± 0.06	2.62 ± 0.35	0.55 ± 0.08	3.92 ± 0.13	0.21 ± 0.01
	石灰土	1.17 ± 0.08	0.25 ± 0.03	1.42 ± 0.10	0.36 ± 0.02	4.67 ± 0.51	0.25 ± 0.03
	差异	**	**	**	*	*	*
毛瓣金花茶	酸性土	1.92 ± 0.11	0.81 ± 0.05	2.83 ± 0.16	0.33 ± 0.02	2.38 ± 0.02	0.12 ± 0.01
	石灰土	1.85 ± 0.10	0.78 ± 0.05	2.63 ± 0.15	0.30 ± 0.01	2.39 ± 0.03	0.11 ± 0.01
	差异	ns	ns	ns	ns	ns	ns

注：数据为均值±标准差（n=4）。*表示不同土壤类型间各指标差异显著，P<0.05；**表示不同土壤类型间各指标差异极显著，P<0.01；ns表示不同土壤类型间各指标差异不显著，P>0.05。

5.2.4 不同土壤条件对 3 种金花茶组植物生物量的影响

石灰土上 2 种嫌钙型金花茶的根生物量、茎生物量、叶生物量和总生物量均显著（$P < 0.01$）低于酸性土上的。石灰土上金花茶和东兴金花茶的根生物量、茎生物量、叶生物量和总生物量分别为酸性土上的 40.85%、51.81%、33.23%、40.10% 和 38.79%、55.65%、36.84%、43.61%。石灰土上毛瓣金花茶的根生物量和茎生物量与酸性土上的相近，叶生物量和总生物量略高于酸性土上的，但无显著差异（$P > 0.05$）（表 5-5）。2 种嫌钙型金花茶在石灰土上几乎未有明显生长，叶片黄化，部分叶片脱落，长势不良（图 5-1）。

表5-5　不同土壤条件对3种金花茶组植物生物量的影响

种类	土壤类型	根生物量（g）	茎生物量（g）	叶生物量（g）	总生物量（g）
金花茶	酸性土	1.42 ± 0.15	1.66 ± 0.17	3.19 ± 0.36	6.26 ± 0.34
	石灰土	0.58 ± 0.10	0.86 ± 0.18	1.06 ± 0.17	2.51 ± 0.28
	差异	**	**	**	**
东兴金花茶	酸性土	2.32 ± 0.28	2.39 ± 0.29	2.66 ± 0.20	7.36 ± 0.38
	石灰土	0.90 ± 0.18	1.33 ± 0.14	0.98 ± 0.10	3.21 ± 0.28
	差异	**	**	**	**
毛瓣金花茶	酸性土	2.61 ± 0.44	2.31 ± 0.09	2.15 ± 0.30	7.07 ± 0.62
	石灰土	2.78 ± 0.34	2.32 ± 0.18	2.63 ± 0.25	7.74 ± 0.70
	差异	ns	ns	ns	ns

　　注：数据为均值±标准差（$n=4$）。*表示不同土壤类型间各指标差异显著，$P<0.05$；**表示不同土壤类型间各指标差异极显著，$P<0.01$；ns表示不同土壤类型间各指标差异不显著，$P>0.05$。

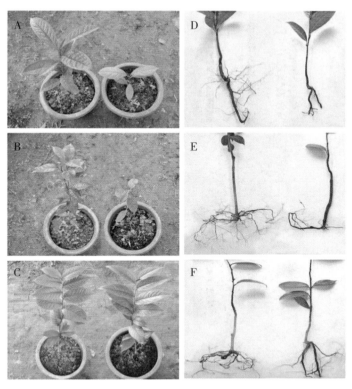

　　注：A和D为金花茶，B和E为东兴金花茶，C和F为毛瓣金花茶（左边为酸性土，右边为石灰土）。

图5-1　3种金花茶组植物在2种土壤条件下的生长状况

5.2.5 不同土壤条件对 3 种金花茶组植物叶片、根系营养元素含量的影响

石灰土上 2 种嫌钙型金花茶的叶中 N 含量显著低于酸性土上的，根中 N 含量则显著高于酸性土上的；石灰土上喜钙型金花茶的叶中和根中 N 含量均高于酸性土上的（图 5-2）。3 种金花茶组植物叶中和根中 P 含量在不同土壤条件下均无显著差异。石灰土

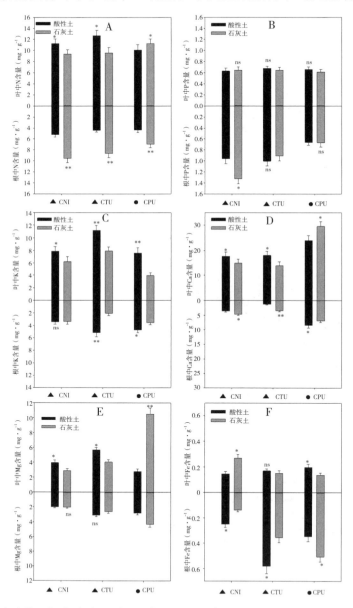

注：（1）数据为均值±标准差（n=4）。*表示不同土壤类型间各指标差异显著，P<0.05；**表示不同土壤类型间各指标差异极显著，P<0.01；ns表示不同土壤类型间各指标差异不显著，P>0.05。
（2）"▲"表示嫌钙型植物，"●"表示喜钙型植物。

图5-2 不同土壤条件对3种金花茶组植物叶片和根系营养元素含量的影响

上 3 种金花茶组植物的叶中和根中 K 含量均低于酸性土上的（金花茶根中 K 含量除外，其在不同土壤条件下无显著差异）。石灰土上 2 种嫌钙型金花茶叶中 Ca 含量显著低于酸性土上的，而根中 Ca 含量则显著高于酸性土上的；石灰土上喜钙型金花茶叶中 Ca 含量显著高于酸性土上的，而根中 Ca 含量则低于酸性土上的。表明嫌钙型金花茶根系在石灰土上吸收的 Ca 不能运输到叶片，可能遭受钙毒害；而喜钙型金花茶对土壤中的 Ca 有很好的吸收能力，且叶片能储藏较多的 Ca，从而适应高钙环境。石灰土上嫌钙型金花茶叶中 Mg 含量显著低于酸性土上的，根中 Mg 含量与酸性土上的无显著差异；石灰土上喜钙型金花茶根中和叶中 Mg 含量均显著高于酸性土上的。石灰土上金花茶叶中 Fe 含量显著高于酸性土上的，而东兴金花茶叶中 Fe 含量在 2 种基质上无显著差异，石灰土上 2 种嫌钙型金花茶根中 Fe 含量显著低于酸性土上的；石灰土上喜钙型金花茶叶中 Fe 含量低于酸性土上的，而根中 Fe 含量高于酸性土上的。石灰土上 3 种金花茶组植物叶中和根中 Mn 含量显著低于酸性土上的（金花茶叶中 Mn 含量除外，其在 2 种土壤条件下无显著差异）。

5.3 结论与讨论

嫌钙型植物由于钙毒害或元素缺乏，在石灰土上通常长势较差，表现为叶片失绿或坏死，根系伤害，Chl 含量、生物量降低和光合能力减弱等（Newton et al., 1991；Ding et al. 2018a；Liao et al., 2020）。而喜钙型植物对高钙环境不敏感，大多数喜钙型植物在酸性土和石灰土上均能正常生长（Newton et al., 1991；Pedersen et al., 2011）。本试验是首次对山茶属珍稀濒危植物的喜钙和嫌钙行为进行研究，研究结果虽与以前的研究部分相似，但也能提供一些新的研究见解。

本试验中，石灰土上嫌钙型金花茶的 P_n、G_s 和 T_r 显著低于酸性土上的，石灰土上嫌钙型金花茶的 P_n 甚至不到酸性土上的 10%，表明石灰土上 2 种嫌钙型金花茶受到了严重的胁迫，这与它们叶片失绿、部分叶片脱落以及生长停滞等表现相一致。P_n 的降低伴随 C_i 的升高，表明这主要为非气孔因素引起（Farquhar et al., 1982），如叶肉细胞受损伤引起的羧化能力减弱或 Chl 含量降低（Candana et al., 2005）。

在正常条件下，大多数 C$_3$ 植物的 F_v/F_m 在 0.8～0.84 范围内（Wang et al., 2004），如果这个值大幅下降，则表明植物受到了环境的胁迫（Dai et al., 2009）。本试验中，石灰土上 2 种嫌钙型金花茶的 F_v/F_m 分别为 0.72 和 0.69，这可能与光合功能的下调有关，但还不能确定光合结构受到伤害。Chl a/Chl b 与光合系统的光吸收平衡能力有关（Kitajima et al.，2003），Car/Chl 反映植物光吸收和光破坏的关系（Björkman et al.，1995）。本试验中，石灰土上嫌钙型金花茶升高的 Chl a/Chl b 和 Car/Chl 能通过提升热耗散减少光能的吸收，这可能是植物在逆境条件下的一种光保护机制。

生物量是植物碳获取能力的重要指标。嫌钙型植物通常在石灰土上长势较差，生物量下降，而喜钙型植物则在石灰土上长势更好（Liao et al.，2020）或与在酸性土上长势相当（Newton et al.，1991）。在本试验中，2 种嫌钙型金花茶在石灰土中生长时表现出叶黄化的迹象，并且这些植物的根生物量、茎生物量、叶生物量和总生物量均显著低于在酸性土中生长的植株。相比之下，在酸性土和石灰土中生长的喜钙型金花茶的生物量没有显著差异。这表明土壤类型是影响 2 种嫌钙型金花茶生长的重要原因（Snaydon，1962；Newton et al.，1991）。在酸性土中栽培的毛瓣金花茶结实率较低（个人资料），这会使其在群落竞争中处于弱势，这可能是限制该物种在酸性土中分布的一个重要因素。尽管在毛瓣金花茶自然种群分布地附近有土山存在，但适合该物种生长的栖息地已被人类活动破坏，这可能是将该物种排除在酸性土之外的另一个原因。

在石灰土中，由于高 pH 值和高 Ca^{2+} 浓度引起的钙磷沉淀和磷灰石的形成，植物中 P 的可用性减弱（Lindsay et al.，1989）。缺 P 会损害石灰土中的嫌钙型植物的生长（Tyler，1992，1994；Zohlen et al.，2004），这种损害被认为与这些植物相较于喜钙型植物而言溶解 P 的能力更弱有关（Ström et al.，1994；Tyler et al.，1995；Ström，1997）。在本试验中，生长在不同土壤条件下的 2 种嫌钙型金花茶的叶中 P 含量没有显著差异，石灰土中的金花茶根中 P 含量甚至高于酸性土中的，这一结果与生长在石灰土中的某些嫌钙型植物叶中 P 含量显著降低不一致（Tyler，1994），表明 P 缺乏可能不是这 2 种嫌钙型金花茶无法在石灰土中生长的原因。

高 pH 值和高 HCO_3^- 浓度降低土壤 Fe 溶解度和抑制 Fe 的吸收、代谢和转运（Mengel et al.，1984；Mengel et al.，1994），导致石灰土中生长的植物缺 Fe 黄化（Susin et al.，1996；Kosegarten et al.，1999）。虽然 2 种嫌钙型植物在石灰土中的叶中 Fe 含量并没有显著低于在酸性土中的，但叶中有效 Fe 含量的变化并不明确，因此，在石灰土中生长的嫌钙型金花茶是否存在缺 Fe 现象仍需进一步验证。

钙毒害是嫌钙型植物对石灰土敏感的主要原因之一（Jessop et al., 1990；Silva et al., 1994；Kerley et al., 2001）。高钙水平可能会破坏叶绿体的层状结构，从而降低净光合速率（Silva et al., 1994），根际高钙可利用性也会降低细胞壁延伸率、叶片扩张率和根系伸长速率（Virk et al., 1990；Yu et al., 2000；Kerley et al., 2002）。过量的Ca 可能与 P 一起沉淀为植物组织中的磷酸钙，从而使 Ca 和 P 都不可用（McLaughlin et al., 1999；Zohlen et al., 2004）。在本试验中，与酸性土相比，石灰土中 2 种嫌钙型金花茶的根中 Ca 含量显著升高，而叶中 Ca 含量显著降低，这表明根系可能因为暴露在高钙水平下而受到毒害。另一个试验部分证实了这一观点。在高钙处理中，2 种嫌钙型金花茶的光合能力减弱，叶绿素荧光参数 $\Phi_{PSⅡ}$、ETR 和 Chl 含量显著降低（柴胜丰 等，2021）。本试验结果与生长在高钙环境中的一些嫌钙型植物的研究结果并不一致，这些嫌钙型植物表现出较高的根系和叶片 Ca^{2+} 浓度（Jessop et al., 1990；Ding et al., 2018a；Liao et al., 2020）。生长在石灰土中的嫌钙型金花茶的根系可能受到高钙水平的损害，这种情况会干扰其细胞功能并影响其生长。这与生长在石灰土中的这些植物的根系外观形态相匹配，表现为几乎没有须根，生长也可以忽略不计。

喜钙型植物往往对 Ca 的吸收和（或）从根到叶的转移表现出严格的控制，或在细胞水平上实现更好的钙隔离（Ding et al., 2018b），这些能力可能会在一些喜钙型植物对石灰土的耐受性中起到重要作用（Wu et al., 2011；Valentinuzzi et al., 2015）。生长在石灰土中的毛瓣金花茶叶中 Ca 含量显著高于生长在酸性土中的，并且也远高于生长在石灰土中的嫌钙型金花茶，这表明该物种在高钙环境下生长时表现出较强的叶片 Ca 吸收和储存能力。这种高钙耐受性很可能是通过过量钙的生物矿化实现的，形成含钙矿物质（推测为草酸钙），从而避免 Ca^{2+} 干扰细胞功能或其他营养素的可用性或分配（Hayes，2019）。本试验结果表明，毛瓣金花茶是一个高钙物种（Wang et al., 2011）。石灰土中 2 种嫌钙型金花茶的叶中 N、Mg、K 含量均显著低于酸性土中的，可能是这 2 种金花茶组植物的根系受到高钙水平的损害，因此它们对这些元素的吸收和运输也受到影响。

金花茶和东兴金花茶在石灰土上均长势较差。与酸性土相比，石灰土上生长的这 2 种金花茶组植物的 P_n、G_s、T_r、F_v/F_m、$\Phi_{PSⅡ}$、ETR、qP、Chl a 含量、Chl b 含量、Chl（a+b）含量及根生物量、茎生物量、叶生物量和总生物量显著降低。这 2 种金花茶组植物在石灰土中生长不良可能与高钙引起的根系毒害有关。相比之下，毛瓣金花茶在石灰土中生长良好，其较强的叶片 Ca 吸收和储存能力可能是其适应高钙环境的一个重要因素。土壤类型是影响 2 种嫌钙型金花茶生长的主要因素，而竞争和人类活动等其他因素则可能是影响喜钙型金花茶分布的更重要限制因素。

第六章
不同 Ca^{2+} 浓度对喜钙型和嫌钙型金花茶光合生理指标的影响

6.1 材料与方法

6.1.1 试验材料

本试验于广西桂林市雁山区广西植物研究所温室大棚内进行。金花茶为阴生植物，使用黑色尼龙网遮阴，搭建相对光照强度为15%的荫棚（中午PAR为 $250 \sim 300\ \mu mol \cdot m^{-2} \cdot s^{-1}$），以开展相关试验。试验材料为喜钙型金花茶和嫌钙型金花茶各2种（均为2年生扦插苗），喜钙型金花茶为直脉金花茶和柠檬金花茶，嫌钙型金花茶为金花茶和东兴金花茶，选取长势较好，基径、高度相对一致的苗木进行试验。

6.1.2 试验处理

采用盆栽控制试验，以石英砂作栽培基质，改良型霍格兰氏（Hoagland's）营养液为母液，通过添加乙酸钙配置不同 Ca^{2+} 浓度的营养液（分别为5 mmol $\cdot L^{-1}$、25 mmol $\cdot L^{-1}$、50 mmol $\cdot L^{-1}$、100 mmol $\cdot L^{-1}$），其中5 mmol $\cdot L^{-1}$ 的 Ca^{2+} 浓度用以模拟酸性土中交换态钙含量，100 mmol $\cdot L^{-1}$ 模拟石灰土中交换态钙含量。栽培基质为60目的石英砂，使用前先将石英砂用0.5%盐酸浸泡1 d，之后用自来水清洗至中性。将洗净的石英砂装入塑料盆内（直径35 cm，高22 cm，底部带排水孔），每盆13 kg，上沿空出约2 cm，以便浇灌水和营养液。选择阴天进行苗木移栽，移栽前将苗木根系洗净。每盆栽种3株同种苗木，每个处理5盆，4个物种共计80盆240株苗木。移栽后缓苗1个月，待植株恢复生长后进行试验，缓苗期间用无钙的1/4 Hoagland's 和阿浓（Arnon）营养液进行浇灌。试验开始后，每隔2 d浇灌1次营养液，每盆300 mL，每10 d用大量纯净水淋洗基质，以保持基质中营养浓度处于可控水平。2018年6月下旬开始试验，处理4个月后，测定各项试验指标。

51

6.1.3 测定项目和方法

试验结束后，选择植株顶端向下第三至第五片成熟功能叶，进行气体交换参数、叶绿素荧光参数、叶绿素含量及丙二醛、脯氨酸和可溶性糖含量等指标的测定。

1. 气体交换参数的测定

采用 LI-6400 便携式光合测定系统分析仪（USA，LI-COR）测定苗木在不同 Ca^{2+} 浓度下的 P_n、T_r、G_s 和 C_i 等气体交换参数。测定时间为上午 9：00 ~ 11：00，测定时 PAR 设置为 300 μmol·m^{-2}·s^{-1}，控制叶室温度为 28 ℃，样本室 CO_2 浓度为 370 μmol·mol^{-1}。每个处理测定 8 株，每株测定 1 片叶，取其平均值。

2. 叶绿素荧光参数的测定

在清晨阳光直射前选取叶片，暗适应 20 min 后，用 Mini-Imaging-PAM 调制叶绿素荧光成像系统（德国 WALZ 公司）测定叶片的叶绿素荧光参数。先用测量光（强度为 0.1 μmol·m^{-2}·s^{-1}）测定 F_o，随后用 6000 μmol·m^{-2}·s^{-1} 脉冲（脉冲时间 0.8 s）的饱和光激发产生 F_m。用光化光（强度为 55 μmol·m^{-2}·s^{-1}）诱导荧光动力学曲线，测定叶片光适应下的 F_o'、F_m' 和 F_s，并由 WinControl-3 软件计算 PS Ⅱ 的 F_v/F_m、$\Phi_{PS Ⅱ}$ 和 ETR。每个处理测定 6 株，每株测定 1 片叶，取其平均值。

3. Chl 含量的测定

用 95％乙醇提取叶片 Chl，测定提取液在波长 665 nm 和 649 nm 下的吸光值，按公式计算出 Chl a、Chl b 的含量及 Chl a/Chl b（李合生，2000）。

4. 丙二醛、脯氨酸和可溶性糖含量的测定

丙二醛（MDA）含量采用硫代巴比妥酸比色法测定，脯氨酸（Pro）含量采用磺基水杨酸法测定，可溶性糖含量采用蒽酮比色法测定（李合生，2000）。

6.1.4 数据处理

对上述测定的各指标，利用 SPSS 18.0 软件进行方差分析及显著性检验（Duncan 法，显著性水平 $P = 0.05$），用 SigmaPlot 12.5 绘图。

6.2 结果与分析

6.2.1 不同 Ca^{2+} 浓度对 4 种金花茶组植物气体交换参数的影响

随着 Ca^{2+} 浓度的升高，嫌钙型金花茶的 P_n 呈降低趋势，金花茶和东兴金花茶在

50 mmol·L^{-1} 和 100 mmol·L^{-1} Ca^{2+} 处理中的 P_n 显著低于 5 mmol·L^{-1} Ca^{2+} 处理中的，与 5 mmol·L^{-1} Ca^{2+} 处理相比，金花茶在 50 mmol·L^{-1} 和 100 mmol·L^{-1} Ca^{2+} 处理中的 P_n 分别下降 31.3% 和 63.9%，东兴金花茶则分别下降 23.3% 和 59.4%；2 种金花茶组植物在 25 mmol·L^{-1} Ca^{2+} 处理中的 P_n 与在 5 mmol·L^{-1} Ca^{2+} 处理中的无显著差异（图 6-1）。直脉金花茶和柠檬金花茶的 P_n 在不同 Ca^{2+} 浓度处理中无显著差异。G_s 的变化趋势与 P_n 的类似，2 种嫌钙型金花茶的 G_s 随 Ca^{2+} 浓度的升高而降低，而 2 种喜钙型金花茶在不同 Ca^{2+} 浓度处理中无显著变化。金花茶和东兴金花茶的 C_i 随 Ca^{2+} 浓度的升高，呈先降低后升高趋势，且均在 50 mmol·L^{-1} Ca^{2+} 处理中最小，分别为（243.70 ± 17.30）μmol·mol^{-1} 和（261.87 ± 15.53）μmol·mol^{-1}；直脉金花茶和柠檬金花茶在不同 Ca^{2+} 浓度处理中 C_i 的变化并不明显。2 种嫌钙型金花茶的 T_r 随 Ca^{2+} 浓度的升高，呈先升高后降低趋势，而 2 种喜钙型金花茶的 T_r 在不同 Ca^{2+} 浓度下并无显著差异。

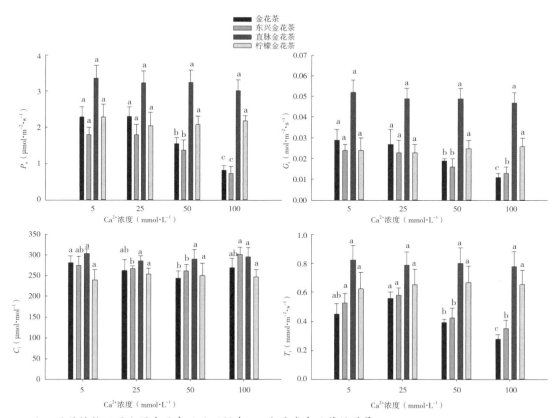

注：同种植物不同小写字母表示处理间在0.05水平存在显著性差异。

图6-1　不同Ca^{2+}浓度下4种金花茶组植物的光合气体交换参数

6.2.2 不同 Ca²⁺ 浓度对 4 种金花茶组植物叶绿素荧光参数的影响

随着 Ca^{2+} 浓度的升高，4 种金花茶组植物的 F_v/F_m 无显著变化，基本都在 0.8 以上，表明 4 种金花茶组植物的 PS Ⅱ 原初光能转化效率并未明显降低，其 PS Ⅱ 反应中心还未受到伤害。2 种嫌钙型金花茶的 $\Phi_{PS\,Ⅱ}$ 和 ETR 随 Ca^{2+} 浓度的升高呈降低趋势，表明高钙处理降低了嫌钙型金花茶的实际光能转换效率，光合电子传递受到影响，进而减弱其光合能力；喜钙型金花茶在不同 Ca^{2+} 浓度处理中的 $\Phi_{PS\,Ⅱ}$ 和 ETR 无显著变化，表明高钙处理并未对其光合作用的正常进行产生影响（表 6-1）。

表6-1 不同Ca²⁺浓度下4种金花茶组植物的叶绿素荧光参数

物种	Ca²⁺浓度（mmol·L⁻¹）	F_v/F_m	$\Phi_{PS\,Ⅱ}$	ETR
金花茶	5	0.815 ± 0.011a	0.636 ± 0.054a	14.68 ± 1.24a
	25	0.820 ± 0.011a	0.641 ± 0.053a	14.80 ± 1.25a
	50	0.817 ± 0.007a	0.633 ± 0.037a	14.64 ± 0.84a
	100	0.805 ± 0.028a	0.578 ± 0.065b	12.85 ± 1.13b
东兴金花茶	5	0.811 ± 0.006a	0.642 ± 0.012a	14.82 ± 0.32a
	25	0.807 ± 0.006a	0.630 ± 0.028a	14.55 ± 0.62a
	50	0.813 ± 0.004a	0.618 ± 0.019a	14.30 ± 0.46a
	100	0.799 ± 0.011a	0.537 ± 0.040b	12.42 ± 0.24b
直脉金花茶	5	0.816 ± 0.011a	0.639 ± 0.021a	14.75 ± 0.48a
	25	0.818 ± 0.008a	0.622 ± 0.010a	14.36 ± 0.27a
	50	0.824 ± 0.007a	0.642 ± 0.008a	14.85 ± 0.76a
	100	0.826 ± 0.009a	0.631 ± 0.030a	14.35 ± 0.24a
柠檬金花茶	5	0.812 ± 0.011a	0.656 ± 0.017a	15.15 ± 0.40a
	25	0.820 ± 0.005a	0.638 ± 0.025a	14.78 ± 0.58a
	50	0.824 ± 0.005a	0.627 ± 0.068a	14.50 ± 1.56a
	100	0.823 ± 0.006a	0.630 ± 0.043a	14.62 ± 0.98a

注：同种植物同列不同小写字母表示差异显著（$P<0.05$），下同。

6.2.3 不同 Ca²⁺ 浓度对 4 种金花茶组植物叶片 Chl 含量的影响

叶片中的光合色素参与光合作用过程中光能的吸收、传递和转化，光合色素含量直接影响植物的光合能力。随着 Ca^{2+} 浓度的升高，2 种嫌钙型金花茶叶片的 Chl a、Chl b 和 Chl（a+b）含量均呈降低趋势，在 50 mmol·L⁻¹ 和 100 mmol·L⁻¹ Ca^{2+} 处理中的 3 个指标均显著低于 5 mmol·L⁻¹ Ca^{2+} 处理中的；Chl a/Chl b 在不同 Ca^{2+} 浓度下并无显著差异。2 种喜钙型金花茶在不同 Ca^{2+} 浓度处理中的 Chl a、Chl b、Chl（a+b）含量及 Chl a/Chl b 的变化并不明显（表 6-2）。

表6-2　不同Ca^{2+}浓度下4种金花茶组植物叶片Chl含量及比例

物种	Ca^{2+}浓度（mmol·L^{-1}）	Chl a（mg·g^{-1}）	Chl b（mg·g^{-1}）	Chl（a+b）（mg·g^{-1}）	Chl a/Chl b
金花茶	5	2.27 ± 0.15a	0.88 ± 0.04a	3.16 ± 0.14a	2.56 ± 0.21a
	25	1.98 ± 0.16ab	0.80 ± 0.04ab	2.78 ± 0.19ab	2.46 ± 0.18a
	50	1.74 ± 0.16b	0.69 ± 0.03b	2.43 ± 0.15b	2.51 ± 0.25a
	100	1.59 ± 0.14b	0.55 ± 0.03c	2.13 ± 0.12b	2.71 ± 0.38a
东兴金花茶	5	1.55 ± 0.13a	0.65 ± 0.04a	2.20 ± 0.18a	2.37 ± 0.18a
	25	1.49 ± 0.15a	0.63 ± 0.03a	2.12 ± 0.20a	2.36 ± 0.20a
	50	1.27 ± 0.16b	0.54 ± 0.04b	1.81 ± 0.19b	2.35 ± 0.19a
	100	1.19 ± 0.12b	0.52 ± 0.03b	1.71 ± 0.17b	2.29 ± 0.10a
直脉金花茶	5	2.07 ± 0.20a	0.81 ± 0.06a	2.88 ± 0.26a	2.55 ± 0.05a
	25	2.04 ± 0.19a	0.82 ± 0.08a	2.87 ± 0.27a	2.48 ± 0.06a
	50	1.86 ± 0.15a	0.76 ± 0.05a	2.62 ± 0.18a	2.45 ± 0.08a
	100	1.96 ± 0.02a	0.86 ± 0.03a	2.83 ± 0.04a	2.28 ± 0.08a
柠檬金花茶	5	2.27 ± 0.26a	0.83 ± 0.08a	3.10 ± 0.34a	2.73 ± 0.06a
	25	2.26 ± 0.14a	0.83 ± 0.06a	3.09 ± 0.22a	2.74 ± 0.07a
	50	2.35 ± 0.11a	0.84 ± 0.04a	3.19 ± 0.14a	2.81 ± 0.08a
	100	2.20 ± 0.15a	0.81 ± 0.04a	3.10 ± 0.19a	2.73 ± 0.09a

6.2.4 不同 Ca^{2+} 浓度对 4 种金花茶组植物叶片 MDA、Pro 和可溶性糖含量的影响

MDA 是脂质过氧化作用的主要产物之一，其含量的高低在一定程度上反映脂膜过氧化作用水平和膜结构的受害程度。在不同 Ca^{2+} 浓度处理中，4 种金花茶组植物的 MDA 含量均无显著差异（表 6-3），表明高钙处理还未使 4 种金花茶组植物的光合机构膜系统受到明显破坏。

Pro 具有较强的水合力，它的积累可增强植物的抗旱或抗渗透胁迫能力。两种嫌钙型金花茶的 Pro 含量均随 Ca^{2+} 浓度的升高而显著升高，与 5 mmol·L^{-1} Ca^{2+} 处理相比，25 mmol·L^{-1}、50 mmol·L^{-1} 和 100 mmol·L^{-1} Ca^{2+} 处理中金花茶叶片的 Pro 含量分别

提高了0.70倍、1.31倍和1.94倍，东兴金花茶分别提高了0.89倍、2.01倍、3.28倍；而2种喜钙型金花茶的Pro含量在不同Ca^{2+}浓度处理中变化并不大（表6-3）。

2种嫌钙型金花茶的可溶性糖含量随Ca^{2+}浓度的升高呈先降低后升高趋势；喜钙型金花茶中，直脉金花茶在不同Ca^{2+}浓度下无明显变化，柠檬金花茶则呈先升高后降低趋势（表6-3）。2种喜钙型金花茶的可溶性糖含量明显高于2种嫌钙型金花茶的，这可能与其适应高钙环境有关。

表6-3 不同Ca^{2+}浓度下4种金花茶组植物叶片MDA、Pro和可溶性糖含量

物种	Ca^{2+}浓度 （mmol·L^{-1}）	MDA （μmol·g^{-1}）	Pro （μg·g^{-1}）	可溶性糖 （mg·g^{-1}）
金花茶	5	0.06 ± 0.00a	5.41 ± 1.20a	12.10 ± 1.54a
	25	0.06 ± 0.00a	9.17 ± 2.17b	7.35 ± 1.10c
	50	0.06 ± 0.01a	12.51 ± 3.95c	7.49 ± 0.49c
	100	0.07 ± 0.01a	15.90 ± 4.54d	9.64 ± 1.16b
东兴金花茶	5	0.03 ± 0.00a	7.01 ± 1.52a	10.88 ± 2.19ab
	25	0.03 ± 0.00a	13.27 ± 1.05b	10.71 ± 1.31ab
	50	0.03 ± 0.00a	21.07 ± 2.82c	8.60 ± 1.31b
	100	0.04 ± 0.01a	29.99 ± 3.56d	12.17 ± 0.81a
直脉金花茶	5	0.06 ± 0.01a	7.04 ± 1.18a	27.23 ± 2.68a
	25	0.05 ± 0.01a	5.83 ± 0.55a	22.78 ± 3.27a
	50	0.06 ± 0.01a	5.71 ± 0.42a	21.60 ± 1.49a
	100	0.05 ± 0.01a	6.19 ± 0.64a	27.74 ± 5.65a
柠檬金花茶	5	0.06 ± 0.02a	4.67 ± 0.94b	19.95 ± 1.02b
	25	0.06 ± 0.02a	4.89 ± 0.94b	28.74 ± 4.81a
	50	0.07 ± 0.01a	5.79 ± 0.45ab	25.31 ± 0.89ab
	100	0.06 ± 0.01a	6.51 ± 1.81a	21.79 ± 1.93b

6.3 结论与讨论

不同类型植物对外源Ca^{2+}的需求存在差异，喜钙型植物通常在整个生活史或某一生长发育阶段强烈依赖土壤中的高Ca^{2+}环境，表现出嗜钙特性，而嫌钙型植物在高Ca^{2+}环境下长势不良（苏迪 等，2012）。本试验中，2种喜钙型金花茶的P_n、G_s、

C_i、T_r 等光合参数几乎不受外界 Ca^{2+} 浓度的影响，在 5～100 mmol·L^{-1} Ca^{2+} 处理中，这几个指标几乎保持稳定，表明喜钙型金花茶对外界 Ca^{2+} 浓度的变化并不敏感。这与其他一些喜钙型植物在不同 Ca^{2+} 浓度下的表现并不完全一致，如喜钙型树种伞花木（*Eurycorymbus cavaleriei*）随外源 Ca^{2+} 浓度的升高，其叶长、叶宽、叶形指数、植株高度和茎粗等指标均显著增加（苏迪 等，2012）；3 种喀斯特喜钙型苔藓植物必须在一定的 Ca^{2+} 浓度下才能生长良好，在低钙环境下不能生长或长势不良（陈蓉蓉 等，1998）；随着 Ca^{2+} 浓度的升高，石灰土专属种柳叶蕨（*Polystichum fraxinellum*）的 P_n 在 30 mmol·L^{-1} Ca^{2+} 处理中最高，在 100 mmol·L^{-1} 和 200 mmol·L^{-1} Ca^{2+} 处理中呈下降趋势（罗绪强 等，2013）。表明不同喜钙型植物对钙的需求并不完全一致。

随着 Ca^{2+} 浓度的升高，2 种嫌钙型金花茶的 P_n 和 G_s 呈降低趋势，C_i 表现为先降低后升高，T_r 则表现为先升高后降低。与 5 mmol·L^{-1} Ca^{2+} 处理相比，25 mmol·L^{-1} Ca^{2+} 处理中的 P_n、G_s 和 T_r 均无显著变化，表明 25 mmol·L^{-1} Ca^{2+} 处理并未对金花茶和东兴金花茶的生长产生不良影响；在 50 mmol·L^{-1} 和 100 mmol·L^{-1} Ca^{2+} 处理中，这几个指标均显著降低，表明高于 50 mmol·L^{-1} Ca^{2+} 处理降低了 2 种嫌钙型金花茶的 P_n，使其生长受到影响，这与对其他一些嫌钙型植物的研究结果相类似。随着 Ca^{2+} 浓度的升高，茶（*Camellia sinensis*）的 P_n 和 G_s 逐渐降低，其节间距、新梢长度、展叶数、叶面积均明显低于对照（王跃华 等，2010）；嫌钙型植物大白杜鹃（*Rhododendron decorum*）的叶长、叶宽、叶形指数等指标随外源 Ca^{2+} 浓度的升高表现出逐步下降的趋势（苏迪 等，2012）。在 50 mmol·L^{-1} Ca^{2+} 处理中，嫌钙型金花茶 P_n 降低的同时伴随 C_i 的降低，表明此时 2 种金花茶组植物 P_n 的降低可能主要由气孔因素引起，而在 100 mmol·L^{-1} Ca^{2+} 处理中，P_n 的降低伴随 C_i 的升高，此时 P_n 的降低可能主要由非气孔因素引起（Farquhar et al.，1982），比如与叶片叶肉细胞羧化能力减弱或 Chl 含量降低有关（Candana et al.，2005；罗绪强 等，2013）。

叶绿素荧光可以作为光合作用研究的探针，叶绿素荧光技术的发展为估算叶片吸收光能的分配与 ETR 提供了可能（Anderson，1999；孙金春 等，2011）。在 100 mmol·L^{-1} Ca^{2+} 处理中，2 种嫌钙型金花茶的 F_v/F_m 与其他 3 个处理相比稍有降低，但并无显著差异（$P > 0.05$），表明高钙处理中嫌钙型金花茶叶片的光合潜力并未明显减小；这与其他一些嫌钙型植物在高钙环境下 F_v/F_m 明显降低并不一致（王跃华 等，

2010；王程媛 等，2012），这是否与胁迫时间不够，还未对嫌钙型金花茶膜系统产生伤害有关，还有待进一步研究，该结果与高钙胁迫下其叶片 MDA 含量无显著升高相一致。2 种嫌钙型金花茶在 100 mmol·L^{-1} Ca^{2+} 处理中的 $\Phi_{PS\,II}$ 和 ETR 显著低于其他处理，表明高钙环境下其 PS II 反应中心捕获光能效率和 ETR 均降低，进而影响光合作用的正常进行。在不同 Ca^{2+} 浓度处理中，2 种喜钙型金花茶的 F_v/F_m、$\Phi_{PS\,II}$ 和 ETR 均未有显著差异，表明其光系统运行正常，光合作用未受影响，这与光合参数的表现相一致。

Chl 含量是反映光合器官生理状况的重要指标，在一定程度反映了植物生长状况和光合作用能力，也可表征逆境中植物组织、器官的衰老状况（Nieva et al.，2005；梁小红 等，2015）。研究表明，喜钙型植物叶片中 Chl 含量随外界 Ca^{2+} 浓度的升高而升高，光合能力随之增强（张习敏 等，2013），而嫌钙型植物在过量钙胁迫下，叶片叶绿体膜受到损伤，Chl 含量降低，光合作用受到抑制（王跃华 等，2010；申加枝 等，2014）。本试验中，随着 Ca^{2+} 浓度的升高，嫌钙型金花茶叶片 Chl a、Chl b、Chl（a+b）含量均呈降低趋势，尤其是在 50 mmol·L^{-1} 和 100 mmol·L^{-1} Ca^{2+} 处理中，显著低于 5 mmol·L^{-1} Ca^{2+} 处理，表明高钙环境下 2 种嫌钙型金花茶的光合色素代谢紊乱，Chl 的合成受到抑制，造成叶片捕光能力和光合活性减弱，进而光合能力减弱。在不同 Ca^{2+} 浓度下，2 种喜钙型金花茶叶片 Chl 含量并未有显著差异，表明喜钙型金花茶对不同 Ca^{2+} 浓度的适应范围较广，这可能与低钙环境下喜钙型植物仍能保持较强的钙吸收能力有关（苏迪 等，2012）。

在长期的进化过程中，植物形成了许多机制抵抗外部逆境条件。在一些逆境条件下植物可以通过提升叶片 Pro、可溶性糖等物质的含量来增强其渗透调节能力，进而增强植物对逆境的抵抗能力（冯晓英 等，2010），但也有研究认为，Pro 含量的升高只是植物对逆境条件的一种生理响应（李昆 等，1999）。本试验中，虽然嫌钙型金花茶叶片 Pro 含量随 Ca^{2+} 浓度的升高显著升高，但可溶性糖含量总体变化并不大，表明嫌钙型金花茶对高钙环境的适应能力有限。2 种喜钙型金花茶在不同 Ca^{2+} 浓度下叶片 Pro 和可溶性糖含量变化并不明显，表明其并未受到胁迫，对低钙和高钙环境都有很好的适应性，这与喜钙型植物伞花木、光皮梾木（*Cornus wilsoniana*）等在不同 Ca^{2+} 浓度环境下的表现相类似（张习敏 等，2013；张芳 等，2017）。在不同 Ca^{2+} 浓度下，喜钙型植物云贵鹅耳枥（*Carpinus pubescens*）叶片过氧化物酶（POD）活性远高于嫌钙型植物油茶（*Camellia oleifera*）的，POD 的高效表达保证了喜钙型植物在受到环境胁迫时能很好地保护其细胞膜结构和其他生理生化过程不受影响（张宇斌 等，2008）。本试验中，在不同 Ca^{2+} 浓度下，喜钙型金花茶叶片可溶性糖含量明显高于嫌钙型金花茶的，这可能与 POD 有相类似的效果，以保证喜钙型金花茶能很好地适应高钙环境。

综上所述，喜钙型金花茶对外界 Ca^{2+} 浓度的变化并不敏感，在高钙和低钙环境下均能正常生长，其适应高钙的生理机制可能与叶片较高的可溶性糖含量有关；而嫌钙型金花茶在高钙环境下长势不良，这很可能是其不能在钙质土上生长的主要原因。

第三部分

金花茶组植物的生理生态特性

第七章
东兴金花茶与其近缘广布种长尾毛蕊茶光合生理特性的比较

7.1 材料与方法

7.1.1 试验地概况

试验地位于广西桂林市雁山区广西植物研究所金花茶组植物种质圃内（25°11′N，110°12′E），地处中亚热带季风气候区，年均气温 19.2℃，年均日照时数 1553.09 h，年均降水量 1854.8 mm，全年无霜期 309 d 左右。土壤为由砂页岩风化发育而成的赤红壤。长尾毛蕊茶（*Camellia caudata*）和东兴金花茶在原生境群落中居于林下灌木层或乔木层第三亚层，上层植被丰富，环境中常年湿度保持在 80% 以上，生长在较为湿润的环境中，需要一定的遮光度才能生长良好。引种栽培地上层乔木树种为枫香树、樟（*Cinnamomum camphora*）等高大乔木，东兴金花茶和长尾毛蕊茶长势良好。

7.1.2 供试材料

材料为 10～15 年生的东兴金花茶和长尾毛蕊茶，东兴金花茶的株高为 3 m 左右，长尾毛蕊茶的株高为 5～6 m，各选取长势良好、树龄相近、生长在同一环境的 3 株植株作为试验植株，选择树冠层中下层接近同一高度的叶片作为待测样本。

7.1.3 方法与测定指标

光响应曲线和光合日变化采用 LI-6400 便携式光合测定系统分析仪（USA，LI-COR）于 2019 年 10 月的晴天进行测量。光响应曲线的测定于晴天的上午 9：00～11：30 进行，叶室光源选用红蓝光源，PAR 梯度分别设为 0、20 μmol·m^{-2}·s^{-1}、50 μmol·m^{-2}·s^{-1}、100 μmol·m^{-2}·s^{-1}、150 μmol·m^{-2}·s^{-1}、200 μmol·m^{-2}·s^{-1}、400 μmol·m^{-2}·s^{-1}、600 μmol·m^{-2}·s^{-1}、800 μmol·m^{-2}·s^{-1}、1000 μmol·m^{-2}·s^{-1}、1200 μmol·m^{-2}·s^{-1}、1500 μmol·m^{-2}·s^{-1}。测定前采用 800 μmol·m^{-2}·s^{-1} 光照强度

对叶片进行光诱导 20 min 左右，等 PAR 稳定后即可读出 P_n、G_s、T_r、C_i 等生理指标（薛磊 等，2019）。光合日变化于晴天的 7∶00 ～ 19∶00 进行测量，每 2 h 测量 1 次，测量参数包括 P_n、G_s、T_r、C_i 等，同时测定主要环境因子日变化如 PAR、大气 CO_2 浓度（C_a）、大气相对湿度（RH）和气温（T_a）等参数，水分利用效率（WUE）采用公式 WUE=P_n/T_r 进行计算。

7.1.4 数据处理

运用 Excel 2010 对数据进行处理，采用叶子飘等（2010）的双曲线修正模型对东兴金花茶和长尾毛蕊茶的光响应曲线进行拟合，采用 Excel 2010 对东兴金花茶和长尾毛蕊茶光响应曲线弱光（≤ 100 μmol·m^{-2}·s^{-1}）状态下的 P_n 进行线性回归方程分析求表观量子效率（AQY），采用 SPSS 23.0 进行数据分析，采用 Origin 8.5 软件进行相关图表的制作。

7.2 结果与分析

7.2.1 光响应曲线

光响应曲线可反映植物光合速率随 PAR 增减而变化的规律。采用叶子飘等（2010）的双曲线修正模型对长尾毛蕊茶和东兴金花茶不同 PAR 的 P_n 进行拟合，拟合效果较好（秦惠珍 等，2020），拟合的光响应曲线见图 7-1。东兴金花茶的 P_n 在 PAR 为 0 ～ 200 μmol·m^{-2}·s^{-1} 时随 PAR 的增加而呈线性增长，PAR 为 200 ～ 400 μmol·m^{-2}·s^{-1} 时 P_n 缓慢升高，PAR 约为 600 μmol·m^{-2}·s^{-1} 时 P_n 达到最大值，约为 3.67 μmol·m^{-2}·s^{-1}，PAR 约为 800 μmol·m^{-2}·s^{-1} 后 P_n 开始降低，具有明显的光抑制。长尾毛蕊茶的 P_n 在 PAR 为 0 ～ 400 μmol·m^{-2}·s^{-1} 时随 PAR 的增加而呈线性增长，PAR 达到 400 μmol·m^{-2}·s^{-1} 后 P_n 缓慢增长趋于一个稳定值，约为 4.78 μmol·m^{-2}·s^{-1}，在所测定的光照强度范围内并没有出现光饱和现象，与表 7-1 的光饱和点相符。东兴金花茶的光合能力明显弱于长尾毛蕊茶，在中等以上强度（800 μmol·m^{-2}·s^{-1}）的光照下光合作用会受到抑制，而长尾毛蕊茶对强光的耐受能力比东兴金花茶强。原生境中长尾毛蕊茶的植株平均高度高于东兴金花茶，且东兴金花茶的光合作用能力较弱，导致其在种群竞争中处于劣势地位。

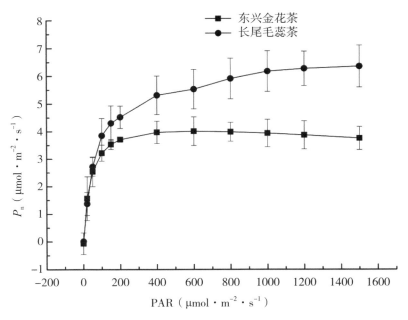

图7-1 东兴金花茶和长尾毛蕊茶的光响应曲线

东兴金花茶和长尾毛蕊茶的最大净光合速率（P_{max}）、光饱和点（LSP）、光补偿点（LCP）、暗呼吸速率（R_d）及 AQY 如表 7-1 所示，东兴金花茶的 P_{max}、LSP、LCP、AQY 均显著低于长尾毛蕊茶的，R_d 与长尾毛蕊茶的无显著差异。东兴金花茶的 LSP 低而 LCP 高，对强光和弱光的利用能力均比长尾毛蕊茶弱，对光照强度的要求严格，环境适应性差，这可能是东兴金花茶分布范围狭窄的一个生理性因素。

表7-1 长尾毛蕊茶和东兴金花茶的光响应参数

物种	P_{max} ($\mu mol \cdot m^{-2} \cdot s^{-1}$)	LSP ($\mu mol \cdot m^{-2} \cdot s^{-1}$)	LCP ($\mu mol \cdot m^{-2} \cdot s^{-1}$)	R_d ($\mu mol \cdot m^{-2} \cdot s^{-1}$)	AQY ($mol \cdot mol^{-1}$)
东兴金花茶	3.86 ± 0.04	223.40 ± 10.05	2.75 ± 0.97	0.108 ± 0.001	0.030 ± 0.001
长尾毛蕊茶	5.95 ± 0.06	530.42 ± 13.17	7.52 ± 1.15	0.083 ± 0.001	0.037 ± 0.004
差异	*	**	**	ns	*

注：表中数据为平均值±标准差。*表示差异显著，$P < 0.05$；**表示差异极显著，$P < 0.01$；ns表示差异不显著，$P > 0.05$。

7.2.2 光合日变化

1. 环境因子日变化

测量地内东兴金花茶和长尾毛蕊茶的环境因子如 PAR、C_a、T_a、RH 的日变化见图 7-2。东兴金花茶和长尾毛蕊茶的 PAR 均呈现单峰曲线，PAR 在 13：00 左右达到最大值，分别为 154.36 $\mu mol \cdot m^{-2} \cdot s^{-1}$ 和 209.07 $\mu mol \cdot m^{-2} \cdot s^{-1}$，到 19：00 PAR 仅分别为 12.21 $\mu mol \cdot m^{-2} \cdot s^{-1}$ 和 27.21 $\mu mol \cdot m^{-2} \cdot s^{-1}$，可见测量地的光照较弱。$C_a$ 变化趋势与 PAR 的相反，先下降后上升；在 7：00 时最高，太阳出来后随着时间的推移迅速降低。T_a 受到 PAR 的影响，变化趋势与 PAR 的一致，13：00 左右达到最大值。测量地早上湿气重，RH 较高，随后慢慢降低，在 13：00 达到最低点，随后随着 PAR 和 T_a 的降低而升高。

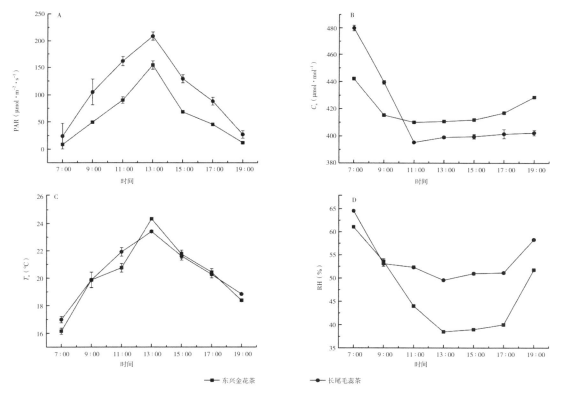

图7-2　2种金花茶组植物测量地环境因子日变化

2. 光合参数日变化

东兴金花茶和长尾毛蕊茶的P_n、G_s、C_i、T_r日变化见图7–3。如图所示，东兴金花茶的P_n日变化随时间呈现双峰曲线，存在光合午休现象，最大的峰值为2.50 µmol·m^{-2}·s^{-1}，日均P_n为1.10 µmol·m^{-2}·s^{-1}；长尾毛蕊茶的P_n呈现单峰曲线，不存在光合午休现象，峰值为7.63 µmol·m^{-2}·s^{-1}，日均P_n为2.04 µmol·m^{-2}·s^{-1}；东兴金花茶的P_n低于长尾毛蕊茶的（图7–3A）。

东兴金花茶和长尾毛蕊茶的C_i变化趋势相似，受P_n和G_s的影响，基本上呈V形变化。上午温度逐渐升高，PAR增大，植物P_n升高，消耗的细胞间CO_2量增加，导致C_i呈下降趋势。其中长尾毛蕊茶的下降幅度比东兴金花茶的大，说明此时长尾毛蕊茶的光合作用速率急剧上升，消耗细胞间CO_2的量急速增加；在13：00长尾毛蕊茶C_i达到最小值（245.19 µmol·mol^{-1}），此时东兴金花茶C_i为295.98 µmol·mol^{-1}。13：00以后，由于气孔开始关闭等因素，P_n降低，叶片对CO_2的需求量减少，C_i不断回升至达到较高值（图7–3B）。

G_s表示气孔的张开程度，影响植物进行光合作用等生命活动。气孔张开的程度越大，进入叶片内的CO_2浓度越高，植物进行光合作用的能力越强。东兴金花茶和长尾毛蕊茶的G_s均在11：00左右达到峰值，分别为0.06 mol·m^{-2}·s^{-1}和0.09 mol·m^{-2}·s^{-1}，此时的P_n值也达到最大；东兴金花茶的G_s日变化趋势与其P_n变化趋势基本一致，呈现"升—降—升—降"的变化趋势，在G_s达到峰值时，P_n也达到峰值（图7–3C）。

与P_n日变化趋势一样，长尾毛蕊茶和东兴金花茶的T_r变化趋势分别为单峰曲线和双峰曲线。上午温度上升，空气湿度下降，植物的蒸腾作用强烈。长尾毛蕊茶的T_r在11：00时达到最大值0.99 mmol·m^{-2}·s^{-1}，东兴金花茶的2个峰值出现的时间分别为9：00和17：00，此时的T_r分别为0.65 mmol·m^{-2}·s^{-1}和0.70 mmol·m^{-2}·s^{-1}。此外，长尾毛蕊茶和东兴金花茶的T_r日均值分别为0.53 mmol·m^{-2}·s^{-1}和0.41 mmol·m^{-2}·s^{-1}，可见东兴金花茶整体上用于蒸腾作用散失的水分比长尾毛蕊茶多（图7–3D）。

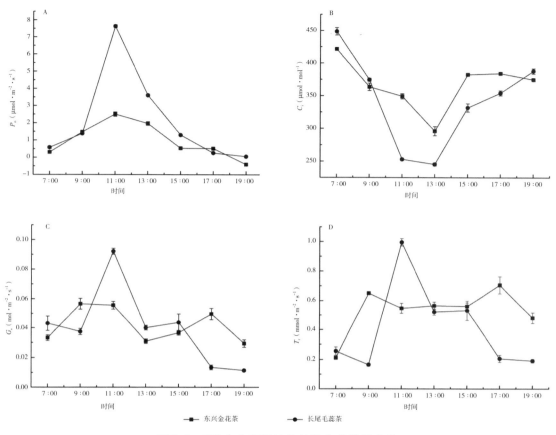

图7-3 2种金花茶组植物的光合参数日变化

3. WUE日变化

WUE 为 P_n 和 T_r 的比值，同时受光合速率和蒸腾速率的影响，最能直接地反映植物对环境的适应能力（冯伟 等，2014）。WUE 越大，叶片限制水分散失、保持水分的持水能力越强，能显著提高植物的抗旱性等逆性生理（陈健妙 等，2009）。东兴金花茶和长尾毛蕊茶的 WUE 日变化均基本呈单峰曲线（图 7-4），东兴金花茶和长尾毛蕊茶的 WUE 最大值分别为 4.78 μmol·mmol^{-1}、8.70 μmol·mmol^{-1}，日均 WUE 分别为 1.86 μmol·mmol^{-1}、4.32 μmol·mmol^{-1}，长尾毛蕊茶的 WUE 是东兴金花茶的 2.32 倍。

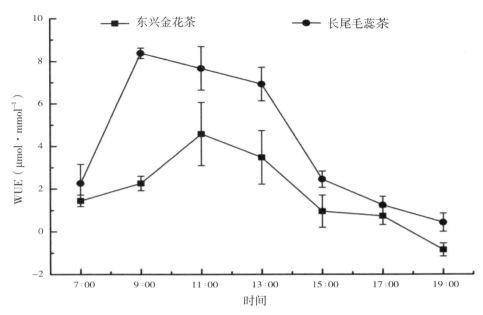

图7-4　2种金花茶组植物的WUE日变化

4. 光合生理指标与环境因子的相关性分析

对东兴金花茶和长尾毛蕊茶的光合生理指标及环境因子进行相关性分析，结果见表 7-2 和表 7-3。东兴金花茶的 P_n 与 C_i、G_s 呈显著相关，与 WUE 呈极显著相关，与 PAR 呈显著相关；长尾毛蕊茶的 P_n 与 C_i 呈显著相关，与 G_s 和 T_r 呈极显著相关，与 PAR 呈显著相关。可见，PAR 是影响这 2 种植物 P_n 的重要环境因子。

表7-2　东兴金花茶光合生理指标与环境因子相关系数

参数	P_n	C_i	G_s	T_r	WUE
P_n	1.0000	−0.8772*	0.8384*	0.31534	0.9720**
PAR	0.7670*	−0.9030**	0.03113	0.3975	0.7059
C_a	−0.6631	0.7093	−0.4556	−0.8230*	−0.5580
T_a	0.5799	−0.8550*	0.04749	0.6451	0.4608
RH	−0.3506	0.5883	−0.0700	−0.6885	0.1057

注：*表示差异显著（$P < 0.05$），**表示差异极显著（$P < 0.01$），下同。

表7-3　长尾毛蕊茶光合生理指标与环境因子相关系数

参数	P_n	C_i	G_s	T_r	WUE
P_n	1.0000	−0.7860*	0.9010**	0.9300**	0.6719
PAR	0.7949*	−0.9350**	0.5034	0.6596	0.7010
C_a	−0.3625	0.7496	−0.0455	−0.4491	0.0189
T_a	0.6066	−0.9560**	0.3594	0.6231	0.5102
RH	−0.3768	0.8000*	−0.1306	−0.3753	−0.4274

7.3 结论与讨论

AQY 反映了植物利用弱光的能力，东兴金花茶和长尾毛蕊茶的 AQY 分别为 0.030 和 0.037，说明长尾毛蕊茶利用弱光的能力比东兴金花茶强。植物光合作用 LSP 和 LCP 的高低反映了植物对强弱光照的适应能力，代表着植物的需光特性和需光量（高建国 等，2011；张婷婷 等，2017）。LSP 和 LCP 的差值越大，说明其适应光照幅度越大，光合能力越强。长尾毛蕊茶具有较高的 LSP 和较低的 LCP，既能利用强光进行光合作用，也能利用弱光进行光合作用，光适应的生态幅度较宽，对环境的适应能力强；东兴金花茶具有较低的 LSP，在强光状态下光合作用会受到抑制，属于明显的阴生植物，对光适应的生态幅度较窄。东兴金花茶的光合能力与相同生境下的同属植物长尾毛蕊茶相比较弱。

P_n 指植物叶片单位时间单位面积内同化 CO_2 的总量，是衡量植物光合能力的重要指标（莎仁图雅 等，2019）。P_n 反映了植物利用光能进行光合作用的能力，从 P_n 指标看，东兴金花茶的光合作用能力弱于长尾毛蕊茶。T_r 为植物水分代谢的一个重要生理指标（高超 等，2011），是植物蒸腾作用强弱的一个重要指标，T_r 越大，表明植物进行蒸腾作用消耗水分的能力越强。WUE 结合 P_n 和 T_r，综合反映了植物叶片的保水能力，长尾毛蕊茶的 WUE 明显高于东兴金花茶的。

综上可知，长尾毛蕊茶具有较高的 P_n、WUE 和较低的 T_r，东兴金花茶具有较低的 P_n、WUE 和较高的 T_r，可见长尾毛蕊茶光合作用能力强于东兴金花茶，WUE 高于东兴金花茶，而整体的 T_r 低于东兴金花茶；这些都从侧面反映了东兴金花茶在群落中的竞争能力较弱，不利于其生存竞争。且东兴金花茶为阴生植物，在弱光下光合能力更强，强光抑制其生长，导致其生态适应幅度小。长尾毛蕊茶的光能适应幅度大，光合作用能力较东兴金花茶强，这可能是长尾毛蕊茶生境范围分布广而东兴金花茶分布范围狭窄的一个重要原因。

第八章
显脉金花茶的光合生理特性

8.1 试验地自然概况

试验地设在广西桂林市雁山区广西植物研究所金花茶组植物种质圃内，位于北纬 25°11′，东经 110°12′，海拔 178 m，属中亚热带季风气候区。年均气温 19.2℃，最热月均温 28.4℃，最冷月均温 7.7℃，绝对高温 38℃，绝对低温 –6℃，冬季有霜冻，月平均气温高于 20℃ 的有 6 ～ 7 个月，年积温 6950℃；年降水量 854.8 mm，年均相对湿度 78.0%。土壤为砂质酸性红壤，pH 值为 5.5 ～ 6.5。土壤中 N、K、Mg 含量高，有机质含量较高（4.2%），土壤肥力中等。上层树种有枫香树、樟、榔榆（*Ulmus parvifolia*）、白花泡桐（*Paulownia fortunei*）、马尾松（*Pinus massoniana*）等高大乔木，郁闭度在 65% 左右。

8.2 材料与方法

8.2.1 材料

供试材料为引种栽培 20 年生的显脉金花茶成年植株，种源来自广西防城港市。20 年生实生树平均高 192.00 ± 5.6 cm，基径 3.05 ± 0.18 cm，平均冠幅（东西 × 南北）204.5 cm × 217.8 cm。

8.2.2 研究方法

采用 LI-6400 便携式光合测定系统分析仪（USA，LI-COR）对显脉金花茶叶片的光合作用日进程、光响应曲线和 CO_2 响应曲线进行测定。选择树冠中部外层向阳 1 年生枝的中位叶进行光合测定，选择生长正常的 5 株树，每株测定 1 片叶，空间取向和角度尽量一致，所有叶片都为西向且基本与地面平行。

（1）光合作用日进程测定：选择典型晴天（2005 年 6 月 24 日），采用自然光和大气 CO_2 浓度进行测定。当地时间 7：00 ～ 18：00 每小时测 1 次，每次 5 个重复。测定

项目包括植物的 P_n（$\mu mol \cdot m^{-2} \cdot s^{-1}$）、$T_r$（$mmol \cdot m^{-2} \cdot s^{-1}$）、$G_s$（$mol \cdot m^{-2} \cdot s^{-1}$）、$C_i$（$\mu mol \cdot mol^{-1}$）和饱和水汽压差（VPD）等，环境参数包括光量子通量密度（PPFD，$\mu mol \cdot m^{-2} \cdot s^{-1}$）、$T_a$（℃）、$C_a$（$\mu mol \cdot mol^{-1}$）、叶温（$T_1$，℃）和 RH（%）等微气象参数。

（2）光响应曲线测定：选择晴朗的天气进行光响应曲线测定，测定时间为上午 9：00 ～ 12：00。使用开放气路，设定空气流速为 0.5 L·min⁻¹，T_1 为 27℃，C_a 为 370 $\mu mol \cdot mol^{-1}$。随机选择生长良好的健康成熟叶片（重复 5 次），根据 P_n 日变化曲线，确定其大概的饱和光照强度，并将待测叶片在接近饱和光照强度下诱导 20 min（仪器自带的红蓝光源）以充分活化光合系统，然后在 0 ～ 1800 $\mu mol \cdot m^{-2} \cdot s^{-1}$ 光照强度范围内设定 13 个光照强度梯度（从高到低逐渐下降到 0）进行光合作用光响应动态测定。

（3）CO_2 响应曲线测定：随机选择生长良好的健康成熟叶片进行 5 次重复测定，设定 T_1 为 25℃，光照强度为 600 $\mu mol \cdot m^{-2} \cdot s^{-1}$，参比室 CO_2 浓度从 400 $\mu mol \cdot mol^{-1}$ 降到 0，再从 0 升至 1500 $\mu mol \cdot mol^{-1}$，共设置 12 个浓度水平。

8.2.3 数据分析

（1）光合参数计算：依据方程 $P_n = P_{max}(1 - C_0 e^{-\Phi \, PPFD / P_{max}})$（Bassman et al.，1991）拟合光合作用光响应曲线（P_n-PPFD 曲线）。其中 P_{max} 为最大净光合速率，Φ 为弱光下光化学量子效率，C_0 为度量弱光下净光合速率趋于 0 的指标。通过适合性检验，拟合效果良好，然后用下列公式计算光补偿点（LCP）：$LCP = P_{max} \ln(C_0) / \Phi$。假定 P_n 达到 P_{max} 的 99% 的 PPFD 为光饱和点（LSP），则：$LSP = P_{max} \ln(100 C_0) / \Phi$。AQY 为 P_n-PPFD 曲线初始部分（0 ～ 150 $\mu mol \cdot m^{-2} \cdot s^{-1}$）直线回归的斜率。

（2）根据实测参数的平均值作 CO_2 响应曲线，估算出 CO_2 饱和点（CSP）。P_n 在 P_n-C_i 曲线的初始部分（低 C_i）受低 CO_2 浓度的限制，在曲线的饱和部分受最大电子传递速率（J_{max}）的限制。在低 C_i 下（$0 < C_i < 200$ $\mu mol \cdot mol^{-1}$），由方程 $P_n = \{V_{cmax}(C_i - \Gamma^*) / [C_i + K_c(1 + O_i/K_o)]\} - R_d$ 拟合 P_n-C_i 曲线，求得 V_{cmax}、Γ^* 和 R_d（Caemmerer et al.，1981）。其中 V_{cmax} 为最大羧化速率，C_i 为胞间 CO_2 浓度，Γ^* 为不包括光下呼吸 CO_2 补偿点，R_d 为光下暗呼吸速率，K_c 和 K_o 分别为 Michaelis-Menten 羧化、氧化常数，在 T_1 为 25℃时分别为 406 $\mu mol \cdot mol^{-1}$ 和 277 $mmol \cdot mol^{-1}$（Bernacchi et al.，2001），O_i 为胞间 O_2 浓度，在 T_1 为 25℃时为 205 $mmol \cdot mol^{-1}$（Jordan et al.，1984）。J_{max} 由下面方程求得（Loustau et al.，1999）：$J_{max} = 4(P_{max}' + Rd)(C_i' + 2\Gamma^*) / (C_i' - \Gamma^*)$，公式中 P_{max}'、

C_i' 为光照强度 600 μmol·m^{-2}·s^{-1}（饱和光照强度）、参比室 CO_2 浓度 1500 μmol·mol^{-1}（饱和 CO_2 浓度）时的实测值。

（3）测定获得的参数利用 Excel 进行统计分析并利用 SigmaPlot 9.0（SPSS Inc., USA）绘图。

8.3 结果与分析

8.3.1 样地环境因子日变化

样地小环境 T_a、RH、C_a 和 PPFD 日变化见图 8-1 和图 8-2。从 7：00 到 18：00，T_a 的日变化为 19.3 ～ 29.2 ℃；RH 为 39.5% ～ 66.9%；C_a 的日变化为 365.6 ～ 393.4 μmol·mol^{-1}；在自然条件下，由于显脉金花茶生长在林下，其叶表接受的光合有效辐射较少，日变化为 1.6 ～ 280 μmol·m^{-2}·s^{-1}，最大值出现在 11：00。

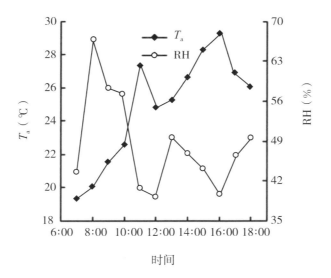

图8-1 显脉金花茶样地T_a和RH的日变化

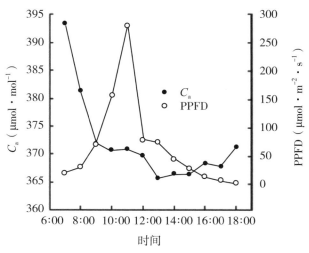

图8-2　显脉金花茶样地C_a和PPFD的日变化

8.3.2 叶片 P_n 日变化

在自然条件下，显脉金花茶主要受散射光的影响，光照强度往往达不到 LSP 水平。显脉金花茶的 P_n 日变化呈单峰曲线。其 P_n 日变化呈现出随 PAR 变化而变化的趋势，PAR 增大，显脉金花茶的 P_n 也增大（在 11：00 左右达到最大值），反之亦然（图 8-3）。日平均 P_n 为 1.14 ± 0.32 $\mu mol \cdot m^{-2} \cdot s^{-1}$，而最大值可达 3.53 $\mu mol \cdot m^{-2} \cdot s^{-1}$。

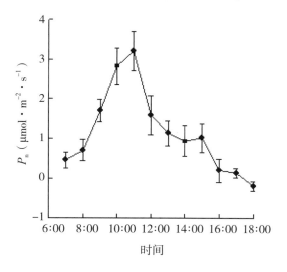

图8-3　显脉金花茶叶片P_n的日变化

8.3.3 叶片 P_n 对光照强度的响应

在稳定的 CO_2 浓度和温度下测定的显脉金花茶叶片光响应曲线见图 8-4。当光照强度在 $0 \sim 200\ \mu mol \cdot m^{-2} \cdot s^{-1}$ 范围内时，P_n 呈线性增长；随着光照强度的继续增大，P_n 的增长速度减缓；当光照强度达到 LSP 以后，P_n 的增长处于稳定状态。根据叶片光响应曲线的数学模型，计算出显脉金花茶的 P_{max}、LSP、LCP 和 AQY 分别为 $3.81\ \mu mol \cdot m^{-2} \cdot s^{-1}$、$459.9\ \mu mol \cdot m^{-2} \cdot s^{-1}$、$6.9\ \mu mol \cdot m^{-2} \cdot s^{-1}$、$0.039\ mol \cdot mol^{-1}$。

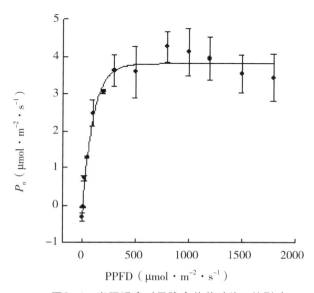

图8-4 光照强度对显脉金花茶叶片P_n的影响

8.3.4 叶片 P_n 对 C_a 的响应

C_a 的高低直接影响植物的光合作用，C_a 升高，一方面增加了 CO_2 对 Rubisc 酶结合位点的竞争，从而提高羧化效率，另一方面通过抑制光呼吸提高 P_n（林伟宏，1998）。在 PPFD 稳定于 $600\ \mu mol \cdot m^{-2} \cdot s^{-1}$ 和温度控制在 25℃ 的条件下，显脉金花茶成熟叶在不同 C_a 下的 P_n 响应曲线见图 8-5。结果表明，当 C_a 升高时，显脉金花茶叶片 P_n 随着 C_a 的升高也不断升高。当 C_a 由 0 升高到 $800\ \mu mol \cdot mol^{-1}$ 时，P_n 几乎呈直线上升，C_a 在 $800 \sim 1200\ \mu mol \cdot mol^{-1}$ 范围内，P_n 变化逐渐平缓，C_a 升高到 $1200\ \mu mol \cdot mol^{-1}$ 以后，P_n 几乎不变。由曲线估算 CSP 为 $1200\ \mu mol \cdot mol^{-1}$ 左右。另外，由模型计算的有关 CO_2 响应参数见表 8-1。Γ^* 为 $70.1\ \mu mol \cdot mol^{-1}$，$V_{cmax}$ 为 $17.5\ \mu mol \cdot m^{-2} \cdot s^{-1}$，$J_{max}$ 为 $40\ \mu mol \cdot m^{-2} \cdot s^{-1}$。

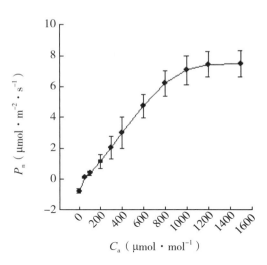

图8-5 显脉金花茶叶片P_n对C_a的响应

表8-1 显脉金花茶叶片的CO_2响应参数

CO_2响应参数	显脉金花茶
Γ^*（$\mu mol \cdot mol^{-1}$）	70.10 ± 1.60
V_{cmax}（$\mu mol \cdot m^{-2} \cdot s^{-1}$）	17.50 ± 2.10
R_d（$\mu mol \cdot m^{-2} \cdot s^{-1}$）	0.11 ± 0.04
J_{max}（$\mu mol \cdot m^{-2} \cdot s^{-1}$）	40.00 ± 3.50

8.4 结论与讨论

光合作用是植物十分复杂的生理过程，受到很多环境因素如光照强度、气温、空气相对湿度的影响（苏培玺 等，2003）。本研究的显脉金花茶生境与其自然生境类似，全天光照很弱，没有出现光抑制现象，但由于光照很弱，P_n也很低，其光合参数的日变化主要受光照强度的影响。显脉金花茶叶片的P_n日变化呈单峰曲线，最高峰出现在上午11：00，林下显脉金花茶叶表面接受的光合有效辐射较少，往往达不到LSP水平，不存在光抑制现象。

植物叶片的LSP和LCP反映了植物光照条件的要求，是判断植物耐阴性的一个重要指标。大体上阴性植物的LCP小于20 $\mu mol \cdot m^{-2} \cdot s^{-1}$，LSP为500～1000 $\mu mol \cdot m^{-2} \cdot s^{-1}$或更低（蒋高明 等，2004）。一般认为，LCP和LSP均较低的植物是典型的阴性植物，能充分地利用弱光进行光合作用，反之是典型的阳性植物（冷平生 等，2000；

韦记青 等，2006）。在夏季，显脉金花茶的 P_{max} 为 3.81 μmol·m^{-2}·s^{-1}，LSP 为 459.9 μmol·m^{-2}·s^{-1}，LCP 为 6.9 μmol·m^{-2}·s^{-1}。显脉金花茶的 LSP 和 LCP 都比较低，表明其是一种阴生植物。这与显脉金花茶生长在较为荫蔽的自然条件相吻合。据作者调查，显脉金花茶多见天然生长于极荫蔽的沟谷两旁山坡的乔木林下或灌木丛中，上层林冠盖度 70% 以上、阳光不易直射的林地，在林外山坡、山脊空旷地未见有其天然生长。在产区，由于人类对环境的破坏，有些暴露于林外的显脉金花茶残株，生长极为不良，植株矮小，叶子发黄。因此，适当遮阴是显脉金花茶引种栽培过程中的必要条件之一。

在控制光照强度和温度的条件下，C_a 小于 800 μmol·mol^{-1}，P_n 几乎呈直线上升，C_a 升高可使显脉金花茶的 P_n 增大，提高叶片对光能的利用率。植物光合作用对 C_a 的响应在低 C_a 的水平上最显著，而在 C_a 较高的条件下其光合作用很大程度上受到环境条件如水分、养分、光照、植物生长空间的影响，在较短时间高 C_a 处理时，植物光合作用受到的促进作用是很显著的（蒋高明 等，2000）。显脉金花茶叶片 CSP 大约为 1200 μmol·mol^{-1}，Γ^* 为 70.1 μmol·mol^{-1}，V_{cmax} 为 17.5 μmol·m^{-2}·s^{-1}，J_{max} 为 40 μmol·m^{-2}·s^{-1}。本研究仅在光照强度为 600 μmol·mol^{-1} 的条件下探讨 C_a 对显脉金花茶的叶片 P_n 的响应，尚需进一步开展多种不同光照强度条件下的试验研究，才能更深入反映显脉金花茶在不同 C_a 下的光合特性。

第九章
不同光照强度对金花茶幼苗光合生理特性的影响

9.1 材料与方法

9.1.1 试验材料和处理

试验设在广西桂林市雁山区广西植物研究所内进行。通过使用黑色尼龙网遮阴，建立相对光照强度分别为10%、30%、50%、100%（不遮阴）的荫棚4个。试验材料为2年生金花茶扦插苗，将幼苗栽种于内径30 cm、深25 cm的塑料花盆中，每盆1株，栽培基质由黄土：火土：猪粪按4：2：1混合而成。在相对光照强度为10%的荫棚中恢复生长1个月后随机分成4组，每组20盆，5月初移到4个荫棚进行处理。每天傍晚浇足量的水，每月施复合肥1次，随时防治病虫害。2个月后进行光合生理指标的测定。

9.1.2 光响应曲线的测定

选择植株顶端成熟叶片，在晴天的上午8：30～11：30进行光响应曲线的测定。采用LI-6400便携式光合测定系统分析仪（USA，LI-COR）测定叶片的P_n，测量前将待测叶片在400 μmol·m^{-2}·s^{-1}光照强度下诱导30 min（仪器自带的红蓝光源）以充分活化光合系统。使用开放气路，空气流速为0.5 L·min^{-1}，T_1为27℃，CO_2浓度为360 μmol·mol^{-1}（用CO_2钢瓶控制浓度）。设定的光照强度梯度为1800 μmol·m^{-2}·s^{-1}、1500 μmol·m^{-2}·s^{-1}、1200 μmol·m^{-2}·s^{-1}、1000 μmol·m^{-2}·s^{-1}、800 μmol·m^{-2}·s^{-1}、600 μmol·m^{-2}·s^{-1}、400 μmol·m^{-2}·s^{-1}、300 μmol·m^{-2}·s^{-1}、200 μmol·m^{-2}·s^{-1}、150 μmol·m^{-2}·s^{-1}、100 μmol·m^{-2}·s^{-1}、50 μmol·m^{-2}·s^{-1}、20 μmol·m^{-2}·s^{-1}、0，测定时每一光照强度下停留3 min。以PPFD为横轴、P_n为纵轴绘制P_n-PPFD曲线，依据Bassman和Zwier（1991）的方法拟合P_n-PPFD曲线方程：$P_n=P_{max}（1-C_0e^{-\Phi PPFD/P_{max}}）$，其中$P_{max}$为最大净光合速率，即光合能力，$\Phi$为弱光下光化学量子效率，即表观量子效率（AQY），C_0为度量弱光

下净光合速率趋于 0 的指标。通过适合性检验，若拟合效果良好，则可用下式计算 LCP：$LCP = P_{max}\ln(C_0)/\Phi$，假定 P_n 达到 P_{max} 的 99% 的 PPFD 为 LSP，则 $LSP = P_{max}\ln(100C_0)/\Phi$。

9.1.3 叶绿素 a 荧光参数的测定

于早晨太阳直射前进行测定，采用 LI-6400 便携式光合测定系统分析仪（USA，LI-COR）的荧光叶室测定叶片的叶绿素 a 荧光参数。经过充分暗适应（1h 以上）的叶片，用弱测量光测定 F_o，然后给一个饱和脉冲光（6000 μmol·m^{-2}·s^{-1}，持续时间 0.8 s）测得 F_m，计算可变荧光（$F_v = F_m - F_o$）、PS Ⅱ 原初光能转化效率（F_v/F_m）和 PS Ⅱ 潜在活性（F_v/F_o）。

9.1.4 光合色素含量的测定

用 95% 乙醇提取，测定提取液在波长 665 nm、649 nm 和 470 nm 下的吸光值，按公式（李合生，2000）计算出 Chl a、Chl b 和 Car 的含量及 Chl a/Chl b、Car/Chl。

9.1.5 MDA 和 Pro 含量的测定

MDA 含量采用硫代巴比妥酸比色法测定，Pro 含量采用磺基水杨酸法测定（李合生，2000）。

9.1.6 数据分析

利用 SPSS 13.0 统计软件对数据进行方差分析，采用 Duncan 法对各参数平均值进行多重比较。

9.2 结果与分析

9.2.1 不同光照强度对光合－光响应曲线的影响

不同光照强度环境下生长的金花茶光合－光响应曲线存在明显差异（图 9-1）。生长在弱光照下的金花茶比生长在强光照下的有较高的 P_n，P_{max} 随光照强度的增大而降低（表 9-1），与 10% 光照强度相比，30%、50%、100% 光照强度下 P_{max} 分别下降 12.54%、27.87%、31.01%，表明在强光下生长的金花茶，光合作用受到抑制，光合水平下降。

植物光合作用 LSP 和 LCP 显示了植物叶片对强光和弱光的利用能力，代表了植物的需光特性和需光量（张旺锋 等，2005）。随着光照强度的增大，金花茶 LSP 和 LCP 都有升高的趋势（表9-1），与 10% 光照强度相比，30%、50%、100% 光照强度下 LSP 分别升高 2.80%、2.94%、27.08%，LCP 分别升高 43.68%、69.30%、198.42%。 LSP 升高幅度较小，而 LCP 升高近 2 倍，表明在强光下生长的金花茶，对强光的利用能力增强不大，而对弱光的利用能力明显减弱。

AQY 指植物每吸收一个光量子所固定的 CO_2 或释放的 O_2 的分子数，是表示光合作用光能利用效率高低的参数（张进忠 等，2005）。光照强度对金花茶 AQY 有显著影响，随光照强度的增大，AQY 显著降低（表9-1），光能利用效率下降。

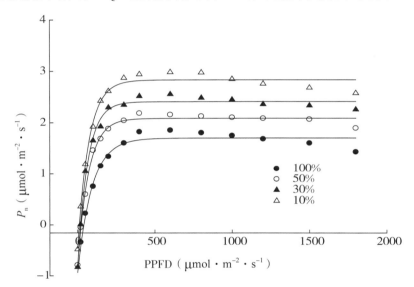

图9-1 不同光照强度下金花茶叶片的光合-光响应曲线

表9-1 不同光照强度下金花茶叶片的气体交换参数

相对光照强度（%）	P_{max}（µmol·m⁻²·s⁻¹）	AQY（mol·mol⁻¹）	LSP（µmol·m⁻²·s⁻¹）	LCP（µmol·m⁻²·s⁻¹）
10	2.87 ± 0.29a	0.039 ± 0.0028a	336.34 ± 42.71b	11.40 ± 1.36c
30	2.51 ± 0.23b	0.035 ± 0.0031ab	345.76 ± 43.41b	16.38 ± 2.05b
50	2.07 ± 0.25c	0.030 ± 0.0035c	346.24 ± 38.83b	19.30 ± 3.65b
100	1.98 ± 0.17c	0.025 ± 0.0022c	427.42 ± 40.65a	34.02 ± 4.33a

注：数据为平均值±标准差（n=3～5）。同列不同小写字母表示不同光照强度下各参数在 P=0.05 显著水平下多重比较结果，字母不同表示差异显著，下同。

9.2.2 不同光照强度对叶绿素 a 荧光参数的影响

F_o 是 PS Ⅱ 处于完全开放时的荧光产量，它可以表示逆境对作物叶片 PS Ⅱ 永久性伤害，其值大小与叶片叶绿素浓度有关（张守仁，1999）。F_m 是 PS Ⅱ 反应中心完全关闭时的荧光产量，可反映通过 PS Ⅱ 的电子传递状况。F_v 则反映 PS Ⅱ 原初电子受体 QA 的还原情况，与 PS Ⅱ 的原初反应过程有关，代表着 PS Ⅱ 光化学活性的强弱（许大全，1992）。随着光照强度的增大，F_o、F_m、F_v 均显著降低（表 9–2），表明强光胁迫使 PS Ⅱ 受到伤害，光合电子传递受到影响，PS Ⅱ 光化学活性减弱。

F_v/F_m 是指 PS Ⅱ 反应中心内原初光能转化效率，F_v/F_o 则反映了 PS Ⅱ 的潜在活性，它们是表明光化学反应状况的 2 个重要参数（许大全，1992）。随着光照强度的增大，F_v/F_m 和 F_v/F_o 均显著降低（表 9–2），与 10％ 光照强度相比，30％、50％、100％ 光照强度下 F_v/F_m 分别下降 2.98％、6.82％、22.95％，F_v/F_o 则分别下降 14.15％、25.90％、60.43％，表明强光胁迫降低了金花茶 PS Ⅱ 原初光能转化效率，PS Ⅱ 潜在活性中心受损，光合作用原初反应过程受抑制，光合电子传递过程受到影响。而光化学效率的高低直接决定叶片光合作用的高低，因此，某种原因造成的低光化学效率会成为光合作用的重要限制因子（张秋英 等，2003）。

表9-2　不同光照强度下金花茶叶片的叶绿素a荧光参数

相对光照强度（％）	F_o	F_m	F_v	F_v/F_m	F_v/F_o
10	182.07 ± 7.72a	940.67 ± 40.60a	758.60 ± 36.85a	0.806 ± 0.008a	4.17 ± 0.21a
30	193.37 ± 6.91a	885.89 ± 38.66a	692.51 ± 36.96b	0.782 ± 0.010ab	3.58 ± 0.22b
50	164.84 ± 31.47b	701.42 ± 68.17b	526.58 ± 49.43c	0.751 ± 0.032b	3.09 ± 0.51c
100	103.27 ± 21.95c	272.50 ± 55.42c	169.23 ± 34.74d	0.621 ± 0.023c	1.65 ± 0.16d

9.2.3 不同光照强度对叶片光合色素含量及比例的影响

叶片中光合色素是叶片光合作用的物质基础，环境因子的改变可以引起光合色素的变化，光合色素含量的高低在很大程度上反映了植物的生长状况和叶片的光合能力（朱小龙 等，2007）。随着光照强度的增大，金花茶叶片 Chl、Chl a 和 Chl b 含量显著降低；Car 含量随光照强度的增大有降低的趋势，Car/Chl 随光照强度的增大有增大的趋势，Chl a/Chl b 在各处理间差异并不显著（表 9–3）。

表9-3　不同光照强度下金花茶叶片光合色素含量及比例

相对光照强度（%）	Chl a (mg·g⁻¹·FW)	Chl b (mg·g⁻¹·FW)	Chl（a+b）(mg·g⁻¹·FW)	Car (mg·g⁻¹·FW)	Chl a/Chl b	Car/Chl
10	1.009 ± 0.066a	0.506 ± 0.035a	1.515 ± 0.095a	0.160 ± 0.011a	1.998 ± 0.089a	0.105 ± 0.004c
30	0.822 ± 0.041b	0.363 ± 0.027b	1.185 ± 0.066b	0.164 ± 0.011a	2.269 ± 0.083a	0.139 ± 0.010bc
50	0.629 ± 0.032c	0.367 ± 0.077b	0.996 ± 0.100c	0.144 ± 0.023a	1.890 ± 0.064b	0.150 ± 0.023b
100	0.187 ± 0.035d	0.097 ± 0.014c	0.284 ± 0.049d	0.093 ± 0.009b	1.930 ± 0.071a	0.331 ± 0.028a

9.2.4 不同光照强度对叶片 MDA 和 Pro 含量的影响

MDA 是膜脂过氧化作用的最终产物，是膜系统受伤害的重要标志之一（艾希珍，2000）。随着光照强度的增大，金花茶叶片 MDA 含量升高（表9-4），50% 和 100% 光照强度下 MDA 含量显著高于 30% 和 10% 光照强度下的，表明 50% 和 100% 光照强度下生长的金花茶植株受到强光胁迫，叶片膜系统受到伤害，发生光氧化。

Pro 是多种植物体内最有效的一种亲和性渗透调节物质，对于某些植物而言几乎所有的逆境如强光、干旱、低温、高温、冻害、盐害等都可以造成体内 Pro 的累积（郭卫华 等，2014）。金花茶叶片 Pro 含量随光照强度的增大而升高（表9-4），30%、50%、100% 光照强度下 Pro 含量分别为 10% 光照强度下的 1.22 倍、1.74 倍、2.63 倍，50% 和 100% 光照强度下 Pro 含量显著高于 10% 和 30% 光照强度下的，表明金花茶在50% 和 100% 光照强度下受到了严重的强光胁迫。

表9-4　不同光照强度下金花茶叶片MDA和Pro含量

相对光照强度（%）	MDA（μmol·g⁻¹·FW）	Pro（μg·g⁻¹·FW）
10	0.068 ± 0.011b	8.08 ± 0.74c
30	0.079 ± 0.012b	9.90 ± 1.06c
50	0.108 ± 0.004a	14.07 ± 0.70b
100	0.117 ± 0.018a	21.30 ± 1.80a

9.3 结论与讨论

光作为能源对于光合作用至关重要，然而，当叶片吸收的光能不能及时有效地被利用和耗散时，植物就会遭受强光胁迫，光合功能减弱，出现光抑制甚至光氧化，从而破坏光合机构（孟庆伟 等，1998）。强光下阳生植物一方面能提高光合速率，利用更多的光能，另一方面能增加热耗散，消耗过剩光能，防止光破坏（Kitao et al.，2000），而阴生植物捕光能力较强，光合能力较弱，对光抑制特别敏感（许大全 等，1997）。本研究中，随着光照强度的增大，P_{max}、AQY、F_o、F_m、F_v、F_v/F_m、F_v/F_o 都下降，表明强光胁迫引起光抑制，PS II 受到伤害，光合作用受到抑制，造成光合水平和光化学效率下降。在 50% 和 100% 光照强度下，上述各指标显著下降，且反映膜脂过氧化程度的指标 MDA 含量明显升高，说明已发生光氧化。由此可判断金花茶为阴生植物，对强光的适应性较差。

　　叶绿素在光合作用中起着吸收光能的作用，其含量的高低直接影响到植株光合作用的强弱（何维明 等，2003）。Chl a/Chl b 的变化，能反映叶片光合活性的强弱，Car/Chl 反映植物光能吸收和光保护的关系，其值高低与植物耐受逆境的能力有关（米海莉 等，2004）。随着光照强度的增大，金花茶叶片 Chl、Chl a 和 Chl b 含量显著降低，表明强光会引起叶绿素的破坏，致使光合速率降低；Chl a/Chl b 在各处理间无明显差异，这与许多植物 Chl a/Chl b 随着光照强度增大而升高的结果不同（冯玉龙 等，2002；蔡志全 等，2003），但与对蒲公英（*Taraxacum mongolicum*）的研究结果一致（赵磊 等，2007）。随着光照强度的增大，Chl、Car 含量均下降，由于 Car 的稳定性高于 Chl，其含量下降幅度小于 Chl，Car 在光合色素中的比例相对升高，Car/Chl 亦有升高的趋势。强光下，Car 含量相对升高，有利于保护光合机构，减轻 Chl 的光氧化破坏（Demmig-Adams et al.，1996）。金花茶通过降低 Chl 含量，提高 Car/Chl，减少叶片对光能的吸收，保护光合机构，这是其对强光胁迫的一种光保护调节机制。

　　植物在遭受高光伤害时，活性氧代谢加强。MDA 是活性氧攻击膜脂而形成的降解产物，其积累为膜结构及功能受到伤害的表现（沈文飚 等，1996）。Pro 是植物体内重要的渗透调节物质，在环境胁迫下 Pro 积累可使细胞渗透势降低，增强渗透调节能力，可防止酶脱水而作为酶的保护剂（吴建国 等，2006），在逆境胁迫下，植物体内会积累大量的 Pro（席万鹏 等，2006）。金花茶叶片 MDA 和 Pro 含量随光照强度的增大而升高，在 50% 和 100% 光照强度下，MDA 和 Pro 含量显著升高，表明在此光照强度下金花茶受到了严重的强光胁迫，叶片膜系统受到伤害，发生光氧化，而 Pro 含量在强光下升高也是其一种生理方面的光保护调节机制。

　　观察不同光照强度下生长的金花茶形态特征，10% 光照强度下，植株叶色浓绿，长势良好；30%光照强度下，长势一般，叶片有轻微灼伤；50%光照强度下，长势较差，叶色黄绿，叶片上有褐色斑点，灼伤严重；100%光照强度下，植株长势极差，叶色变黄，上有大量红褐色斑点，灼伤十分严重，并有叶片脱落。这与金花茶的光合生理指标相一致。

综上所述，金花茶为阴生植物，不耐强光，在10%光照强度下，植株长势良好；30%光照强度下，就会产生光抑制和轻微光氧化现象；超过50%光照强度，会产生严重的光抑制和光氧化现象，植株生长不良，叶片受灼伤变黄、脱落，逐渐枯萎死亡。在开展金花茶幼苗培育及栽培时，应在郁闭度较高的林下或人工搭建的遮阴网下进行。

第十章
不同光照强度对 3 种金花茶组植物光合生理特性及生物量的影响

10.1 材料和方法

10.1.1 试验地概况

本试验于 2022 年在广西桂林市雁山区广西植物研究所内进行。该地区位于北纬 25°11′，东经 110°12′，海拔 178 m，属中亚热带季风气候区。年均气温 19.2℃，最热月均温 28.4℃，最冷月均温 7.7℃；年降水量 1854.8 mm，降水多集中于春夏季的 4～8 月，占年降水量的 73%；年均日照时数为 1680 h，年均相对湿度为 82%。试验地气候温和，雨量充沛，适合金花茶组植物的生长。

10.1.2 试验材料和处理

选取生长状况良好、长势一致且无病虫害的四季花金花茶、淡黄金花茶和东兴金花茶 3 年生扦插幼苗为试验材料，光照强度设置参考柴胜丰等（2013）的方法，利用黑色尼龙网搭建遮阴棚，光照强度分别设为 8%、20%、45% 和 100%（无遮阴），以 8% 光照强度为对照组。将 3 种金花茶组植物幼苗种植于内径 30 cm、深 25 cm 的塑料花盆中，栽培基质为林下表层土壤，每盆 1 株，每个处理 10 盆。让 3 种金花茶组植物幼苗在 8% 光照强度的遮阴棚中恢复生长 1 个月后，于 5 月中旬将每个处理的幼苗分别放置于 4 个遮阴棚中，定期浇水施肥，采取统一管理模式，9 月中旬进行光合生理指标的测定，翌年 3 月中旬进行生物量的测定。因为东兴金花茶在 100% 光照强度下叶片脱落并逐渐死亡，所以没有进行该处理各试验指标的测定。

10.1.3 光响应曲线的测定

于 9 月中旬晴天的上午 8∶30～12∶30，用 LI-6400 便携式光合测定系统分析仪（USA，LI-COR）测定叶片的 P_n。选取植株顶部健康完整的成熟叶片，在

600 μmol·m^{-2}·s^{-1} 光照强度下诱导 30 min 以激活光合系统，设置测定光照强度由大到小为 1500 μmol·m^{-2}·s^{-1}、1200 μmol·m^{-2}·s^{-1}、1000 μmol·m^{-2}·s^{-1}、800 μmol·m^{-2}·s^{-1}、600 μmol·m^{-2}·s^{-1}、400 μmol·m^{-2}·s^{-1}、200 μmol·m^{-2}·s^{-1}、100 μmol·m^{-2}·s^{-1}、50 μmol·m^{-2}·s^{-1}、20 μmol·m^{-2}·s^{-1}、0。以 PPFD 为横轴、P_n 为纵轴绘制 P_n-PPFD 曲线，依据 Bassman 和 Zwier（1991）的方法拟合 P_n-PPFD 曲线方程，并参照第九章中的方法计算光响应参数。AQY 为 0 ～ 50 μmol·m^{-2}·s^{-1} 光照强度范围内 P_n 与光照强度直线方程的斜率。每个处理测定 3 株，每株测定 1 片叶。

10.1.4 叶绿素荧光参数的测定

将试验苗木于前一天傍晚移入室内黑暗环境中，第二天早上用 Mini-Imaging-PAM 调制叶绿素荧光成像系统（德国，WALZ 公司）测定叶片的叶绿素荧光参数。先用测量光（强度为 0.1 μmol·m^{-2}·s^{-1}）测定 F_o，随后用 6000 μmol·m^{-2}·s^{-1} 脉冲（脉冲时间 0.8 s）的饱和光激发产生 F_m。用光化光（强度为 200 μmol·m^{-2}·s^{-1}）诱导荧光动力学曲线，测定叶片光适应下的 F_o'、F_m' 和 F_s，并由 WinControl-3 软件计算 PS Ⅱ 的 F_v/F_m、$\Phi_{PSⅡ}$ 和 ETR。每个处理测定 6 株，每株测定 1 片叶。

10.1.5 光合色素指标的测定

选取 3 ～ 5 片成熟度和测量方位均一致的、健康且完整的叶片进行光合色素指标的测定。用 95% 乙醇提取叶片光合色素，测定提取液在波长 665 nm、649 nm 和 470 nm 下的吸光值，按公式（李合生，2000）计算出 Chl a、Chl b 和 Car 的含量及 Chl a/Chl b、Car/Chl。每个处理重复 3 次。

10.1.6 生物量的测定

试验结束后，每个处理取 5 株幼苗，洗净晾干后用枝剪将根、茎、叶分别剪下放入信封中置于 80℃烘箱 10 h 后取出，分别测定根生物量、茎生物量、叶生物量和总生物量，记录数据。

10.1.7 数据处理

利用 Excel 2016 进行数据统计，采用 SPSS 20.0 进行方差分析，并用 Duncan 法进行多重比较，采用 SigmaPlot 12.5 完成绘图。

10.2 结果与分析

10.2.1 环境因子日变化

3种金花茶组植物生长地环境因子日变化见图 10–1。100% 光照强度下，PAR 的最大值出现在 14：30 左右，为 1408.40 $\mu mol \cdot m^{-2} \cdot s^{-1}$；45% 光照强度下，PAR 为 670.12 $\mu mol \cdot m^{-2} \cdot s^{-1}$；20% 和 8% 光照强度下的 PAR 均在 250 $\mu mol \cdot m^{-2} \cdot s^{-1}$ 以下。T_a 和 RH 均受到 PAR 的影响，T_a 变化趋势与 PAR 基本一致，而 RH 与 PAR 变化趋势相反。

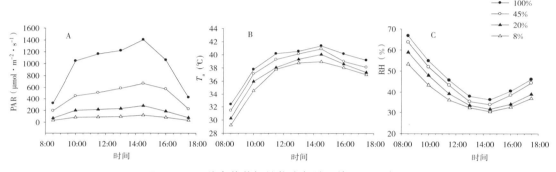

图10-1 3种金花茶组植物生长地环境因子日变化

10.2.2 不同光照强度对 3 种金花茶组植物光合 – 光响应曲线的影响

不同光照强度环境下 3 种金花茶组植物的光合 – 光响应曲线随光照强度的变化趋势基本一致（图 10–2），但 P_n 大小存在差异，基本表现为弱光照下的金花茶组植物 P_n 高于强光照下的。四季花金花茶的 P_{max} 随光照强度的增大而呈逐渐下降趋势，100% 光照强度下的 P_{max} 显著（$P < 0.05$）低于其他 3 个处理的，其他 3 个处理间无显著（$P > 0.05$）差异（表 10–1）。淡黄金花茶和东兴金花茶的 P_{max} 均随光照强度的增大呈先升高后降低趋势，两者的 P_{max} 均在 20% 光照强度下达到最大值，淡黄金花茶 100% 光照强度下的 P_{max} 显著（$P < 0.05$）低于其他 3 个处理的，而东兴金花茶 45% 光照强度下的 P_{max} 显著（$P < 0.05$）低于其他 2 个处理的（表 10–1）。

四季花金花茶的 LSP 随着光照强度的增大而升高，与对照组相比，100% 光照强度下显著（$P < 0.05$）升高；淡黄金花茶和东兴金花茶的 LSP 随光照强度的增大表现为先升高后降低，两者的 LSP 均在 20% 光照强度下达到最大值。3 种金花茶组植物的 LCP 均随光照强度的增大而升高，除淡黄金花茶 20% 光照强度下的 LCP 与对照组相比

差异不显著外，其他各处理间均差异显著（$P < 0.05$）。四季花金花茶和东兴金花茶的 AQY 随光照强度的增大而呈下降趋势；与对照组相比，四季花金花茶 20% 和 45% 光照强度下的 AQY 无显著差异，而 100% 光照强度下 AQY 显著（$P < 0.05$）下降；东兴金花茶 20% 和 45% 光照强度下的 AQY 显著（$P < 0.05$）低于对照。淡黄金花茶的 AQY 随光照强度的增大呈先升高后降低趋势，在 20% 光照强度下为最大值。

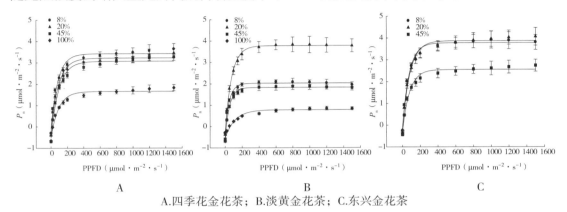

A.四季花金花茶；B.淡黄金花茶；C.东兴金花茶

图 10-2　不同光照强度下 3 种金花茶组植物的光合－光响应曲线

表 10-1　不同光照强度下 3 种金花茶组植物的光响应参数

种类	光照强度（%）	P_{max}（$\mu mol \cdot m^{-2} \cdot s^{-1}$）	AQY（$mol \cdot mol^{-1}$）	LSP（$\mu mol \cdot m^{-2} \cdot s^{-1}$）	LCP（$\mu mol \cdot m^{-2} \cdot s^{-1}$）
四季花金花茶	8	3.415 ± 0.297a	0.0394 ± 0.0023a	386.50 ± 25.99b	2.04 ± 0.35d
	20	3.352 ± 0.230a	0.0377 ± 0.0019a	408.64 ± 28.65ab	7.33 ± 1.07c
	45	3.241 ± 0.347a	0.0371 ± 0.0026a	439.38 ± 46.04ab	14.61 ± 1.97b
	100	1.664 ± 0.243b	0.0236 ± 0.0027b	457.01 ± 42.55a	26.62 ± 3.97a
淡黄金花茶	8	2.059 ± 0.084b	0.0281 ± 0.0029b	285.51 ± 10.80b	4.30 ± 1.07c
	20	3.525 ± 0.047a	0.0424 ± 0.0028a	362.58 ± 27.26a	6.55 ± 0.70c
	45	1.831 ± 0.038b	0.0298 ± 0.0019b	261.23 ± 10.42b	13.41 ± 0.91b
	100	0.794 ± 0.097c	0.0123 ± 0.0022c	240.01 ± 20.71b	48.66 ± 5.13a
东兴金花茶	8	3.780 ± 0.220a	0.0460 ± 0.0022a	365.70 ± 22.04a	1.23 ± 0.12c
	20	3.870 ± 0.332a	0.0393 ± 0.0029b	404.48 ± 44.16a	3.73 ± 0.32b
	45	2.549 ± 0.172b	0.0325 ± 0.0014c	371.24 ± 29.06a	8.31 ± 1.33a

注：同列同种植物不同小写字母表示差异显著，$P<0.05$。下同。

10.2.3 不同光照强度对 3 种金花茶组植物叶绿素荧光参数的影响

随着光照强度的增大，四季花金花茶的 F_o 表现为先升高后降低，在 45% 光照强度下出现最大值，但各处理间无显著差异（$P > 0.05$）（表 10–2）。F_m、F_v/F_m 则呈逐渐下降趋势，100% 光照强度下的 F_m 和 F_v/F_m 显著（$P < 0.05$）低于其他 3 个处理的，

而其他 3 个处理间无显著（$P > 0.05$）差异，说明 100% 光照强度下其 PS Ⅱ 光化学活性受到影响，对光的利用效率降低。$\varPhi_{PS Ⅱ}$ 与 ETR 均随光照强度的增大呈先升高后降低趋势，20% 光照强度下最大，100% 光照强度下最小，100% 光照强度下的 $\varPhi_{PS Ⅱ}$ 和 ETR 显著（$P < 0.05$）低于其他 3 个处理的。淡黄金花茶的叶绿素荧光参数随光照强度的变化趋势与四季花金花茶基本一致，主要差别在于 45% 和 100% 光照强度下的 F_m 和 F_v/F_m 显著低于对照组和 20% 光照强度下的（表 10-2）。东兴金花茶的 F_o 随着光照强度的增大呈上升趋势，而 F_m、F_v/F_m、$\varPhi_{PS Ⅱ}$ 和 ETR 呈下降趋势，45% 光照强度下的 F_v/F_m、$\varPhi_{PS Ⅱ}$ 和 ETR 显著低于其他 2 个处理的（表 10-2）。

表10-2 不同光照强度下3种金花茶组植物的叶绿素荧光参数

种类	光照强度（%）	F_o	F_m	F_v/F_m	$\varPhi_{PS Ⅱ}$	ETR
四季花金花茶	8	326.00 ± 38.57a	1670.67 ± 187.21a	0.805 ± 0.003a	0.563 ± 0.048ab	47.30 ± 4.04ab
	20	367.00 ± 34.64a	1609.00 ± 176.67a	0.772 ± 0.004a	0.611 ± 0.024a	51.37 ± 1.96a
	45	387.00 ± 30.45a	1647.00 ± 196.92a	0.769 ± 0.025a	0.523 ± 0.053b	44.50 ± 3.84b
	100	355.33 ± 40.46a	1200.67 ± 125.46b	0.716 ± 0.026b	0.445 ± 0.020c	37.20 ± 1.65c
淡黄金花茶	8	369.33 ± 30.02a	1893.33 ± 190.95a	0.807 ± 0.004a	0.359 ± 0.028b	31.53 ± 4.26b
	20	379.00 ± 45.51a	1815.00 ± 208.43a	0.787 ± 0.011ab	0.510 ± 0.025a	42.83 ± 2.10a
	45	392.33 ± 35.30a	1464.00 ± 88.96b	0.755 ± 0.013b	0.465 ± 0.012a	39.07 ± 0.99a
	100	348.00 ± 79.15a	1095.33 ± 117.01c	0.677 ± 0.058c	0.273 ± 0.065c	23.30 ± 3.90c
东兴金花茶	8	359.67 ± 41.48b	1822.00 ± 131.64a	0.803 ± 0.008a	0.560 ± 0.015a	47.03 ± 1.25a
	20	363.00 ± 28.79b	1690.33 ± 70.87a	0.785 ± 0.017a	0.533 ± 0.065a	45.47 ± 4.41a
	45	441.67 ± 27.79a	1627.67 ± 70.03a	0.730 ± 0.008b	0.463 ± 0.052b	37.77 ± 4.61b

10.2.4 不同光照强度对 3 种金花茶组植物光合色素含量及比例的影响

3 种金花茶组植物叶片 Chl a、Chl b、Chl（a+b）及 Car 的含量在各处理间差异显著（$P < 0.05$）（表 10-3），随着光照强度的增大，各处理的光合色素含量均逐渐下降，8% 光照强度下，光合色素含量最高，20% 光照强度下次之，100% 光照强度下最低（除了东兴金花茶在 45% 光照强度下最低）。四季花金花茶、淡黄金花茶和东兴金花茶叶片 Chl a/Chl b 随着光照强度的增大均呈先降低后升高趋势，均在 20% 光照强度下最低。3 种金花茶组植物的 Car/Chl 均随光照强度的增大而升高，45% 和 100% 光照强度下的 Car/Chl 显著高于对照组和 20% 光照强度下的。

表10-3　不同光照强度下3种金花茶叶片光合色素含量及比例

种类	光照强度(%)	Chl a (mg·g⁻¹·FW)	Chl b (mg·g⁻¹·FW)	Chl (a+b) (mg·g⁻¹·FW)	Car (mg·g⁻¹·FW)	Chl a/Chl b	Car/Chl
四季花金花茶	8	$1.301 \pm 0.096a$	$0.633 \pm 0.032a$	$1.934 \pm 0.128a$	$0.220 \pm 0.013a$	$2.052 \pm 0.048ab$	$0.114 \pm 0.001c$
	20	$0.846 \pm 0.201b$	$0.463 \pm 0.089b$	$1.309 \pm 0.290b$	$0.151 \pm 0.027b$	$1.819 \pm 0.079b$	$0.116 \pm 0.005c$
	45	$0.462 \pm 0.074c$	$0.203 \pm 0.009c$	$0.665 \pm 0.084c$	$0.118 \pm 0.015c$	$2.277 \pm 0.274ab$	$0.171 \pm 0.009b$
	100	$0.219 \pm 0.059d$	$0.091 \pm 0.024d$	$0.311 \pm 0.079d$	$0.074 \pm 0.013d$	$2.429 \pm 0.380a$	$0.241 \pm 0.021a$
淡黄金花茶	8	$1.094 \pm 0.131a$	$0.510 \pm 0.060a$	$1.604 \pm 0.188a$	$0.197 \pm 0.029a$	$2.146 \pm 0.090b$	$0.122 \pm 0.004c$
	20	$0.628 \pm 0.088b$	$0.368 \pm 0.054b$	$0.996 \pm 0.143b$	$0.132 \pm 0.014b$	$1.705 \pm 0.018c$	$0.134 \pm 0.006c$
	45	$0.296 \pm 0.042c$	$0.121 \pm 0.027c$	$0.467 \pm 0.069c$	$0.083 \pm 0.012c$	$2.476 \pm 0.217ab$	$0.200 \pm 0.020b$
	100	$0.190 \pm 0.015d$	$0.070 \pm 0.003d$	$0.260 \pm 0.003d$	$0.062 \pm 0.005d$	$2.704 \pm 0.220a$	$0.261 \pm 0.021a$
东兴金花茶	8	$2.065 \pm 0.374a$	$0.977 \pm 0.186a$	$3.042 \pm 0.560a$	$0.398 \pm 0.070a$	$2.116 \pm 0.022b$	$0.131 \pm 0.001b$
	20	$1.310 \pm 0.070b$	$0.626 \pm 0.024b$	$1.935 \pm 0.092b$	$0.249 \pm 0.021b$	$2.094 \pm 0.063b$	$0.132 \pm 0.001b$
	45	$0.550 \pm 0.049c$	$0.219 \pm 0.017c$	$0.769 \pm 0.064c$	$0.163 \pm 0.008c$	$2.509 \pm 0.136a$	$0.213 \pm 0.010a$

10.2.5 不同光照强度对 3 种金花茶组植物生物量的影响

光照强度对 3 种金花茶组植物的生物量有显著影响（表 10-4）。随着光照强度的增大，3 种金花茶组植物的根生物量、茎生物量、叶生物量和总生物量均呈先升高后降低趋势。四季花金花茶在不同光照强度下的茎生物量、叶生物量和总生物量表现为 45% > 20% > 8% > 100%，45% 光照强度下的总生物量显著（$P < 0.05$）高于其他 3 个处理的，100% 光照强度下的叶生物量显著（$P < 0.05$）低于其他 3 个处理的，这一方面与光照过强引起部分叶片脱落有关，另一方面也与其抽梢受到抑制有关。淡黄金花茶在不同光照强度下的茎生物量、叶生物量和总生物量表现为 20% > 45% > 8% > 100%，20% 光照强度下的总生物量显著（$P < 0.05$）高于 8% 和 100% 光照强度处理的，100% 光照强度下的总生物量显著（$P < 0.05$）低于其他 3 个处理的，100% 光照强度下的叶生物量仅为 20% 光照强度的 13.28%，这与 100% 光照强度下叶片受到灼伤大量脱落有关。东兴金花茶在不同光照强度下的茎生物量、叶生物量和总生物量表现为 20% > 8% > 45%，20% 光照强度下的总生物量显著（$P < 0.05$）高于 8% 和 45% 光照强度下的，而后两者间无显著（$P > 0.05$）差异。

表10-4 不同光照强度下3种金花茶组植物的生物量

种类	光照强度（%）	根生物量（g）	茎生物量（g）	叶生物量（g）	总生物量（g）
四季花金花茶	8	10.52 ± 2.70b	11.50 ± 1.20b	7.72 ± 1.08b	29.74 ± 3.95bc
	20	11.78 ± 1.69b	12.82 ± 1.81b	8.67 ± 1.42b	33.27 ± 2.33b
	45	14.51 ± 4.97a	15.37 ± 4.80a	10.72 ± 0.33a	40.61 ± 10.04a
	100	10.70 ± 1.49b	11.30 ± 1.34b	4.44 ± 0.81c	26.45 ± 3.32c
淡黄金花茶	8	8.11 ± 1.67b	11.88 ± 2.96b	8.05 ± 2.23b	28.05 ± 3.98b
	20	11.54 ± 1.35a	15.26 ± 1.04a	11.52 ± 0.58a	38.33 ± 1.38a
	45	10.92 ± 2.03a	14.85 ± 2.10a	9.14 ± 2.17b	34.91 ± 1.45ab
	100	8.85 ± 0.68b	11.05 ± 2.55b	1.53 ± 0.28c	21.43 ± 2.13c
东兴金花茶	8	4.07 ± 0.79b	8.39 ± 2.15b	3.73 ± 0.38b	16.20 ± 3.20b
	20	5.48 ± 0.55a	9.95 ± 0.35a	4.07 ± 0.34a	19.50 ± 0.48a
	45	4.32 ± 0.81b	7.95 ± 1.68b	2.83 ± 0.95b	15.10 ± 2.73b

10.3 结论与讨论

了解植物的光合特性，对于理解植物光合作用过程中的光化效率具有重要意义（夏婵 等，2021）。P_{max} 是判断植物潜在光合作用能力的重要指标（周欢 等，2023）。本研究中，3 种金花茶组植物在强光照处理下的 P_{max} 显著（$P < 0.05$）低于弱光照处

理下的，这与对金丝李、锦花紫金牛（*Ardisia violacea*）等植物的研究结果基本一致（张云 等，2014；张俊杰 等，2022）。长时间强光照照射可能会引起 PS Ⅱ 反应中心结构的破坏，降低 Rubiso 酶活性，吸收过量的光源会成为应激源增加活性氧（ROS），增加光呼吸和暗呼吸，从而导致光合速率下降（Li et al.，2014）。四季花金花茶在 8%～45% 光照强度范围内的 P_{max} 基本保持稳定，而淡黄金花茶和东兴金花茶在 45% 光照强度下的 P_{max} 显著低于 20% 光照强度下的，表明四季花金花茶能适应弱光照至中等光照环境，而淡黄金花茶和东兴金花茶更适应弱光照环境。LCP 和 LSP 是判断植物对光的利用能力的重要指标，通常情况下，LSP 越高，代表植物在强光环境下对光的利用能力越强，LCP 越低，表示植物在弱光环境下对光的利用能力越强（Yao et al.，2014）。在本研究中，随着光照强度的增大，四季花金花茶的 LSP 与 LCP 均升高，这与对老鸦瓣（*Amana edulis*）的研究结果一致（徐红建 等，2012），表明四季花金花茶能通过提高 LSP 与 LCP 来适应强光照环境，其光合特性随光照强度的变化而产生一定的可塑性（刘柿良 等，2012）。淡黄金花茶和东兴金花茶的 LSP 随光照强度的增大而先升高后降低（20% 光照强度下为最高），这与对大百合（*Cardiocrinum giganteum*）的研究结果基本一致（王晓冰 等，2019），表明这 2 种金花茶组植物对强光照环境的适应能力较低（黄伟燕 等，2020）。AQY 是光合作用中光能转化的指标之一，其值通常为 0.02～0.05，AQY 越高，植物在弱光下转换利用光能的效率就越高（罗光宇 等，2021）。四季花金花茶和淡黄金花茶在 100% 光照强度下的 AQY 显著低于其他光照强度下的，东兴金花茶在 45% 光照强度下的 AQY 最低，且与各处理间差异显著，表明在弱光照环境下，3 种金花茶组植物对弱光的利用能力较强。

叶绿素荧光与光合作用反应密切相关，叶绿素荧光参数能有效反映植物光能捕获效率。F_o 是叶片暗适应后 PS Ⅱ 反应中心全部开放时的荧光水平，F_m 反映了 PS Ⅱ 的电子传递情况。本研究中，3 种金花茶组植物的 F_o 均在 45% 光照强度下为最大，F_m 随光照强度的增大呈降低趋势。在弱光下植物会通过提高 PS Ⅱ 活性来抵御弱光胁迫，在强光照下 F_o 降低可能是由于类囊体膜受到损害，PS Ⅱ 反应中心受到伤害或发生不可逆失活（韩利红 等，2022）。在未受到外界环境条件影响的情况下，F_v/F_m 为 0.75～0.85（Yi et al.，2020）。本研究结果显示，3 种金花茶组植物的 F_v/F_m 随光照强度的增大呈逐渐降低趋势，四季花金花茶和淡黄金花茶在 100% 光照强度下、东兴金花茶在 45% 光照强度下的 F_v/F_m 显著低于其他处理的，强光照会破坏 PS Ⅱ 结构，降低 3 种金花茶组植物 PS Ⅱ 原初光能转化效率，使光合速率下降。四季花金花茶的 F_v/F_m 在 8%～45% 光照强度范围内无显著差异，表明其对中等光照强度有一定的适应性，这与 P_{max} 的变化相一致。四季花金花茶和淡黄金花茶的 ETR、$\Phi_{PS\,Ⅱ}$ 在 20% 光照强度下达到最大值，东兴金花茶则在 8% 光照强度下达到最大值。在弱光照环境下，$\Phi_{PS\,Ⅱ}$ 光能转化效率更高，吸收的光能更多地用于光化学途径（张兰 等，2021），表明东兴金花茶对弱光照环境的适应性更好。

叶绿素含量的高低可作为植物耐光能力的重要指标，在一定的光照强度范围内，处于自然生境或人工遮阴情况下，幼苗叶绿素含量随着光照强度的增大而降低（高辉 等，2015）。本研究中，3 种金花茶组植物的 Chl a、Chl b 含量随着光照强度的增大逐渐降低，各处理间差异显著，这与前人的研究结果基本一致（何雪娇 等，2018；崔波 等，2020；吕伟伟 等，2021）。随着光照强度的增大，Chl a/Chl b 先降低后升高，最低值出现在 20% 光照强度下。在弱光环境下植物会通过增加 Chl b 的含量来捕获更多蓝紫光，提高对弱光的适应性（蒋运生 等，2009）。3 种金花茶组植物的 Car 与 Chl 含量均随光照强度的增大而降低，Car/Chl 呈上升趋势，由于 Car 稳定性高于 Chl，在强光照条件下，Car 的升高能保护植物光合结构，避免 Chl 光氧化遭到破坏（王晓冰 等，2019）。

光是控制植物生长发育的关键环境因子，影响着植物的生长和分布。一般情况下，光照可以促进植物进行光合作用，有利于幼苗生物量的积累，但幼苗生物量的积累存在一个最佳光照强度范围，如光照强度过大，幼苗生物量积累则会受到抑制，导致生物量下降（陈圣宾 等，2005）。在本研究中，四季花金花茶在 45% 光照强度下、淡黄金花茶与东兴金花茶在 20% 光照强度下的根生物量、茎生物量、叶生物量及总生物量均高于其他处理的，这与朱成豪等（2020）和易伟坚等（2018）的研究结果整体一致。适当增大光照强度能促进金花茶的生长发育，光照强度过大可能导致植物体内发生光抑制现象，不利于生物量的积累。3 种金花茶组植物中，四季花金花茶喜中等光照环境，而淡黄金花茶和四季花金花茶偏好弱光照环境。

3 种金花茶组植物在弱光照环境下均有较高的 P_{max}、AQY、F_m、F_v/F_m、$\Phi_{PS\,Ⅱ}$、ETR 及 Chl 含量，以及较高的 LSP 和较低的 LCP，对弱光照环境均有较好的适应性。3 种金花茶组植物对强光照环境的适应性存在一定差异，四季花金花茶对于强光的耐受性更强，淡黄金花茶次之，东兴金花茶最弱；四季花金花茶喜中等光照环境（45% 光照强度），而淡黄金花茶和东兴金花茶偏好弱光照环境（20% 光照强度）。

第十一章
干旱胁迫对金花茶光合生理特性的影响

11.1 材料与方法

11.1.1 材料处理

试验在广西桂林市雁山区广西植物研究所苗圃玻璃房内进行，棚内光照强度为自然光照强度的 20% 左右。于 6 月选取长势基本一致的 1 年生实生苗，移栽于内径 30 cm、深 25 cm 的塑料花盆中，每盆 1 株，栽培基质为表层田园土，每盆土重约 5 kg，土壤田间持水量为 30.08%。从栽种之日起至开始试验这段时间，保证土壤水分充足，确保苗木成活和试验处理的一致性。设置 4 种土壤水分处理：（1）CK——土壤含水量为田间持水量的 85% ～ 90%（土壤含水量为 25.50% ～ 27.10%）；（2）T1——土壤含水量为田间持水量的 65% ～ 70%（土壤含水量为 19.55% ～ 21.06%）；（3）T2——土壤含水量为田间持水量的 50% ～ 55%（土壤含水量为 15.04% ～ 16.54%）；（4）T3——土壤含水量为田间持水量的 35% ～ 40%（土壤含水量为 10.53% ～ 12.03%）。每个处理 10 盆，共 40 株。9 月初所有试验盆土都达到预定含水量后即开始控水，每天18：00 称取盆重，补充当天失去的水分，使各处理保持在设定的含水量，15 d 后测定各处理的光合生理指标。

11.1.2 测定项目与方法

干旱胁迫结束后，选择植株顶端向下第三至第五片成熟功能叶，进行气体交换参数、叶绿素荧光参数、叶片相对含水量、光合色素、MDA 和 Pro 含量等指标的测定。

1. 气体交换参数的测定

采用 LI-6400 便携式光合测定系统分析仪（USA，LI-COR）测定苗木在不同干旱胁迫条件下的 P_n、T_r、G_s、C_i 等气体交换参数，并计算 WUE（WUE=P_n/T_r）和气孔限制值（L_s=1–C_i/C_a，其中 C_a 为空气 CO_2 浓度）。测定时间为上午 9：00 ～ 11：00，测定时 PAR 设置为 200 $\mu mol \cdot m^{-2} \cdot s^{-1}$，控制叶室温度为 28℃，样本室 CO_2 浓度为

$370\ \mu mol \cdot mol^{-1}$。每个处理测定 5 株，每株测定 3 片叶，取其平均值。

2. 叶绿素荧光参数的测定

采用 LI-6400 便携式光合测定系统分析仪（USA，LI-COR）的荧光叶室测定叶片叶绿素荧光参数。叶片暗适应 20 min 后，测定 F_o、F_m 和 PS Ⅱ 的 F_v/F_m；并测定光适应下（最少 20 min）PS Ⅱ 的 $\Phi_{PSⅡ}$。每个处理测定 5 株，每株测定 3 片叶，取其平均值。

3. 光合色素含量的测定

用 95% 乙醇提取叶片光合色素，测定提取液在波长 665 nm、649 nm 和 470 nm 下的吸光值，按公式（李合生，2000）计算出 Chl a、Chl b 和 Car 的含量及 Chl a/Chl b、Car/Chl。

4. 叶片相对含水量、MDA 和 Pro 的测定

按邹琦（2000）方法，取鲜叶称其鲜质量，然后在蒸馏水中浸泡 24 h 后称其饱和鲜质量，最后在 105℃下烘干称其干质量。计算公式：相对含水量（RWC）（%）=［（鲜质量 - 干质量）/（饱和鲜质量 - 干质量）］× 100。MDA 含量采用硫代巴比妥酸比色法测定，Pro 含量采用磺基水杨酸法测定（李合生，2000）。

11.1.3 数据处理

对上述测定的各指标，利用 SPSS 13.0 软件进行方差分析及显著性检验（Duncan 法），用 SigmaPlot 9.0 绘图。本试验中金花茶在 T3 处理中的幼苗因干旱全部死亡，仅对其余 3 个处理进行了光合生理指标的测定。

11.2 结果与分析

11.2.1 干旱胁迫对金花茶气体交换参数的影响

干旱胁迫对金花茶的气体交换参数有重要影响。图 11-1 显示，P_n、G_s、T_r 和 L_s 均随胁迫程度的升高而显著（$P < 0.05$）降低。与 CK 处理相比，T1 处理中 P_n、G_s 和 T_r 分别下降 54.5%、48.5% 和 50.0%，T2 处理中分别下降 90.6%、87.9% 和 90.5%。干旱胁迫下 C_i 略有升高，WUE 呈降低趋势，但变化均不显著（$P > 0.05$）。表明金花茶对干旱胁迫十分敏感，轻度水分亏缺即可引起光合速率的迅速下降。

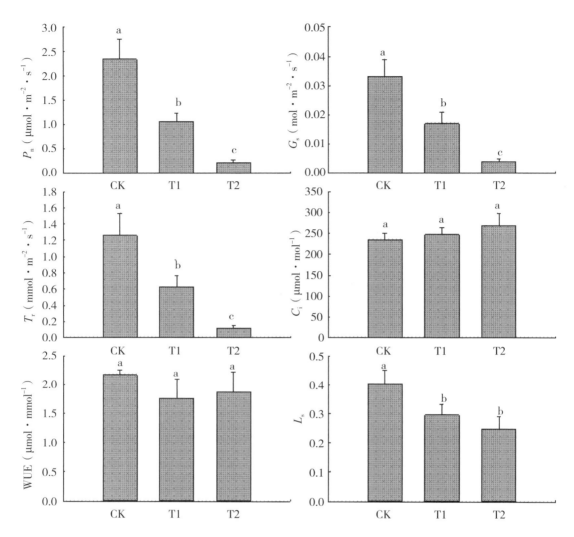

注：不同小写字母表示处理间差异显著（$P<0.05$），下同。

图11-1　干旱胁迫对金花茶气体交换参数的影响

11.2.2 干旱胁迫对金花茶叶绿素荧光参数的影响

F_o 是 PS Ⅱ 反应中心处于完全开放时的荧光产量。F_o 减少表明天线色素的热耗散增加，F_o 增加则表明 PS Ⅱ 反应中心遭受可逆失活或破坏（Krause，1988）；F_m 是 PS Ⅱ 反应中心处于完全关闭时的荧光产量，可反映通过 PS Ⅱ 的电子传递情况（吴甘霖 等，2010）；F_v/F_m 反映 PS Ⅱ 反应中心原初光能转化效率，该值降低表明植物在胁迫下 PS Ⅱ 受到伤害，是反映光抑制程度的良好指标（张守仁，1999）。随着胁迫程度的加剧，F_o 升高，F_m 和 F_v/F_m 呈下降趋势（表 11-1），在 T2 处理中，这 3 个指标与 CK 处理相比均差异显著（$P < 0.05$）。表明干旱胁迫条件下，尤其是在 T2 处理中，金花茶 PS Ⅱ 的结构与功能受到了一定程度的损伤与破坏。

$\Phi_{PSⅡ}$ 反映 PS Ⅱ 反应中心部分关闭情况下的实际光能捕获效率（王琰 等，2011）。随着干旱胁迫程度的加剧，$\Phi_{PSⅡ}$ 显著（$P < 0.05$）降低，与 CK 处理相比，T1 和 T2 处理中 $\Phi_{PSⅡ}$ 分别下降 29.2% 和 56.9%（表 11-1）。干旱胁迫使得 PS Ⅱ 反应中心的开放比例下降，叶绿体吸收的光能用于光化学转换的比例减少，光合电子传递能力减弱，光合速率降低。

表11-1　干旱胁迫对金花茶叶绿素荧光参数的影响

处理	F_o	F_m	F_v/F_m	$\Phi_{PSⅡ}$
CK	182.2 ± 9.4b	941.3 ± 35.3a	0.808 ± 0.004a	0.202 ± 0.039a
T1	187.4 ± 16.2b	923.3 ± 41.2a	0.798 ± 0.010a	0.143 ± 0.016b
T2	213.3 ± 29.7a	862.5 ± 47.8b	0.742 ± 0.037b	0.087 ± 0.015c

注：同列不同小写字母表示差异显著（$P<0.05$），下同。

11.2.3 干旱胁迫对金花茶叶片光合色素含量的影响

叶片中的光合色素参与光合作用过程中光能的吸收、传递和转化，光合色素含量直接影响植物的光合能力。随着干旱胁迫程度的加剧，金花茶叶片 Chl a、Chl b、Chl（a+b）和 Car 含量均显著（$P < 0.05$）降低，Chl a/Chl b 和 Car/Chl 亦呈下降趋势（表 11-2）。

表11-2　干旱胁迫对金花茶叶片光合色素含量及比例的影响

处理	Chl a (mg·g^{-1}·FW)	Chl b (mg·g^{-1}·FW)	Chl（a+b） (mg·g^{-1}·FW)	Car (mg·g^{-1}·FW)	Chl a/Chl b	Car/Chl
CK	1.52 ± 0.17a	0.64 ± 0.06a	2.16 ± 0.22a	0.30 ± 0.04a	2.38 ± 0.05a	0.12 ± 0.01a
T1	1.10 ± 0.12b	0.59 ± 0.03a	1.63 ± 0.20b	0.20 ± 0.02b	2.10 ± 0.09b	0.10 ± 0.01b
T2	0.82 ± 0.16c	0.42 ± 0.08b	1.24 ± 0.24b	0.18 ± 0.03b	1.93 ± 0.05c	0.09 ± 0.01b

11.2.4 干旱胁迫对金花茶叶片 RWC、MDA 和 Pro 含量的影响

叶片 RWC 能真实反映土壤缺水时植物体内水分的亏缺程度。随着干旱胁迫程度的加剧，金花茶叶片 RWC 显著（$P < 0.05$）降低。与 CK 处理相比，T1 和 T2 处理中 RWC 分别下降了 11.84% 和 30.59%（图 11-2），表明干旱胁迫下，金花茶叶片的保水能力较差。

MDA 是脂质过氧化作用的主要产物之一，其含量的高低在一定程度上反映脂膜过氧化作用水平和膜结构的受害程度。与 CK 处理相比，T2 处理中 MDA 含量显著（$P < 0.05$）升高，表明 T2 处理中金花茶光合机构膜系统受到破坏。

Pro 具有较强的水合力，它的积累可增强植物的抗旱或抗渗透胁迫能力。与 CK 处理相比，T1 处理中 Pro 含量显著（$P < 0.05$）升高，这是金花茶对轻度干旱胁迫的生理适应机制；而 T2 处理中 Pro 含量低于 CK 处理的，表明此时干旱胁迫的程度已超出金花茶的耐受限度，金花茶抗干旱胁迫的能力较弱。

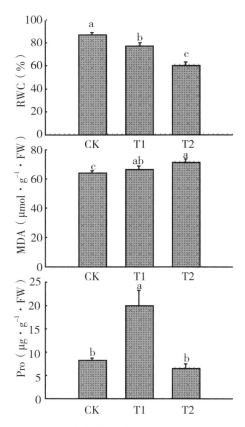

图11-2　干旱胁迫对金花茶叶片RWC、MDA和Pro含量的影响

11.3 结论与讨论

干旱胁迫抑制植物的光合作用，使光合速率下降。导致这种影响的因素分为气孔因素和非气孔因素，前者指干旱胁迫引起植物叶片 G_s 下降，使 CO_2 从大气向叶片扩散减少进而对植物光合作用产生影响；后者指叶肉细胞的光合能力直接受到影响（詹妍妮 等，2006）。Farquhar 和 Sharkey（1982）认为，引起光合速率降低的气孔因素和非气孔因素可以根据 C_i 和 L_s 的变化来判断，其中 C_i 是关键因子。只有 P_n 下降伴随着 C_i 降低和 L_s 升高时，才可以认为 P_n 的下降主要是气孔因素所致；反之，如果 P_n 下降的同时，C_i 升高或不变，同时 L_s 降低，则光合作用的主要限制因素是非气孔因素，即叶肉细胞光合能力的减弱。本研究结果显示，随着干旱胁迫程度的加强，金花茶 P_n 快速降低，而 C_i 略有升高，且 L_s 下降，表明金花茶 P_n 的降低主要为非气孔因素所致。一般认为，在轻度干旱胁迫下 P_n 下降的主要限制因素是气孔因素，中度到严重干旱胁迫时，主要限制因素转化为非气孔因素。本试验中，金花茶在 T1 处理中即表现为非气孔因素限制，这与针对其他大多数植物的研究结果并不一致（姚史飞 等，2009；李娟 等，2011；裴斌 等，2013），表明金花茶对干旱胁迫十分敏感，轻度水分亏缺即可引起叶肉细胞光合能力的迅速减弱，干旱胁迫导致核酮糖 1，5- 二磷酸羧化酶 / 加氧酶（Rubisco）活性减弱，CO_2 与核酮糖 1，5- 二磷酸（RuBP）的羧化反应速率降低（Lal et al., 1996）。在 T2 处理中，P_n 下降了 90% 以上，部分植株的 P_n 甚至出现负值，此时金花茶已达到其耐受极限。在 T3 处理中，金花茶植株都因干旱而死亡。表明金花茶对干旱胁迫的耐受极限为田间持水量的 50% ～ 55%（土壤含水量为15.04% ～ 16.54%），低于此含水量，金花茶将不能生存。这与金花茶在野外的分布范围相一致，其多见于较荫蔽的沟谷两旁和林下溪边，对水湿条件的要求较高，其不耐干旱的生理特性可能是限制其种群扩散的一个重要原因。

干旱胁迫对植物光合作用的影响是多方面的，不仅会直接引发光合机构的损伤，同时也影响光合电子传递和光合磷酸化以及暗反应的有关酶系（郭春芳 等，2009）。利用叶绿素荧光动力学方法可快速、灵敏、无损伤探测干旱胁迫对植物光合作用的影响。本研究结果显示，在 T1 处理中的 F_o、F_m、F_v/F_m 与 CK 处理中的相比无显著差异，而在 T2 处理中的 F_o 显著高于 CK 处理中的，F_m 和 F_v/F_m 则显著低于 CK 处理中的，结合叶片 MDA 含量在 T2 处理中显著高于 CK 处理中的结果，表明在 T1 处理中，金花茶的 PS Ⅱ 反应中心并未遭到破坏，光合速率的下降可能与叶绿体和光合酶活性减弱、光合磷酸化受到影响有关；而在 T2 处理中，金花茶叶肉细胞受到损伤，PS Ⅱ 反应中心受到不可逆破坏，光合酶的活性减弱，光合作用光反应中光能转换、电子传递、光合磷酸化和光合作用暗反应等一系列过程受到抑制，植株光合速率降低。干旱胁迫下 $\Phi_{PS\,Ⅱ}$ 显著低于 CK 处理，表明干旱胁迫致使金花茶 PS Ⅱ 光化学量子产量下降，用于光化学反应的比例减少，PS Ⅱ 原初电子受体 QA 的氧化态数量降低，从而降低了 QA 与次级电子受体 QB 间的电子传递速率，使整个电子传递链的电子传递速率下降，叶片吸收的光能有较大比例通过非光化过程而散失。这是金花茶在干旱胁迫下光合速率降低的重要原因，亦是其保护光合机构的方式之一。

叶绿素含量的高低在一定程度上能反映叶片的光合能力，如能在适度干旱下保持叶绿素含量的稳定或有所提高，将有助于植物在逆境中生存生长（安玉艳 等，2007）。而在本试验中，T1 处理中金花茶叶片 Chl a、Chl b、Chl（a+b）和 Car 含量均显著低于 CK 处理中的，表明金花茶叶片光合色素含量对干旱胁迫十分敏感，进一步说明金花茶不耐干旱。Chl a/Chl b 反映了植物对干旱胁迫的敏感性及抗旱性（张明生 等，2001），干旱胁迫下金花茶叶片的 Chl a/Chl b 显著降低，这与其不耐干旱的特性相一致。

RWC 是衡量植物耐旱性的一个重要指标。一般认为 RWC 越大，干旱胁迫条件下其下降速率越小，则植物抗旱性越强（姚史飞 等，2009）。本试验中，金花茶叶片 RWC 在 T1 处理中显著低于在 CK 处理中，在 T2 处理中，叶片下垂严重，部分叶片枯萎脱落，充分说明了金花茶不耐干旱。

Pro 是植物体内的重要渗透调节物质之一。在干旱胁迫下植物体内 Pro 累积增多可至原始含量的几十倍甚至几百倍，从而保护植物免受伤害（李在军 等，2006）。本研究中，T1 处理中金花茶叶片的 Pro 含量仅为 CK 处理中的 2.39 倍，在 T2 处理中甚至还低于在 CK 处理中，表明金花茶并没有较好地适应干旱的生理机制。

综合上述研究结果，金花茶对干旱胁迫极为敏感，水分稍有亏缺，便会明显抑制其光合作用。干旱胁迫下金花茶光合速率降低的主要原因是非气孔因素。金花茶对干旱胁迫的耐受极限为田间持水量的 50% ～ 55%（土壤含水量为 15.04% ～ 16.54%），其不耐干旱的生理特性可能是限制其种群扩散的一个重要原因。

第十二章
干旱胁迫对四季花金花茶光合生理特性的影响

12.1 材料与方法

12.1.1 材料处理

试验在广西桂林市雁山区广西植物研究所金花茶组植物种质圃温室大棚内进行，棚内光照强度为自然光照强度的 20% 左右。于 6 月中旬选取长势基本一致的 3 年生四季花金花茶扦插苗 40 株，移栽于内径 20 cm、深 18 cm 的塑料花盆中，每盆 1 株，栽培基质为林地表层土，每盆土重约 4 kg。从栽种之日起至开始试验这段时间，保证土壤水分充足，确保苗木成活和试验处理的一致性。将选定的 40 株四季花金花茶分成 5 组，每组 8 株，一组设为对照组（CK），其余 4 组是处理组（T1、T2、T3、T4），模拟自然干旱过程。9 月 20 日开始试验，CK 为每 2 d 浇水 1 次，使其土壤含水量保持在饱和含水量附近；T4 为 9 月 20 日浇透，后停止浇水（干旱 20 d）；T3 为 9 月 25 日浇透，后停止浇水（干旱 15 d），T2 为 9 月 30 日浇透，后停止浇水（干旱 10 d），T1 为 10 月 5 日浇透，后停止浇水（干旱 5 d）。试验持续 20 d，于 10 月 10 日对各处理光合生理指标进行测定。

12.1.2 测定项目与方法

试验结束后，对各处理的土壤含水量进行测定，同时选择植株上部成熟功能叶，进行叶片 RWC、气体交换参数、叶绿素荧光参数及叶片光合色素含量等指标的测定。

1. 土壤含水量和叶片RWC的测定

土壤含水量（SWC）的测定采取称重法。试验结束后，每个处理取 1 盆植株，测量鲜土重（W_1），后 105 ℃烘 48 h 至恒重（W_2），SWC（%）=（W_1–W_2）/W_2×100，3 次重复。叶片 RWC 按邹琦（2000）方法，取鲜叶称其鲜质量，然后在蒸馏水中浸泡 24 h 后称其饱和鲜质量，最后在 105 ℃下烘干称其干质量。计算公式如下：

RWC（%）=〔（鲜质量 – 干质量）/（饱和鲜质量 – 干质量）〕×100。

2. 气体交换参数的测定

采用 LI-6400 便携式光合测定系统分析仪（USA，LI-COR）测定苗木在不同干旱胁迫条件下的 P_n、T_r、G_s、C_i 等气体交换参数，并计算 WUE（WUE=P_n/T_r）和气孔限制值（L_s=1–C_i/C_a，其中 C_a 为空气 CO_2 浓度）。测定时间为上午 9：00～11：00，测定时 PAR 设置为 300 μmol·m^{-2}·s^{-1}，控制叶室温度为 28℃，样本室 CO_2 浓度为 400 μmol·mol^{-1}。每个处理测定 5 株，每株测定 1 片叶。

3.叶绿素荧光参数的测定

各处理植株于测定前一天傍晚搬入暗室，于第二天早晨（6：00～8：00）进行叶绿素荧光参数的测定，所用仪器为 Mini-Imaging-PAM 调制叶绿素荧光成像系统（德国 WALZ 公司）。先用测量光（强度为 0.1 μmol·m^{-2}·s^{-1}）测定 F_o，随后用 6000 μmol·m^{-2}·s^{-1} 脉冲（脉冲时间 0.8 s）的饱和光激发产生 F_m。用光化光（强度为 200 μmol·m^{-2}·s^{-1}）诱导荧光动力学曲线，测定叶片光适应下的 F_o'、F_m' 和 F_s，并由 WinControl-3 软件计算 PS Ⅱ 的 F_v/F_m、$\Phi_{PSⅡ}$、ETR、qP、NPQ 等参数。每个处理测定 4 株，每株测定 1 片叶。

4. 光合色素含量的测定

用 95% 乙醇提取叶片光合色素，测定提取液在波长 665 nm、649 nm 和 470 nm 下的吸光值，按公式（李合生，2000）计算出 Chl a、Chl b 和 Car 的含量及 Chl a/Chl b、Car/Chl。

12.1.3 数据处理

对上述测定的各指标，利用 SPSS 18.0 软件进行方差分析及显著性检验（Duncan 法），用 SigmaPlot 12.5 绘图。

12.2 结果与分析

12.2.1 各处理 SWC 和叶片 RWC

随着控水时间的延长，SWC 逐渐降低，至干旱胁迫 20 d 后（T4 处理），SWC 降为 13.71%（表 12–1）。叶片 RWC 能真实反映土壤缺水时植物体内水分的亏缺程度。随着干旱胁迫程度的加剧，四季花金花茶苗木叶片 RWC 显著（$P < 0.05$）降低。与

CK 处理相比，在 T1、T2、T3 和 T4 处理中 RWC 分别下降了 9.39%、37.58%、51.62%
和 64.21%。

表12-1　不同干旱胁迫程度下四季花金花茶的SWC和叶片RWC

处理	SWC（%）	叶片RWC（%）
CK	33.94 ± 2.04	88.15 ± 5.08a
T1	26.02 ± 1.66	79.87 ± 5.79b
T2	19.71 ± 1.28	55.02 ± 2.10c
T3	15.96 ± 1.06	42.65 ± 2.67d
T4	13.71 ± 0.82	31.55 ± 1.78e

注：同列不同小写字母表示处理间差异显著（$P<0.05$），下同。

12.2.2 干旱胁迫对四季花金花茶气体交换参数的影响

表 12-2 显示，四季花金花茶的 P_n、G_s 和 T_r 均随干旱胁迫程度的加剧呈降低趋势，
与 CK 处理相比，T1 处理中的 P_n、G_s 和 T_r 稍有下降，但变化并不显著（$P > 0.05$）；
T2 处理中 P_n、G_s 和 T_r 分别下降 71.15%、77.27% 和 72.41%；T3 处理中分别下降
83.66%、86.36% 和 85.32%；T4 处理中分别下降 97.76%、95.45% 和 92.15%，此时部分
植株 P_n 已为负值，达到耐受极限。C_i 随干旱胁迫程度的加剧，呈先降低后升高趋势，
在 T3 处理中降至最低，在 T4 处理中显著升高。P_n 的降低伴随 C_i 的降低，表明光合
速率的下降主要由气孔因素引起，而 P_n 的降低伴随 C_i 的升高，则表明光合速率的降
低主要由非气孔因素引起，与叶肉细胞光合能力的减弱有关。T2 和 T3 处理中 P_n 的降
低主要由气孔因素引起，而 T4 处理中 P_n 的降低则主要由非气孔因素引起。T1、T2 和
T3 处理中的 WUE 和 L_s 与对照无显著差异（$P > 0.05$），而 T4 处理中这两个指标均显
著低于对照（$P < 0.05$），表明 T4 处理中四季花金花茶受到严重胁迫，光合机构可能
受到伤害，从而引起 WUE 和 L_s 的降低。

表12-2　干旱胁迫对四季花金花茶叶片气体交换参数的影响

处理	P_n (μmol·m^{-2}·s^{-1})	G_s (mol·m^{-2}·s^{-1})	C_i (μmol·mol^{-1})	T_r (mmol·m^{-2}·s^{-1})	WUE (μmol·mmol^{-1})	L_s
CK	2.724 ± 0.661a	0.022 ± 0.0070a	184.75 ± 19.79b	0.395 ± 0.1260a	7.010 ± 0.691a	0.534 ± 0.051a
T1	2.335 ± 0.338a	0.018 ± 0.0040a	170.08 ± 27.97b	0.343 ± 0.1050a	7.070 ± 1.230a	0.572 ± 0.091a
T2	0.786 ± 0.098b	0.005 ± 0.0012b	145.40 ± 47.06c	0.109 ± 0.0264b	7.519 ± 1.867a	0.636 ± 0.118a

续表

处理	P_n $(\mu mol \cdot m^{-2} \cdot s^{-1})$	G_s $(mol \cdot m^{-2} \cdot s^{-1})$	C_i $(\mu mol \cdot mol^{-1})$	T_r $(mmol \cdot m^{-2} \cdot s^{-1})$	WUE $(\mu mol \cdot mmol^{-1})$	L_s
T3	$0.445 \pm 0.179b$	$0.003 \pm 0.0014c$	$130.29 \pm 24.18c$	$0.058 \pm 0.0210c$	$7.498 \pm 0.512a$	$0.677 \pm 0.059a$
T4	$0.061 \pm 0.028c$	0.001 ± 0.0008	$344.50 \pm 36.48a$	0.031 ± 0.0190	$2.201 \pm 0.797b$	$0.142 \pm 0.979b$

12.2.3 干旱胁迫对四季花金花茶叶绿素荧光参数的影响

F_o 是 PS Ⅱ 反应中心处于完全开放时的荧光产量。F_o 降低表明天线色素的热耗散增加，F_o 升高则表明 PS Ⅱ 反应中心遭受可逆失活或破坏（Krause，1988）；F_m 是 PS Ⅱ 反应中心处于完全关闭时的荧光产量，可反映通过 PS Ⅱ 的电子传递情况（许大全 等，1992）；F_v/F_m 反映 PS Ⅱ 反应中心原初光能转化效率，该值降低表明植物在胁迫下 PS Ⅱ 受到伤害，是反映光抑制程度的良好指标（王琰 等，2011）。随着胁迫程度的加剧，四季花金花茶的 F_m 和 F_v/F_m 呈下降趋势（表 12–3），在 T2、T3、T4 处理中均显著低于 CK 处理；F_o 则表现出先降低后升高再降低趋势，在 T3 处理中最高；表明四季花金花茶在 T2、T3、T4 处理中，其 PS Ⅱ 结构与功能可能受到了一定程度的损伤与破坏。

$\Phi_{PS Ⅱ}$ 反映 PS Ⅱ 反应中心部分关闭情况下的实际光能捕获效率（詹妍妮 等，2006）；ETR 反映在实际光照强度下的表观电子传递速率。随着干旱胁迫程度的加剧，四季花金花茶的 $\Phi_{PS Ⅱ}$ 和 ETR 在 T2、T3、T4 处理中均显著（$P < 0.05$）降低，表明干旱胁迫使得 PS Ⅱ 反应中心的开放比例下降，叶绿体吸收的光能用于光化学转换的比例下降，光合电子传递能力减弱，光合速率降低。

qP 表示 PS Ⅱ 光化学系统中，通过天线色素吸收的光能，作用于光化学电子传递的比例，其值越大，电子传递活性越强（Krause et al.，1991）。NPQ 是天线色素吸收光能后用于热耗散的部分，是植物在逆境条件下的一种自身保护机制，但这种保护有一定范围，一旦超出范围，NPQ 就会下降，此时植物光合机构就会受到损伤。随着干旱胁迫程度的加剧，qP 整体呈下降趋势，说明干旱胁迫减弱了四季花金花茶 PS Ⅱ 反应中心捕获能量转化为化学能的能力，PS Ⅱ 的电子传递活性减弱，降低光合效率以及对光能的利用。同时，四季花金花茶叶片 NPQ 随土壤干旱胁迫的加剧呈先升高后下降趋势，在 T2 处理中达到最高，说明此时叶片天线色素吸收的光能有相当一部分用于热耗散，以此来减轻光能对光合系统产生的破坏；但随着 SWC 的持续降低，NPQ 也降低，说明此时叶片光合机构已经受到破坏，单纯的热耗散已不能继续适应逆境随光合机构产生的影响。

表12-3　干旱胁迫对四季花金花茶叶绿素荧光参数的影响

处理	F_o	F_m	F_v/F_m	Φ_{PSII}	ETR	qP	NPQ
CK	394.66 ± 4.51b	1838.66 ± 74.33a	0.785 ± 0.011a	0.555 ± 0.0640a	46.59 ± 5.39a	0.809 ± 0.051a	0.698 ± 0.187b
T1	374.33 ± 19.08b	1777.67 ± 50.60ab	0.789 ± 0.011a	0.551 ± 0.0330a	46.27 ± 2.76a	0.822 ± 0.037a	0.852 ± 0.136b
T2	419.33 ± 35.92b	1663.33 ± 86.22b	0.748 ± 0.009ab	0.252 ± 0.0580b	22.13 ± 4.01b	0.452 ± 0.083b	1.441 ± 0.317a
T3	463.00 ± 16.70a	1218.00 ± 151.02c	0.578 ± 0.084b	0.196 ± 0.0460b	16.50 ± 3.93b	0.410 ± 0.047b	0.855 ± 0.175b
T4	387.00 ± 27.62b	511.00 ± 31.19d	0.295 ± 0.086c	0.044 ± 0.0167c	3.70 ± 1.38c	0.209 ± 0.033c	0.224 ± 0.093c

12.2.4 干旱胁迫对四季花金花茶叶片光合色素含量的影响

随着干旱胁迫程度的加剧，四季花金花茶叶片 Chl a、Chl b、Chl（a+b）和 Car 含量均显著（$P < 0.05$）降低，Chl a/Chl b 呈下降趋势，Car/Chl 呈上升趋势（表12-4）。说明干旱胁迫不仅抑制了四季花金花茶叶片 Chl 的合成，还加剧了 Chl 的降解。

表12-4　干旱胁迫对四季花金花茶叶片光合色素含量及比例的影响

处理	Chl a $(mg \cdot g^{-1} \cdot FW)$	Chl b $(mg \cdot g^{-1} \cdot FW)$	Chl（a+b） $(mg \cdot g^{-1} \cdot FW)$	Car $(mg \cdot g^{-1} \cdot FW)$	Chl a/Chl b	Car/Chl
CK	1.049 ± 0.116a	0.578 ± 0.049a	1.627 ± 0.163a	0.195 ± 0.011a	1.815 ± 0.091a	0.121 ± 0.014b
T1	0.702 ± 0.069b	0.405 ± 0.046b	1.107 ± 0.114b	0.144 ± 0.020b	1.738 ± 0.027ab	0.130 ± 0.007b
T2	0.566 ± 0.096b	0.340 ± 0.040b	0.905 ± 0.041c	0.135 ± 0.014bc	1.694 ± 0.058b	0.145 ± 0.013b
T3	0.408 ± 0.059c	0.246 ± 0.037c	0.648 ± 0.094d	0.105 ± 0.009c	1.656 ± 0.034b	0.174 ± 0.008a
T4	0.201 ± 0.060d	0.117 ± 0.035d	0.318 ± 0.095e	0.061 ± 0.025d	1.710 ± 0.018b	0.190 ± 0.020a

12.3 结论

随着干旱胁迫程度的加剧，四季花金花茶叶片 P_n、G_s、T_r 均显著降低，C_i 呈先降低后升高趋势，在 T3 处理中最低，表明 T2 和 T3 处理中 P_n 的降低主要与气孔因素有关，而 T4 处理中 P_n 的降低主要与光合机构受到伤害有关。与 CK 处理相比，四季花金花茶的 F_v/F_m 在 T4 处理中显著降低，表明干旱胁迫已使其叶片光合机构受到严重伤害，这与 T4 处理中 NPQ 显著降低相一致。研究表明，四季花金花茶对干旱胁迫有一定的耐受能力，但当 SWC 降低到 13.71% 时，其正常生理代谢受到严重影响，叶片光合速率的降低主要由非气孔因素引起，PS Ⅱ 受到损伤，电子传递受阻，光合机构受到破坏，已达到其耐受极限。

第十三章
5种金花茶组植物的耐寒性比较研究

13.1 材料与方法

13.1.1 试验材料及低温处理

试验所选金花茶组植物种类为金花茶、中华五室金花茶、柠檬金花茶、直脉金花茶和东兴金花茶，选取生长势基本一致的健康植株2年生枝条的中部叶片，采摘后立即装入自封袋，迅速带回实验室。分别用自来水、蒸馏水冲洗，用吸水纸吸干水分。将每种叶片分成8份，置于密封的自封袋中，放入低温培养箱中进行低温处理。试验设置7个处理温度，分别为8℃、−2℃、−7℃、−12℃、−17℃、−22℃、−27℃，以室温（20℃）为对照。试验重复3次，低温培养箱为8℃时将材料放入缓慢降温，降温速度为10℃/h，降至目标温度后维持3 h。材料取出后，测定分析电解质渗出率，并进行游离Pro、可溶性糖、MDA含量等生理指标的分析及鉴定。

13.1.2 叶片电解质渗出率的测定

将对照组和处理组叶片拿出后，避开主脉和边缘，将叶片剪碎，准确称量1.0 g放入试管中，加入20 mL去离子水，室温振荡浸提6 h后待测。采用DDS-11A型电导仪测定浸提液的电导率R_1，以代表低温处理后的离体细胞电解质的渗出率。再将盛有浸提液的试管置于灭菌锅中，121℃处理10 min，冷却静置6 h后用同样方法测定细胞全部被破坏后浸提液的电导率R_2，用以代表离体细胞电解质总含量。以去离子水的电导率R_{CK}为对照，计算相对电导率（REC）= $[(R_1-R_{CK})/(R_2-R_{CK})] \times 100\%$。对电解质渗出率配以Logistic回归方程$y=K/(1+ae^{-bx})$，求得拐点温度即半致死温度（$LT_{50}$）。其中$y$代表REC，$x$代表处理温度，$K$为REC饱和值，$a$、$b$为方程参数，具体计算方法参照莫惠栋（1983）的方法。

13.1.3 叶片抗寒生理指标的测定

游离 Pro、可溶性糖及 MDA 的含量参考李合生（2000），分别采用酸性茚三酮显色法、蒽酮比色法和硫代巴比妥酸比色法测定，每个指标平行测定 3 次。

13.1.4 统计分析

所有的数据均采用 SPSS 19.0 进行统计分析，每个处理重复 3 次，LSD 法检验不同处理之间的差异是否显著。

13.2 结果与分析

13.2.1 低温对叶片细胞 REC 的影响

从图 13-1 可以看出，5 种金花茶组植物叶片在经一系列低温处理后，其 REC 总体趋势随处理温度的降低而逐渐升高，REC 变化呈近似 S 形的单峰曲线分布（朱根海等，1986）。在降温初期（由 8℃降至 -12℃），REC 表现出不同程度的下降，其原因是植物组织对低温胁迫能产生一定的防御反应，使细胞膜得以修复，说明适时的低温锻炼对金花茶的抗寒性有一定的增强作用。随着温度继续下降至 -17 ～ -12℃，REC 超过 50%，说明此时离子渗透已经相当严重。当温度继续下降至 -27 ～ -22℃，REC

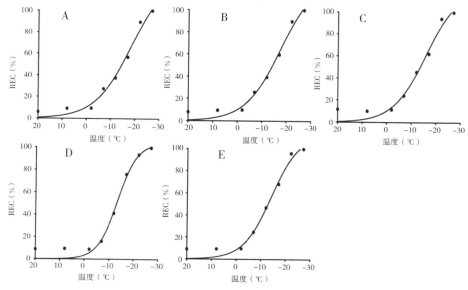

A.金花茶；B.中华五室金花茶；C.柠檬金花茶；D.直脉金花茶；E.东兴金花茶

图13-1　5种金花茶组植物REC随温度变化的Logistic曲线

变化又趋平缓，说明此时植物体内细胞膜已基本被破坏，离子大都渗透到细胞外面。

13.2.2　5种金花茶组植物低温LT$_{50}$比较

REC用Logistic方程进行拟合后，拟合度（R^2）达0.97以上，说明拟合结果是十分可靠的。由表13-1可以看出，通过拟合方程求出低温LT$_{50}$，5种金花茶组植物的低温LT$_{50}$分别为 –14.58℃、–14.27℃、–13.44℃、–13.09℃和 –12.74℃，分布范围为 –14.58 ～ –12.74℃，均出现在其各自REC骤升的敏感区域（–17 ～ –12℃）内。根据低温LT$_{50}$，得出金花茶组植物各种质叶片抗寒性由强到弱依次为金花茶＞中华五室金花茶＞柠檬金花茶＞直脉金花茶＞东兴金花茶。

表13-1　5种金花茶组植物不同低温处理中REC Logistic回归方程及LT$_{50}$

供试材料	回归方程	LT$_{50}$（℃）	R^2
金花茶	$y=134.7943/（1+11.94235164e^{0.134x}）$	–14.58	0.9837
中华五室金花茶	$y=129.1215/（1+11.84686804e^{0.141x}）$	–14.27	0.9847
柠檬金花茶	$y=122.1326/（1+10.93898833e^{0.151x}）$	–13.44	0.9744
直脉金花茶	$y=103.7302/（1+28.52976512e^{0.25x}）$	–13.09	0.9729
东兴金花茶	$y=112.8015/（1+12.1255923e^{0.178x}）$	–12.74	0.9756

注：表中x表示所对应的温度（℃），y表示REC（%）。

13.2.3　低温处理后5种金花茶组植物叶片生理指标的变化

5种金花茶组植物叶片的游离Pro含量变化差异较大，但总体呈先上升后下降的趋势，达到峰值的温度是 –17℃，含量分别达到79.71 μg·g^{-1}·FW、78.33 μg·g^{-1}·FW、74.04 μg·g^{-1}·FW、73.90 μg·g^{-1}·FW、70.41 μg·g^{-1}·FW；同一温度处理中不同物种间差异显著（表13-2），且LT$_{50}$低的金花茶种类游离Pro含量高于LT$_{50}$高的金花茶种类。

在低温胁迫下，5种金花茶组植物的可溶性糖含量随着温度的下降整体呈先上升后下降的趋势，LT$_{50}$低的物种可溶性糖的含量高于LT$_{50}$高的物种。温度降到 –17℃时，5种金花茶组植物的可溶性糖含量急剧上升达到峰值，LT$_{50}$最低的金花茶可溶性糖含量为35.62 mg·g^{-1}·FW，LT$_{50}$最高的东兴金花茶可溶性糖含量为28.99 mg·g^{-1}·FW；自 –17℃继续下降，可溶性糖的含量又逐渐降低。

在低温胁迫范围内，5种金花茶组植物的叶片MDA含量随温度的降低呈先上升后下降的趋势，达到峰值的温度均为 –17℃，但不同材料的 MDA 峰值含量不同，分别为 58.02 nmol · g^{-1} · FW、59.10 nmol · g^{-1} · FW、73.24 nmol · g^{-1} · FW、74.00 nmol · g^{-1} · FW、82.61 nmol · g^{-1} · FW，LT$_{50}$ 越高，MDA 峰值越大。由此可知，LT$_{50}$ 低的材料受低温胁迫后膜脂过氧化水平较低，而 LT$_{50}$ 高的材料膜脂过氧化水平较高。

表13-2　不同低温处理中5种金花茶组植物叶片游离Pro、可溶性糖及MDA含量的变化

温度（℃）	供试材料	游离Pro（μg · g^{-1} · FW）	可溶性糖（mg · g^{-1} · FW）	MDA（nmol · g^{-1} · FW）
20	金花茶	11.15 ± 0.25a	8.20 ± 0.99a	9.17 ± 0.60a
	中华五室金花茶	11.29 ± 0.89a	7.80 ± 0.98a	8.92 ± 0.56a
	柠檬金花茶	11.61 ± 1.45a	7.27 ± 1.01a	9.29 ± 0.65a
	直脉金花茶	11.08 ± 0.85a	7.09 ± 0.79a	9.88 ± 0.70a
	东兴金花茶	11.31 ± 0.95a	6.87 ± 0.31a	9.75 ± 0.39a
8	金花茶	12.46 ± 1.09a	11.63 ± 0.96a	12.74 ± 0.45a
	中华五室金花茶	12.56 ± 0.98a	11.49 ± 1.19ac	13.19 ± 0.90abc
	柠檬金花茶	12.17 ± 0.98a	10.51 ± 0.99a	14.31 ± 0.87b
	直脉金花茶	12.40 ± 0.96a	10.04 ± 0.42b	14.29 ± 0.79b
	东兴金花茶	12.64 ± 1.18a	9.49 ± 0.39bd	15.60 ± 0.66b
-2	金花茶	18.98 ± 1.01a	14.32 ± 0.75a	20.78 ± 0.80a
	中华五室金花茶	17.36 ± 0.95a	13.83 ± 0.71a	21.27 ± 0.77a
	柠檬金花茶	15.65 ± 1.11b	12.30 ± 0.79b	23.18 ± 0.97b
	直脉金花茶	14.76 ± 0.96bc	12.57 ± 0.81b	23.99 ± 0.37b
	东兴金花茶	13.37 ± 0.58c	11.94 ± 0.98b	26.07 ± 0.55c
-7	金花茶	31.92 ± 1.02a	22.85 ± 0.93a	29.33 ± 0.31a
	中华五室金花茶	26.64 ± 2.07b	22.37 ± 0.57a	30.98 ± 0.73b
	柠檬金花茶	25.72 ± 1.94b	18.67 ± 0.63b	34.79 ± 0.75c
	直脉金花茶	24.26 ± 0.94bc	17.67 ± 0.69b	36.09 ± 0.64d
	东兴金花茶	20.13 ± 1.23c	15.35 ± 0.78c	42.52 ± 0.39e
-12	金花茶	45.67 ± 2.02a	29.88 ± 0.69a	47.45 ± 0.46a
	中华五室金花茶	41.83 ± 0.92b	29.42 ± 0.45a	49.69 ± 0.42b
	柠檬金花茶	38.43 ± 1.05c	26.19 ± 0.48b	60.31 ± 0.37c
	直脉金花茶	37.12 ± 1.95cd	25.88 ± 0.99b	59.18 ± 0.96c
	东兴金花茶	34.85 ± 1.85d	21.30 ± 0.79c	68.32 ± 0.80d

续表

温度（℃）	供试材料	游离Pro（μg · g⁻¹ · FW）	可溶性糖（mg · g⁻¹ · FW）	MDA（nmol · g⁻¹ · FW）
-17	金花茶	79.71 ± 2.04a	35.62 ± 0.70a	58.02 ± 1.01a
	中华五室金花茶	78.33 ± 2.72a	35.20 ± 0.98a	59.10 ± 0.91a
	柠檬金花茶	74.04 ± 2.01b	31.76 ± 0.79b	73.24 ± 0.86b
	直脉金花茶	73.90 ± 2.02b	31.56 ± 0.71b	74.00 ± 0.60b
	东兴金花茶	70.41 ± 1.06b	28.99 ± 0.59c	82.61 ± 0.69c
-22	金花茶	49.61 ± 1.36a	26.56 ± 1.01a	56.19 ± 0.96a
	中华五室金花茶	49.41 ± 1.13ac	25.97 ± 0.49a	56.90 ± 1.03a
	柠檬金花茶	47.15 ± 0.14bd	24.04 ± 0.69b	65.28 ± 0.99b
	直脉金花茶	47.14 ± 0.96d	23.97 ± 0.68b	67.90 ± 0.97c
	东兴金花茶	44.89 ± 0.97e	21.49 ± 0.79c	79.52 ± 0.44d
-27	金花茶	31.50 ± 1.05a	22.87 ± 0.97a	52.87 ± 0.89a
	中华五室金花茶	30.33 ± 0.95a	21.74 ± 0.79a	53.52 ± 0.67a
	柠檬金花茶	28.76 ± 0.88b	19.72 ± 0.75b	58.11 ± 0.92b
	直脉金花茶	29.18 ± 2.01b	19.70 ± 0.69b	63.63 ± 0.76c
	东兴金花茶	26.29 ± 0.98c	15.38 ± 0.74c	70.06 ± 0.98d

注：同列数据不同小写字母表示在5%水平上不同种金花茶组植物在同一温度下差异显著。

13.3 结论与讨论

低温冷害是限制热带、亚热带植物生长的主要非生物因素之一。植物的抗寒性是一个复杂的生理生化过程，其抗寒能力的强弱是多种复杂因素控制的结果，而非单纯由单一因素所决定（Levitt et al.，1980）。许多植物经过一段时间的非冰冻低温锻炼后，抗寒能力明显增强，但这种抗寒力的大小因植物种类而异。LT_{50}是目前广泛用于评价植物抗寒性强弱的一个重要且比较准确的指标（刘慧民 等，2014），且大多数研究者均采用低温处理中的 REC 拟合 Logistic 方程，并求得LT_{50}。本研究结果表明，从金花茶组植物LT_{50}入手，结合生理生化指标评价金花茶组植物抗寒性的方法简便、准确性较高，可以作为不同金花茶组植物种质抗寒性比较和抗寒品种选育的量化指标。而LT_{50}的确定为今后进行金花茶组植物低温抗寒分子育种提供了合适的处理温度。

可溶性糖与游离 Pro 是植物细胞内 2 种重要的渗透调节物质，对降低细胞渗透势、保护细胞内分子结构和膜的稳定性有着重要的作用（Mo et al.，2011）。当植物受到逆境胁迫时，渗透调节物质的积累可提高细胞液浓度，降低其渗透势，从而降低或消除胁迫的伤害（王忠，2000）。本研究中，受低温胁迫后，5 种金花茶组植物叶片的游离 Pro 与可溶性糖含量随处理温度的降低呈先上升后下降的趋势。这可能是植物在低温胁迫下细胞失水，通过提高体内的游离 Pro 和可溶性糖的含量，提高细胞液的浓度，降低其渗透势，作为细胞冰冻保护剂而对原生质体表面起保护作用，以保持质膜的稳定。但当温度胁迫使保护性酶活性丧失、抗氧化系统遭到破坏时，必然造成游离 Pro 和可溶性糖合成受阻，含量下降。但是在相同的低温胁迫条件下，LT_{50} 低、耐寒性强的金花茶种质合成渗透调节物质的能力可能更强，所以积累了较多的游离 Pro 和可溶性糖，更有利于减轻叶片受低温胁迫的伤害。

MDA 含量变化是反映植物受到逆境胁迫后细胞膜过氧化程度的一个重要标志，当 MDA 含量大量升高时，表明体内细胞受到较严重的破坏（王树刚 等，2011）。在本研究中，随着温度的降低，金花茶叶片内 MDA 含量呈先上升后下降的趋势，这与岳海等（2010）对起源于热带的经济植物澳洲坚果的研究结果一致。随着胁迫温度的降低，叶片中 MDA 含量逐渐升高，表明细胞膜脂发生了过氧化；当温度继续降低，MDA 含量大幅上升达到峰值，膜脂过氧化程度加剧，说明在此温度下叶片受到严重伤害；而后 MDA 含量又呈下降趋势，可能是游离 Pro 与可溶性糖等渗透调节物质在起作用，抑制了膜脂不饱和脂肪酸发生过氧化，从而抑制了 MDA 的合成。

本研究中，游离 Pro、可溶性糖与 MDA 含量的结果及 LT_{50} 的结论均表明，金花茶和中华五室金花茶抗寒性最强，柠檬金花茶和直脉金花茶的抗寒性次之，东兴金花茶的抗寒性最差。金花茶作为珍稀观赏植物，对其抗寒性进行评价，探讨其抗寒胁迫生理，筛选出耐寒性强的金花茶种质，对于扩大金花茶种质资源的引种范围、促进其在园林绿化中的推广应用和指导产业发展均具有十分重要的意义和作用。

第十四章
3 种金花茶组植物的低温半致死温度研究

14.1 材料与方法

14.1.1 试验材料及低温处理

金花茶组植物幼苗种类为毛籽金花茶、凹脉金花茶和平果金花茶。选取生长势一致，株高为 70 ～ 80 cm 的 3 年生幼苗为材料，将幼苗栽种于内径 30 cm、深 25 cm 的塑料花盆中，每盆 1 株，栽培基质为林下表层土壤。在相对光照强度为 10% 的荫棚中恢复生长 2 个月后随机分成 8 组，每组 6 盆。每月施复合肥 1 次，适时淋水，随时防治病虫害。2 个月后取植株顶端的第二和第三片成熟叶片，各装袋密封，迅速带回实验室，用蒸馏水洗净，纱布擦干。将材料放在低温培养箱中进行低温处理。以室温（20℃）为对照。试验重复 3 次，低温培养箱为 8℃时将材料放入缓慢降温，降温速度为 10℃·h^{-1}，降至目标温度后维持 3 h。材料取出后，分析测定电解质渗出率，并进行游离 Pro、可溶性糖、MDA 含量等生理指标的分析及鉴定。

14.1.2 叶片电解质渗出率的测定

避开主脉和边缘，将处理后的叶片均匀剪取 0.5 cm^2 大小的碎片，准确称量 1.0 g 放入试管中，加入 20 mL 去离子水浸没叶片，室温振荡浸提 6 h 后待测。采用 DDS-11A 型电导仪测定浸提液的电导率 R_1，以代表低温处理后的离体细胞电解质的渗出率。再将盛有浸提液的试管置于灭菌锅中，121℃处理 10 min，冷却至室温，静置 6 h 后用同样方法测定细胞全部被破坏后浸提液的电导率 R_2，用以代表离体细胞电解质总含量。以去离子水的电导率 R_{CK} 为对照，计算 REC=［（R_1-R_{CK}）/（R_2-R_{CK}）］× 100%。每个处理重复 3 次。

将 REC 曲线配以 Logistic 方程进行回归分析，求得拐点温度即为 LT$_{50}$。REC 拟合 Logistic 回归方程为 $y=K/(1+ae^{-bx})$。其中 y 代表 REC，x 代表处理温度，K 为 REC 饱和值，a、b 为方程参数，具体计算方法参照莫惠栋（1983）的方法。

14.1.3 叶片抗寒生理指标的测定

游离 Pro、可溶性糖及 MDA 的含量参考邹琦（2000）和李合生（2000），分别采用酸性茚三酮显色法、蒽酮比色法和硫代巴比妥酸比色法测定，每个指标平行测定 3 次。

14.1.4 统计分析

所有的数据均采用 SPSS 19.0 进行统计分析，每个处理重复 3 次，LSD 法检验不同处理之间的差异是否显著。

14.2 结果与分析

14.2.1 低温对叶片细胞 REC 的影响

由图 14-1 可知，经过系列低温处理后，3 种金花茶组植物离体叶片测得的 REC 具有相同的变化规律，均随着处理温度的下降而上升，呈明显的 S 形增长曲线，拟合度很好（表 14-1）。当温度降至 -12℃时，叶片的 REC 为 35% 以上；当温度降至 -17℃时，叶片的 REC 为 60% 以上；当温度为 -17℃～ -12℃时，REC 急剧上升，说明此时细胞的破裂骤然增多，细胞膜受到的半可逆伤害加剧（李俊才 等，2007）；当温度降至 -22℃时，叶片的 REC 为 90% 以上。当温度低于 -22℃时，细胞 REC 增速变缓，膜透性几乎完全被破坏，此时的温度也就是 3 种金花茶组植物叶片细胞质膜不可逆破坏的临界温度（赵昌琼 等，2003）。

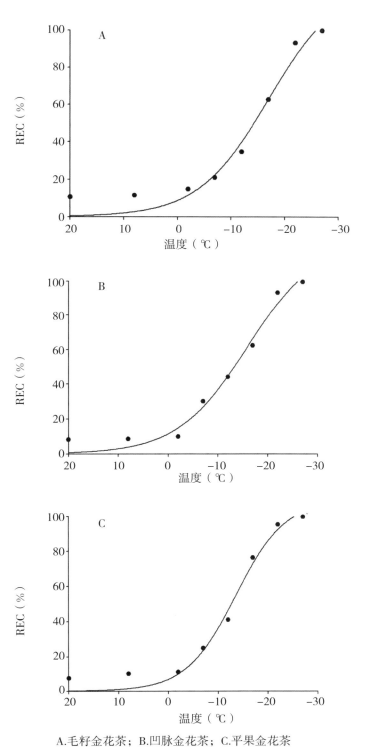

A.毛籽金花茶；B.凹脉金花茶；C.平果金花茶

图14-1 不同低温处理中3种金花茶组植物REC变化

14.2.2 低温胁迫下3种金花茶组植物的LT$_{50}$

对REC的测定结果进行非线性回归分析，用Logistic方程拟合，如表14-1所示。R^2为0.96以上，说明经低温胁迫后，3种金花茶组植物REC遵循Logistic方程的变化规律，具有极好的拟合度。求该方程的二阶导数并令其等于0，则可获得曲线拐点$X=\ln a/b$，X即为LT$_{50}$，此时低温对电解质透出率的递增效应最大。通过拟合方程求出毛籽金花茶、凹脉金花茶和平果金花茶的低温LT$_{50}$，分别是 $-14.25\,℃$、$-13.25\,℃$和$-12.62\,℃$。

表14-1　Logistic方程及3种金花茶组植物的低温LT$_{50}$

物种	回归方程	LT$_{50}$（℃）	R^2
毛籽金花茶	$y=126.7188/（1+13.47955561e^{0.152x}）$	-14.25	0.9699
凹脉金花茶	$y=124.1184/（1+9.79173432e^{0.143x}）$	-13.25	0.9757
平果金花茶	$y=109.7366/（1+14.61985099e^{0.198x}）$	-12.62	0.9821

注：表中y表示REC（%），x表示所对应的温度（℃）。

14.2.3 低温胁迫后3种金花茶组植物叶片生理指标的变化

从图14-2可知，在低温胁迫下，3种金花茶组植物幼苗叶片的游离Pro含量均随着温度的下降整体呈先上升后下降的趋势，LT$_{50}$低的金花茶组植物的游离Pro含量

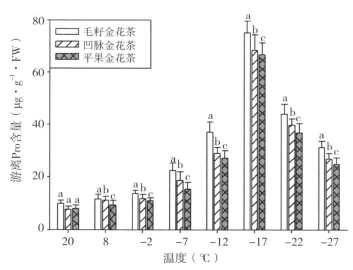

注：不同小写字母表示同一温度不同金花茶组植物间差异显著（$P<0.05$）。下同。

图14-2　不同低温处理中3种金花茶组植物游离Pro含量变化

高于 LT_{50} 高的金花茶组植物。同一温度处理中不同品种间游离 Pro 含量差异显著（P < 0.05）。胁迫温度降到 -17℃时，3 种金花茶组植物离体叶片中游离 Pro 含量均达到最大值，分别为 75.02 μg·g⁻¹·FW、68.38 μg·g⁻¹·FW 和 66.68 μg·g⁻¹·FW，差异达到显著水平（P < 0.05），但在 -17℃后，游离 Pro 含量又逐渐降低。

从图 14-3 可知，低温胁迫处理中，3 种金花茶组植物叶片中的可溶性糖含量均显著（P < 0.05）高于对照，且随着处理温度的下降整体呈先上升后下降的趋势。随着胁迫温度的降低，3 种金花茶组植物离体叶片可溶性糖总含量均升高，同一温度处理中，3 种金花茶组植物离体叶片的可溶性糖含量呈现明显的差异（P < 0.05）。温度降到 -17℃时，3 种金花茶组植物叶片中可溶性糖含量均达到最高值，LT_{50} 低的金花茶组植物可溶性糖含量明显高于 LT_{50} 高的金花茶组植物，分别达到 35.85 mg·g⁻¹·FW、31.87 mg·g⁻¹·FW 和 28.45 mg·g⁻¹·FW，差异达到显著水平（P < 0.05），说明毛籽金花茶离体叶片积累了更多的可溶性糖。但自 -17℃继续下降，可溶性糖的含量又逐渐缓慢回落。

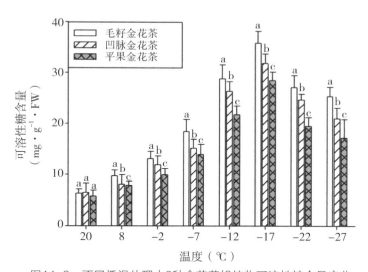

图14-3　不同低温处理中3种金花茶组植物可溶性糖含量变化

MDA 是膜脂过氧化产物，具有很强的细胞毒性，MDA 含量也是反映细胞膜系统受伤程度的一个指标。从图 14-4 可知，在低温胁迫范围内，3 种金花茶组植物离体叶片 MDA 含量随温度的降低呈先上升后下降的趋势。随着胁迫温度的降低，3 种金花茶组植物离体叶片 MDA 含量均升高，且同一处理温度不同种金花茶组植物离体叶片的

MDA 含量也存在显著差异（$P < 0.05$）；处理温度降到 $-17℃$时，MDA 含量达到最大值，差异达到显著水平（$P < 0.05$）。由此可知，LT_{50} 低的毛籽金花茶离体叶片受低温胁迫后膜脂过氧化水平较低，而 LT_{50} 高的平果金花茶膜脂过氧化水平较高。

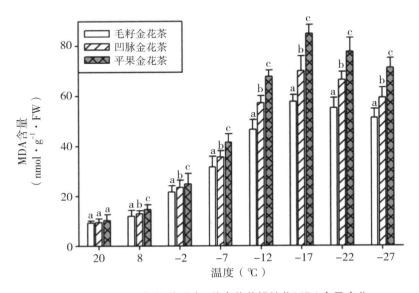

图14-4 不同低温处理中3种金花茶组植物MDA含量变化

14.3 结论与讨论

低温冷害是限制热带亚热带植物生长的主要非生物因子之一。许多植物经过一段时间的非冰冻低温锻炼后，抗寒能力明显增强，但这种抗寒力的大小因植物种类而异。LT_{50} 是目前广泛用于评价植物抗寒性强弱的一个重要且比较准确的指标（朱根海 等，1986；刘慧民 等，2014；王玮 等，2015），且大多数研究者均采用低温处理中的 REC 拟合 Logistic 方程，并求得 LT_{50}。以 LT_{50} 确定生态分布的最低温度能较准确地指示植物的最大抗寒力，从而可以避免引种和推广工作中的盲目性。

随着温度的降低，细胞伤害率呈 S 形曲线变化，与温度呈显著负相关，低温 LT_{50} 为平果金花茶最高，凹脉金花茶其次，毛籽金花茶最低。关于低温 LT_{50} 反映植物抗寒性的关系，Rajashekar 等（1979）证明低于曲线拐点温度时植物组织中液态水迅速减少，并推论这是组织冰晶扩散屏障消失，即质膜结构变化所致。通过 3 种金花茶组植物的低温 LT_{50} 可以看出，其抗寒性强弱顺序为毛籽金花茶＞凹脉金花茶＞平果金花茶。

游离 Pro 是渗透胁迫下易积累的一种氨基酸，也是一种重要的渗透调节物质，具有稳定细胞蛋白质结构、保护细胞内大生物分子和保持氮含量的作用（Verbruggen et al.，2008）。游离 Pro 含量的变化是衡量植物抗寒性的重要生理指标。游离 Pro 含量与抗寒性的关系已有许多报道，但观点尚不统一。有研究认为植物的抗寒性与游离 Pro 含量呈正相关（王小华 等，2008）；陈雅君等（1996）研究认为，在低温条件下植物的抗冻能力与游离 Pro 的累积呈负相关；冯昌军等（2005）则认为游离 Pro 含量变化与不同品种的抗寒性相关较小。本研究结果表明，在系列低温处理中，金花茶组植物离体叶片的游离 Pro 含量呈先升高后降低的趋势，但仍高于对照，且在处理温度降到 −17℃时达到最大值。该研究结果与王冠群等（2014）对不同低温胁迫下德国鸢尾抗寒性的游离 Pro 含量变化规律相似，只是到达最大值的温度不同。刘慧民等（2014）关于绣线菊苗期在不同低温处理中，游离 Pro 含量随温度降低而呈现 W 形变化趋势的研究，与本研究结果不同。这可能与植物本身的特性以及对低温胁迫的响应不同有关。另外，整个低温处理过程中，游离 Pro 含量均表现为毛籽金花茶＞凹脉金花茶＞平果金花茶，LT_{50} 越低，游离 Pro 含量越高，因此，可以认为低温胁迫下，金花茶组植物离体叶片中的游离 Pro 累积量与其抗寒性呈正相关。

可溶性糖含量的变化是低温条件下植物代谢较为敏感的生理指标之一。在植物体内，可溶性糖可以提高细胞液浓度，降低冰点，降低水势，增强保水能力，从而使冰点下降，保持细胞不致遇冷凝固，增强植物抗寒能力（朱政 等，2011）。本研究表明，随着低温胁迫温度的降低和时间的延长，金花茶组植物离体叶片可溶性糖含量一直呈先上升后下降的趋势，这说明低温胁迫初期水解作用增强，淀粉、蛋白质等大分子化合物大量降解成可溶性糖等物质，增加细胞液浓度，以调节细胞渗透压，增强机体抗寒能力。而低温胁迫后期可能是细胞水解能力减弱而导致可溶性糖含量下降。根据植物的抗寒性与体内的可溶性糖含量呈正相关的关系（简令成 等，2005），可以认为毛籽金花茶可溶性糖含量的增幅最大，其抗寒性最强，这与上述采用 LT_{50} 评价金花茶抗寒性强弱的结果相符。

MDA 是植物抗逆生理中的一个常用指标，其含量的升高是植物受到逆境胁迫后细胞膜透性增强的一个重要标志，其含量高低可以反映植物膜系统的受伤程度（王树刚等，2011）。因此，植物的抗寒性与 MDA 含量呈负相关（刘祖祺 等，1994；王玲丽 等，

2014）。在本研究中，3 种金花茶组植物随着温度的降低，叶片内 MDA 含量呈先上升后下降的趋势，这与王永红等（2006）在山茶中、王玲等（2012）在锦带花（*Weigela florida*）中的研究结果一致。说明随着温度的降低，经低温胁迫后叶片受到一定程度的伤害，膜脂发生过氧化，MDA 含量升高；当温度继续降低，MDA 含量大幅上升达到峰值，说明在此温度下叶片受到严重伤害，膜脂过氧化程度加剧；而后 MDA 含量又呈下降趋势，可能是游离 Pro 与可溶性糖在起作用，抑制了膜脂不饱和脂肪酸发生过氧化，从而抑制了 MDA 的合成。

本研究中，游离 Pro、可溶性糖与 MDA 含量的结果及 LT_{50} 的结论均表明，3 种金花茶组植物的抗寒性由强到弱依次为毛籽金花茶 > 凹脉金花茶 > 平果金花茶。同时，本研究结果表明从金花茶组植物离体叶片 LT_{50} 入手，结合生理指标评价金花茶组植物抗寒性的方法简便、准确性较高，可以作为不同种金花茶组植物抗寒性比较和抗寒品种选育的量化指标。而 LT_{50} 的确定为今后进行金花茶组植物抗寒分子育种提供了合适的处理温度。金花茶组植物作为濒危珍稀观赏花卉，探讨其抗寒胁迫生理，对于今后研究其抗寒性弱的分子机理，寻找提高金花茶组植物耐寒性的新途径，扩大金花茶组植物栽培适应区域和指导产业发展均具有十分重要的意义和作用。

第四部分

金花茶组植物的生殖生态学特性

第十五章
东兴金花茶与长尾毛蕊茶的繁育系统及传粉生物学特性比较研究

15.1 材料与方法

15.1.1 研究材料

试验材料为东兴金花茶和长尾毛蕊茶的野生居群和栽培居群中的开花植株。

15.1.2 研究地区概况

野生居群位于广西防城港市防城区广西防城金花茶国家级自然保护区（21°45′N，108°07′E），地处十万大山南麓蓝山支脉，海拔 150～650 m，属南亚热带季风气候区，年均日照时数为 1896.1 h，年均气温 21.8℃，最热月（7 月）均温 28.2℃、最冷月（1 月）均温 12.6℃；降水集中在 7～9 月，年均降水量 2900 mm；年均相对湿度 79.4%；年均气压 1008.1 hPa；全年气候温和，无霜期长，雨量充沛。

栽培居群位于广西桂林市雁山区广西植物研究所金花茶组植物种质圃（25°11′N，110°12′E），海拔 178 m，属中亚热带季风气候区，年均日照时数 1553.09 h，年均气温 19.2℃，最热月均温 28.4℃、最冷月均温 7.7℃；降水集中在 4～8 月，年均降水量 1854.8 mm；年均相对湿度 78%；年均气压 955.7 hPa；全年无霜期长，具有明显的干湿季。

15.1.3 研究方法

1. 生殖物候及生殖构件特征

参照 Dafni 等（1983）对开花进程的描述，于 2018～2019 年对东兴金花茶和长尾毛蕊茶的野生居群和栽培居群的开花植株进行观测，调查不同生境东兴金花茶和长尾毛蕊茶居群的抽梢展叶期、现蕾期、开花期、果熟期的物候特征。

生殖构件特征观测参考金花茶生殖构件的调查（柴胜丰，2009；韦霄，2015），于 2018～2019 年随机选择野生居群中具有开花能力的东兴金花茶和长尾毛蕊茶各 20 株，调查其总枝条数、生殖枝数、花芽数。统计生殖构件败育率，包括芽期败育率（开花前败育的花芽占花芽总数的百分比）、花期败育率（开花后不能长成幼果的占总开花数的百分比）、果期败育率（败育果实数占总幼果数的百分比），分析东兴金花茶和长尾毛蕊茶生殖构件数量、生殖构件败育率及开花物候等。

2. 繁育系统类型

（1）花粉与胚珠比（P/O）检测：P/O 是单花花粉量与胚珠数的比值。参照万海霞等（2018）单花花粉量和胚珠数的估算方法，分别在东兴金花茶盛花期随机选取即将开放但花药未开裂的花 10 朵，于解剖镜下去掉花瓣，用镊子取下所有花药置于 2.0 mL 离心管中，滴加 4 ~ 5 滴 5 mol/L 的 NaOH，10 min 后用玻璃棒将全部花药碾碎，滴加蒸馏水至 1.5 mL，置于超声波清洗仪中处理 30 min，使花粉充分从花药中分离。处理完成后，每管取 10 μL 悬液在显微镜下统计花粉数量，重复 5 次，计算单花花粉量（王茜 等，2012）。接着将子房在解剖镜下横切并记录子房横切面上的胚珠数目，用每朵花的花粉总量除以胚珠数即可计算出每朵花的 P/O。再依据 Cruden（1977）的标准评判繁育系统类型，P/O 在 2.7 ~ 5.4 范围内为闭花受精，在 18.1 ~ 39.0 范围内为专性自交，在 31.9 ~ 396.0 范围内为兼性异交，在 2108.0 ~ 19525.0 范围内为专性异交。P/O 升高，表明异交程度升高，P/O 降低，则异交程度降低（Robert et al.，1977）。

（2）杂交指数（OCI）的检测：根据 Dafni 等（1983）的标准对野生居群中东兴金花茶和长尾毛蕊茶的花朵直径、雌雄蕊位置及成熟情况进行观测记录等，判断其繁育系统的类型。具体方法：①花朵直径 < 1 mm 记为 0，1 mm ≤花朵直径 < 2 mm 记为 1，2 mm ≤花朵直径 ≤ 6 mm 记为 2，花朵直径 > 6 mm 记为 3。②花药开裂时间与柱头可授期同时或雌蕊先熟记为 0，雄蕊先熟记为 1。③柱头与花药的空间位置可能接触记为 0，不可能接触记为 1。以上三者之和则为 OCI 的值。OCI=1 则判断其繁育系统为专性自交；OCI=2 则繁育系统为兼性自交；OCI=3 则繁育系统为自交亲和，有时需要传粉者；OCI=4 则繁育系统以异交为主，部分自交亲和，且需要传粉者。

（3）套袋试验。对野生居群和栽培居群采用套袋记录的方法进行观测。依照 Dafni 描述的方法进行下述处理：①对照。不套袋，不去雄，自由传粉，用于检测自然条件下的结实率。②自花授粉。开花前套袋，不去雄，检测是否存在自花授粉。③同株异花授粉。去雄，套袋，同株异花之间人工授粉，检测自交亲和性。④异株异花授粉。去雄、套袋，用不同植株的花粉进行异花授粉，检测异交结实率。⑤套袋、去雄、检测是否具有无融合生殖。依据各居群花朵数量的多少，每个处理取 30～100 朵花进行试验。取即将开放的花，于花药未裂开前去雄，授粉试验于去雄后 1 d 和 2 d 各进行 1 次，所授花粉至少来自 3 朵花。3 个月后统计结果情况，结实率 = 幼果数 / 花数 × 100%。

3. 花部形态特征及开花进程

在盛花期随机摘花 20 朵，测量花梗长和宽、萼片数量和大小、花口径、花瓣长和宽、花丝数量、花丝长、花药长、花柱数量、花柱长、子房直径和胚珠数量。花开后，记录单朵花和种群花朵开放的第一天和最后一天，计算出单花期和种群花期；标记 20 朵即将开放的花，在花朵开放的第 1 d 和第 2 d 每天 8：00 到 19：00，每隔 1～2 h 进行花部特征形态观测及计量，从第 3 d 至第 6 d 进行间断观察，连续观察并记录其形态结构及开花动态（Timothy et al.，1993；Kudo，1993）。

4. 花部特征对传粉昆虫的招引作用

虫媒花植物的不同开花形态和不同花部器官设计起着吸引传粉者的作用，试验设置去花瓣、去雄（花药）、吸净花蜜等处理，观察不同花部特征传粉昆虫的访花次数。

5. 传粉昆虫的传粉效率检测

在盛花期套袋 30 朵即将开放的花，花开放后解开套袋观测传粉昆虫访花次数，为保证传粉的有效性，传粉昆虫在花朵上停留 5 s 以上记为 1 次访问，检测东兴金花茶和长尾毛蕊茶花朵被传粉昆虫访问 1 次、3 次、5 次、15 次后的结实率。

6. 传粉者访花行为及访花频率的观测

观察传粉昆虫的种类、访花行为及访花频率。具体方法：在不同生境中，从 8：00 到 18：00，以每 0.5 h 为一个统计单位，标记 5 朵花，观察和记录整个单花期内传粉昆虫的种类、访花时间、停留时间、访花行为及访花次数，并计算其访花频率。

7. 花蜜分泌节律检测

开花前做套袋处理。于盛花期中的一个晴天在固定时间点 8：00、10：00、12：00、14：00、16：00、18：00 随机各取 5 朵花进行花蜜日变化的检测；分别取开花第 1 d 到开花第 5 d 的花各 5 朵，在相同时间段（10：00～11：00）用 7.1 μL（直径 0.3 mm）的毛细管测量花蜜分泌的体积，糖量足够多时用手持折光仪检测花蜜的糖浓度，测定花蜜分泌的日变化动态。

花蜜体积 =（毛细管中液柱长度 / 毛细管总长度）× 毛细管的总体积（Bentley et al.，2009）。

8. 花粉活力检测与柱头可授性检测

采用离体萌发法测定花粉活力。于盛花期中的一个晴天上午采集开花不同天数花朵的花粉（开花前挂牌进行标记），于 25℃下光照培养 24 h，再置于光学显微镜下观测，比较其萌发率；每张载玻片观察 5 个视野，统计每个视野的花粉数目，重复 6 次，取平均值（胡适宜，1982）。

用联苯胺 – 过氧化氢法测定柱头可授性。具体方法：在盛花期挂牌标记 30 朵即将开放的花并进行套袋，以排除传粉者的影响；每 2 h 对花朵进行 1 次观测，采下开花不同天数的花朵，将其柱头浸入含有反应液（体积比为 1% 联苯胺：3% 过氧化氢：水 = 4：11：22）的凹面载玻片中的凹陷处。若柱头具可授性（即具有过氧化物酶活性），能够降解过氧化氢、氧化联苯胺，则柱头周围的反应液呈蓝色并有大量气泡出现（马宏 等，2009）。

15.2 结果与分析

15.2.1 生殖物候及生殖构件特征

通过对东兴金花茶和长尾毛蕊茶野生居群和栽培居群的物候期观测（表 15–1），发现东兴金花茶野生居群始花期为 2 月下旬，盛花期为 3 月上旬，末花期为 3 月中下旬；栽培居群始花期为 3 月下旬，盛花期为 4 月上旬，末花期为 4 月下旬；野生居群开花期比栽培居群早约 1 个月。长尾毛蕊茶野生居群始花期为 10 月中下旬，经历始花期后持续开花，盛花期不显著，末花期为翌年 1 月上旬；栽培居群始花期为 12 月下旬，盛花期为翌年 1 月上中旬，末花期为翌年 3 月上旬；野生居群开花期比栽培居群早约 2 个月。东兴金花茶和长尾毛蕊茶的栽培居群比原产地野生居群的花期分别晚 1 个月和 2 个月，主要原因是野生居群所在地广西防城港市防城区属南亚热带季风气候，栽培居群所在地广西桂林市属中亚热带季风气候，气候的差异导致栽培居群的开花期推迟。相同生境下，东兴金花茶开花期比长尾毛蕊茶开花期晚约 3 个月，且比长尾毛蕊茶开花期短。

表15-1　东兴金花茶和长尾毛蕊茶不同生境物候期

时期	野生东兴金花茶	栽培东兴金花茶	野生长尾毛蕊茶	栽培长尾毛蕊茶
现蕾期	6月中旬	7月中旬	5月下旬	7月下旬
始花期	翌年2月下旬	翌年3月下旬	10月中下旬	12月下旬
盛花期	3月上旬	4月上旬	不显著	翌年1月上中旬
末花期	3月中下旬	4月下旬	翌年1月上旬	3月上旬
果熟始期	10月下旬	11月下旬	10月下旬	10月中旬
果熟末期	11月中旬	12月中旬	11月下旬	11月上旬

东兴金花茶树冠上、下层花蕾数均少，中层花蕾数均多，树冠周边多，冠心少。长尾毛蕊茶花蕾分布较简单，花蕾、花及果主要分布枝条的尾端、树冠周边。从表15-2可知，东兴金花茶和长尾毛蕊茶一级枝条数相差不大，但长尾毛蕊茶的一级生殖枝数、一级生殖枝花蕾数及一级生殖枝比率均显著高于东兴金花茶，东兴金花茶的一级生殖枝仅占37%，而长尾毛蕊茶的一级生殖枝占64%。由此可见，东兴金花茶生殖期营养生长旺盛，生殖生长较弱，导致其结实不易，而长尾毛蕊茶生殖期营养生长减弱，生殖生长增强，容易结实。

表15-2　东兴金花茶和长尾毛蕊茶的生殖构件数量

物种	一级枝总数	一级生殖枝数	一级生殖枝花蕾数	一级生殖枝比率
东兴金花茶	19.80 ± 5.12	7.55 ± 3.44	41.90 ± 27.29	0.37 ± 0.04
长尾毛蕊茶	22.20 ± 8.04	14.20 ± 2.44	139.70 ± 37.78	0.64 ± 0.05
差异	ns	*	**	**

注：表中数据为平均值±标准差。*表示差异显著，$P < 0.05$；**表示差异极显著，$P < 0.01$；ns表示差异不显著，$P > 0.05$。

东兴金花茶和长尾毛蕊茶的花芽在不同枝龄上的分布具有明显差异，其中东兴金花茶花芽主要着生于1年生枝条，占总花芽数的80.06%，部分着生于2年生枝条，占总花芽数的15.01%，少数着生于3年生、4年生枝条；长尾毛蕊茶花芽主要着生于1年生枝条，占总花芽数的89.06%，少量着生于2年生枝条，极少数着生于3年生、4年生枝条（图15-1）。

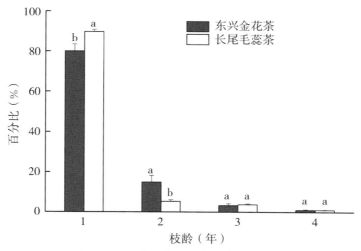

注：同组不同小写字母表示差异显著，$P < 0.05$。下同。

图15-1 东兴金花茶和长尾毛蕊茶不同枝龄的花芽分布

不同物候期东兴金花茶和长尾毛蕊茶败育率具有显著性差异（$P < 0.05$），芽期败育率低，花期和果期的败育率高。东兴金花茶花期和果期的败育率分别为57.77% 和50.38%，长尾毛蕊茶花期和果期的败育率分别为50.39% 和24.42%（图15-2）。东兴金花茶的芽期、花期和果期败育率均高于长尾毛蕊茶，可见东兴金花茶的生殖成功率远低于长尾毛蕊茶。

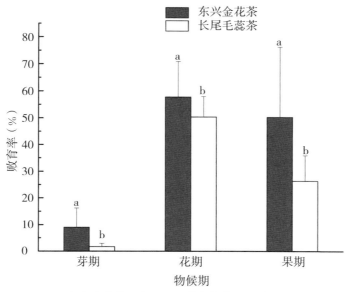

图15-2 东兴金花茶和长尾毛蕊茶物候期不同阶段的败育率

15.2.2 繁育系统类型分析

1. 杂交指数的估算

东兴金花茶花口径为 4.00 ± 0.28 cm，单花直径＞6 mm，记为 3；花药开始散粉时部分柱头具有可授性，雌蕊和雄蕊几乎同时成熟，记为 0；刚开花时柱头和花药齐平，开花后期柱头高出花药，柱头与花药可能接触记为 0，不可能接触记为 1；因此东兴金花茶的 OCI 为 3 或 4。根据 Dafni 等（1983）的标准，东兴金花茶的繁殖方式为兼性异交类型或异交，部分自交亲和，需要传粉者。长尾毛蕊茶花口径为 1.87 ± 0.43 cm，单花直径＞6 mm，记为 3；花药开始散粉时部分柱头具有可授性，雌蕊和雄蕊几乎同时成熟或雌蕊先熟，记为 0；开花时柱头先与花药齐平后高出花药，可能接触记为 0，不可能接触记为 1；因此长尾毛蕊茶的 OCI 为 3 或 4。根据 Dafni 等（1983）的标准，长尾毛蕊茶的繁殖方式为兼性异交类型或异交，部分自交亲和，需要传粉者。

2. 花粉与胚珠比

东兴金花茶单花花粉量为 2741666.67 ± 318583.38，胚珠数为 5.7 ± 0.95，P/O 为 480994.15，根据 Cruden（1977）的标准，该物种的繁育系统属于专性异交。长尾毛蕊茶的单花花粉量为 42266.67 ± 7107.90，胚珠数为 3.00 ± 1.34，则 P/O 为 14088.89，在 2108.0~195525.0 范围内，根据 Cruden（1977）的标准，该物种的繁育系统属于专性异交。

3. 人工授粉套袋试验

东兴金花茶和长尾毛蕊茶人工套袋试验结果见表 15-3。东兴金花茶和长尾毛蕊茶去雄套袋后结实率为 0，说明它们均不存在无融合生殖现象。野生居群中东兴金花茶自花授粉及同株异花授粉结实率仅为 3.13% 和 3.33%，表明东兴金花茶自交亲和性很低，结实需要传粉者；异株异花授粉的结实率高于同株异花授粉，表明东兴金花茶主要通过异株异花传粉进行有性生殖，其繁育系统类型为异交，需要传粉者。自然条件下东兴金花茶结实率（6.67%）大大低于异株异花授粉（15.00%），表明东兴金花茶的结实受到花粉限制，传粉者不足是东兴金花茶结实率低的重要原因。长尾毛蕊茶自花授粉结实率为 18.70%，说明其存在自主自花授粉现象；野生居群在自然条件下结实率高达 42.45%，甚至还高于异株异花授粉（37.00%），表明长尾毛蕊茶自交亲和性高，需要传粉者，其结实不受花粉限制。东兴金花茶栽培居群各处理的结实率与野生居群相差不大。栽培居群长尾毛蕊茶相同处理中的结实率低于野生居群，原因可能是长尾毛蕊茶开花期间，桂林正处于寒冬时节，加上长期的阴雨天气，使长尾毛蕊茶栽培居群的结实率远低于野生居群。相同生境中东兴金花茶的结实率普遍低于长尾毛蕊茶。

表15-3　东兴金花茶和长尾毛蕊茶不同生境下人工套袋试验结果

处理方式	花朵数				果实数				结实率（%）			
	A	B	C	D	A	B	C	D	A	B	C	D
不去雄，不套袋，自然授粉	150	318	150	30	10	135	13	10	6.67	42.45	8.67	33.33
不去雄，套袋，自然自花授粉	32	123	40	30	1	23	1	2	3.13	18.70	2.50	6.67
去雄，套袋，同株异花授粉	30	100	40	30	1	28	3	5	3.33	28.00	7.50	16.67
去雄，套袋，异株异花授粉	40	100	40	30	6	37	5	7	15.00	37.00	17.50	23.33
去雄，套袋，不授粉	40	100	46	50	0	0	0	0	0.00	0.00	0.00	0.00

注：A为东兴金花茶野生居群，B为长尾毛蕊茶野生居群，C为东兴金花茶栽培居群，D为长尾毛蕊茶栽培居群。

15.2.3　花部特征及开花进程

1. 花部特征

东兴金花茶花两性；苞片5～6枚，分散在花梗上；萼片5枚，近圆形，长3～5 mm，宽2～5 mm，背面有毛；花瓣5～7片，基部连合2～4 mm，倒卵形，金黄色，长1～2 cm，宽2～3 cm，无毛，开花直径3～5 cm；雄蕊长1.3～2.2 cm，花药150～200枚，长0.18～0.33 mm，分4～5列，花丝长1.8～2 cm，外轮基部连生，无毛；花柱3～4枚，离生，长2.2～2.5 cm，柱头与花药齐平或高出花药3～7 mm，子房近球形，直径2.2～2.3 mm，3～4室，胚珠5～12个。

长尾毛蕊茶花两性；苞片3～5枚，分散在花梗上，卵形，长1～2 mm，有毛，宿存；花萼杯状，萼片5～6枚，近圆形，长2～3 mm，有毛，宿存；花瓣5～6片，白色，长1～3 cm，宽0.8～1.2 cm，外侧有灰色短柔毛，基部2～3 mm，彼此相连合且与雄蕊连生，最外1～2片稍呈革质，内侧3～4片倒卵形，先端圆，开花直径0.8～2.5 cm；雄蕊长1～1.3 cm，花药28～46枚，长0.1～0.12 mm，花丝长6～8 mm，有毛；花柱3～4枚，离生，长0.8～1.3 cm，有灰色毛，先端3浅裂，子房近球形，有茸毛，直径 1.2 ～ 2.2 mm，1室，胚珠 3 ～ 5 个。

2. 开花进程

东兴金花茶单花期一般为 3 ～ 5 d，开花进程可分为 4 个阶段。始花期（图 15-3A）花蕾膨大，花瓣逐渐松动，顶端裂开，出现"小口"并可见雄蕊，花形呈钟状；盛花期（图 15-3B）花朵继续开放，花瓣向外伸展，花药裂开散发花粉，花形呈伞状；末花期（图 15-3C）花瓣向外平展，尖端反卷，有萎蔫迹象，花药散粉完毕，呈干瘪状，柱头淡黄色，有少量花粉附着；凋谢期（图 15-3 d）花朵开始凋落，花瓣连同花丝一同脱落，萼片宿存并包裹子房，柱头外露。东兴金花茶花朵开放时，一般开口朝下，花瓣基部分泌黏液。花朵全天均可开放，花柱和花丝在花期伸长不明显，柱头位置与花药齐平或高出花药 3 ～ 7 mm。部分花药于开花前或花朵开放时开裂散粉，开花后 6 h 全部花药散粉，12 h 后达到散粉盛期，2 ～ 3 d 后进入散粉末期。柱头淡黄色，无毛，花瓣脱落后才逐渐萎蔫变褐。花朵开放期间无明显气味，花瓣基部分泌的黏液有甜度。

A.始花期；B.盛花期；C.末花期；D.凋谢期

图15-3 东兴金花茶开花进程

长尾毛蕊茶的开花进程同东兴金花茶相似，亦可分为始花期、盛花期、末花期和凋谢期 4 个阶段（图 15-4）。长尾毛蕊茶花朵开放时，开口随花蕾朝向位置，基本不发生改变，花瓣基部分泌少量黏液。花朵全天可开放，花丝在花期伸长不明显，花柱在花期明显伸长，花朵开放前，花柱与花丝等长，花朵开放时，花柱长于花丝，柱头位置明显高出花药位置。大部分花药于开花前或花朵开放时开裂散粉，开花后 4 h 后全部花药散粉，8 h 达到散粉高峰期，野生居群 1 ～ 2 d 后进入散粉末期，栽培居群 3 ～ 4 d 后进入散粉末期。柱头白色，有毛，花瓣脱落后才逐渐萎蔫变褐。花朵开放期间无明显气味，花瓣基部分泌的黏液甜度较高。

A.始花期；B.盛花期；C.末花期；D.凋谢期

图15-4 长尾毛蕊茶开花进程

3. 花部特征对传粉昆虫的招引作用

被子植物在进化过程中，花部形态不断进化成适应物种生存和繁殖的花部特征，花瓣、雄蕊和花蜜是被子植物重要的花部特征，对依靠昆虫进行传粉的植物具有重要意义，不同的花部特征对传粉昆虫的吸引作用存在差异。去掉不同花部特征后东兴金花茶中的被访频率高低依次为去除花蜜＞去掉雄蕊＞去掉花瓣；长尾毛蕊茶中的被访频率高低依次为去掉雄蕊＞去除花蜜＞去掉花瓣（图15-5）。东兴金花茶花部特征对传粉昆虫的吸引力大小依次为花瓣＞雄蕊＞花蜜；长尾毛蕊茶花瓣花部特征对传粉昆虫的吸引力分别为花瓣＞花蜜＞雄蕊；花瓣对东兴金花茶和长尾毛蕊茶的传粉昆虫均具有显著的吸引力，花蜜对东兴金花茶传粉昆虫的吸引力最小，雄蕊对长尾毛蕊茶传粉昆虫的吸引力最小。

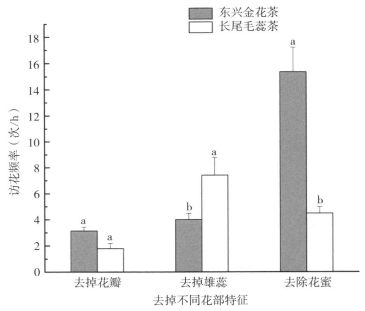

图15-5　东兴金花茶和长尾毛蕊茶不同花部特征对传粉昆虫的招引作用

15.2.4 传粉昆虫的访花效率

东兴金花茶和长尾毛蕊茶均为虫媒花，需要传粉昆虫。检测传粉昆虫访花 1 次、3 次、5 次、15 次后的结实率，一方面可以判断传粉昆虫的传粉行为是否有效，另一方面可以检测被访植物生殖成功所需的访花次数。检测东兴金花茶和长尾毛蕊茶传粉者进行不同次数访花后的结实率对揭示其传粉者传粉效率和生殖成功具有重要意义。

东兴金花茶和长尾毛蕊茶不同生境中的结实率见图 15-6，相同访花次数下 2 个物种的野生居群和栽培居群的结实率没有显著差异（$P > 0.05$），相同生境中相同访花次数下长尾毛蕊茶的结实率高于东兴金花茶。2 个物种的结实率均随访花次数的增加而增加，表明传粉昆虫的传粉行为有效。东兴金花茶野生居群在传粉昆虫访花 1 次、3 次时结实率为 0，在 5 次时结实率为 10%，在 15 次时结实率为 30%；栽培居群在传粉昆虫访花 1 次时结实率为 0，访花 3 次、5 次、15 次时结实率分别为 20%、20%、30%；可见东兴金花茶生殖成功需要传粉者，结实率与传粉昆虫的访花次数有关，访花次数增加，结实率相对增加。相同访花次数下长尾毛蕊茶野生居群的结实率高于栽培居群，相同生境中长尾毛蕊茶的结实率随访花次数的增加而升高，在访花次数达到

15 次时结实率达到最高值，可见增加传粉者的有效访花次数可以提高长尾毛蕊茶的结实率。

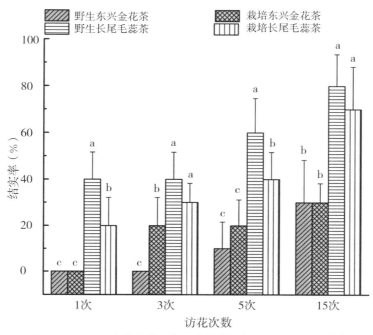

图15-6　不同访花次数下东兴金花茶和长尾毛蕊茶的结实率

15.2.5 传粉者的访花行为和访花频率

东兴金花茶野生居群和栽培居群的主要传粉者为蜜蜂。蜜蜂虫体密被体毛，易附着花粉，足部的采集器可附着大量花粉，主要取食花粉和花蜜。东兴金花茶传粉者的访花行为见图 15-7A，由于东兴金花茶泌蜜部位在花瓣基部，吸食花蜜时，蜜蜂的整个身体钻入花中，大量花粉附其身。蜜蜂在一朵花上的停留时间一般为 10 ～ 20 s，短的只有数秒，长的可达数分钟，这与花朵所处的开花阶段有关，若花朵处于盛花期，则蜜蜂在花上停留的时间较长，最长可达 6 min，若花朵进入末花期，花粉量很少，则蜜蜂很少访问，即使访问，停留时间亦很短，只有 1 ～ 2 s。

长尾毛蕊茶野生居群的主要传粉者为蜜蜂。栽培居群的主要传粉昆虫为蜜蜂，此外还发现鸟类 1 种、蛾类 1 种，但经过观察发现，后两者均不接触花粉，为无效传粉者。长尾毛蕊茶泌蜜部位在花瓣基部，蜜蜂吸食花蜜时整个身体钻入花朵中，此时大量花粉附于其身，由于花瓣基部分泌的黏液较少，蜜蜂会用更长的时间采集花粉，明显可见其足部的两个采集器沾满了采集的花粉（图 15-7B）。蜜蜂在长尾毛蕊茶野生居群一朵花上停留的时间较短，通常在 30 s 以下，主要与其野生居群花朵小而花蜜分泌少有关，栽培居群花朵处于盛花期时蜜蜂在一朵花停留的时间较长，一般在 30～40 s，有的累计长达 5 min，这与花朵本身的开花状态及花粉和花蜜分泌有关，花朵开放直径大且花粉散粉量大的更能吸引蜜蜂进行访花。与东兴金花茶的明显不同之处在于长尾毛蕊茶的传粉者访花后足部采集器会携带花粉粒，而东兴金花茶的传粉者无此现象。

A. 东兴金花茶传粉者；B. 长尾毛蕊茶传粉者

图15-7　东兴金花茶和长尾毛蕊茶传粉者活动

东兴金花茶野生居群及栽培居群的传粉者访花频率均高于长尾毛蕊茶，两种生境中蜜蜂对东兴金花茶及长尾毛蕊茶的访花频率均存在较大差异（图15-8）。10：00之前，由于温度低，湿度大，东兴金花茶野生居群中蜜蜂的访花频率低，10：00之后，温度开始升高，蜜蜂活动逐渐增加，访花频率升高，第一个访花高峰期为10：00～11：00，访花频率为 13.45 次 /h，第二个访花高峰期为 13：00～15：00，访花频率为 10.33 次 /h，16：00 过后访花频率降低；栽培居群所处环境的早晚温度较低，传粉者的活动较少，在 13：00 访花频率才达到高峰期，平均访花频率为 9.8 次 /h，16：00 后访花频率大幅度降低。长尾毛蕊茶野生居群及栽培居群访花频率变化趋势基本一致，访花高峰期均集中在 8：00～10：00，平均访花频率分别为 1.03 次 /h 和 1.73 次 /h，从 11：00 后访花次数明显降低；栽培居群的访花频率高于野生居群，原因可能是栽培居群开花数量多，单花期长，花朵大，泌蜜量大，能吸引更多的传粉者。此外，天气状况对东兴金花茶和长尾毛蕊茶两个生境的传粉者的访花行为均有较大影响，雨天和低温阴天极少见到传粉者访花。

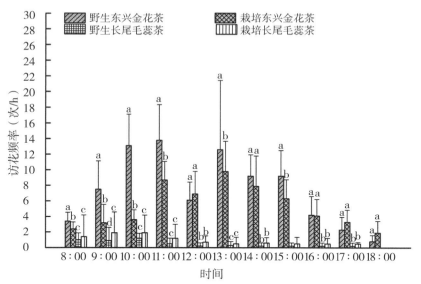

图15-8　不同生境下东兴金花茶和长尾毛蕊茶传粉昆虫的访花频率

15.2.6 花蜜分泌节律

东兴金花茶和长尾毛蕊茶花蜜分泌日变化见图15-9，东兴金花茶的花蜜体积明显大于长尾毛蕊茶，其花蜜分泌随时间推进呈现递增的趋势，10：00～16：00泌蜜量最大，此时是东兴金花茶传粉昆虫访花高峰期，在16：00之后花蜜体积基本上保持在一个稳定值；长尾毛蕊茶花蜜在8：00～12：00呈现递增趋势，12：00～14：00泌蜜量缓慢增大，于14：00达到最大，之后泌蜜量开始减小。

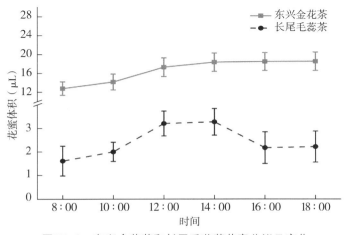

图15-9　东兴金花茶和长尾毛蕊茶花蜜分泌日变化

花蜜分泌日变化与访花频率日变化的相关性分析见图 15-10。东兴金花茶和长尾毛蕊茶在 18：00 左右这个时间段的访花频率均较低，因此在分析相关性时舍去这部分数据。结果表明东兴金花茶的花蜜分泌日变化与访花频率日变化呈极显著相关（R^2=0.96，P=0.01，图 15-10A），长尾毛蕊茶的花蜜分泌日变化与访花频率不具显著相关性（R^2=0.25，P=0.68，图 15-10B）。

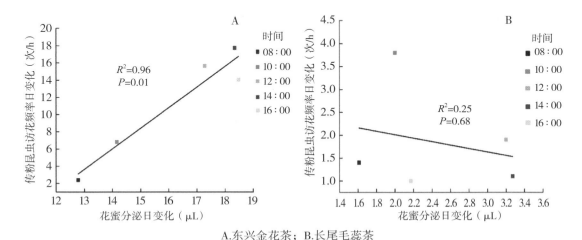

A.东兴金花茶；B.长尾毛蕊茶

图15-10　东兴金花茶和长尾毛蕊茶的花蜜分泌与访花频率的关系

东兴金花茶和长尾毛蕊茶的单花期花蜜分泌体积变化见图 15-11A。东兴金花茶的泌蜜量增大趋势明显，长尾毛蕊茶的增大趋势则比较平缓。单花期泌蜜量的结果显示，东兴金花茶和长尾毛蕊茶花蜜分泌总体积在单花期最后一天达到最大值，分别为 47.43 μL 和 8.64 μL。从曲线增长幅度来看日均花蜜分泌体积增长量，东兴金花茶开花第 3 d 时花蜜分泌体积增长量最大，为 19.74 μL，长尾毛蕊茶在开花第 2 d 花蜜分泌体积增长量最大，为 6.86 μL。从花蜜分泌总体积看，东兴金花茶分泌的花蜜体积远大于长尾毛蕊茶，且东兴金花茶在整个单花期能持续分泌较多的花蜜，长尾毛蕊茶主要在开花前 2 d 内分泌其大部分花蜜，开花 2 d 后泌蜜量基本不再增长。

单花期东兴金花茶和长尾毛蕊茶花蜜含糖量变化见图 15-11B，东兴金花茶和长尾毛蕊茶花蜜含糖量随开花天数的推进呈现上升的趋势，在开花前 3 d 内花蜜含糖量增长最明显，长尾毛蕊茶花蜜含糖量高于东兴金花茶，其最大值为 18.37%，东兴金花茶花蜜含糖量最高可达 16.68%。

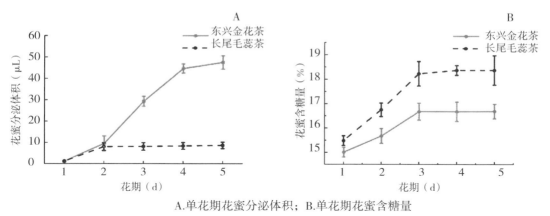

A.单花期花蜜分泌体积；B.单花期花蜜含糖量

图15-11　东兴金花茶和长尾毛蕊茶单花期花蜜分泌体积及含糖量变化

15.2.7 花粉活力及柱头可授性

东兴金花茶和长尾毛蕊茶的花粉活力和柱头可授性见表15-4。东兴金花茶花瓣展开，花药暴露于空气中，数小时后即开始散粉，此时花粉即具有活力，开花1 d内的花粉活力最高，为57.87%，此后花粉活力逐渐下降，至第4 d，花粉活力与脱落花朵的活力相近，为0.41%。开花后4 h～4 d，柱头都具有可授性，12 h～2 d可授性最强。长尾毛蕊茶花瓣完全展开或部分展开后，花药暴露于空气中，2 h后开始散粉，此时花粉已具有活力，开花12 h花粉活力最高，为86.26%，此后花粉渐渐变灰褐色，花粉活力逐渐下降，开花第3 d后花粉基本无活力，仅为0.57%；开花后2 h～3 d长尾毛蕊茶柱头具有可授性，开花1 d可授性最强。东兴金花茶和长尾毛蕊茶花药散粉和柱头可授期并不存在明显的时间分离，为雌雄同熟或雌蕊先熟。

表15-4　花粉活力和柱头可授性

时间	花粉活力（%）		柱头可授性	
	东兴金花茶	长尾毛蕊茶	东兴金花茶	长尾毛蕊茶
2 h	0.00	5.78	－	－/+
4 h	18.14	75.46	++	++
8 h	27.51	85.24	++	++
12 h	47.64	86.26	+++	+++
24 h	57.87	67.87	+++	+++
48 h	32.62	22.67	+++	++

续表

时间	花粉活力（%）		柱头可授性	
	东兴金花茶	长尾毛蕊茶	东兴金花茶	长尾毛蕊茶
72 h	18.25	0.57	−/+	−/+
96 h	0.41	0.01	−/+	−

注："−"表示柱头不具有可授性；"−/+"表示部分柱头具有可授性，部分柱头不具有可授性；"+"表示柱头具有可授性；"++"表示柱头具有较强可授性；"+++"表示柱头具有最强可授性。

15.3 结论与讨论

15.3.1 开花物候与生殖构件比较分析

开花物候是植物物候观测的关键部分，标志着植物进入有性生活史阶段（Dafni，1997；魏雅君 等，2016）。东兴金花茶和长尾毛蕊茶野生居群在高温多湿的亚热带季风气候中，对热量和水分的要求较高，引种到桂林市雁山区后，其水热条件比原生境差，东兴金花茶花期比野生居群推迟了1个月左右，长尾毛蕊茶花期推迟了接近3个月。东兴金花茶和长尾毛蕊茶的单花寿命差异较大，东兴金花茶的单花寿命在3～5 d，比长尾毛蕊茶的长。长尾毛蕊茶在两种不同生境中单花寿命存在显著性差异，野生居群的单花寿命在1～3 d，栽培居群的单花寿命在3～5 d；东兴金花茶和长尾毛蕊茶的单花寿命与开花期间的环境条件有关，在低温阴天时，东兴金花茶和长尾毛蕊茶的单花寿命相对较长，但在大雨天气，东兴金花茶和长尾毛蕊茶单花寿命大大缩短，大雨天气会加速东兴金花茶和长尾毛蕊茶花朵脱落。东兴金花茶和长尾毛蕊茶单株始花日期差异较大，主要受其自身遗传因素和生长状况影响，若其枝繁叶茂，生长旺盛，则开花期相应提前，反之则延迟；野外调查发现，阳光充足处的长尾毛蕊茶植株开花时间早于其他生境下的植株。东兴金花茶和长尾毛蕊茶花期差异大，东兴金花茶野生居群花期在2月底至3月底，栽培居群的花期在3月下旬至4月下旬，长尾毛蕊茶野生居群花期为10月中旬至翌年1月上旬，栽培居群花期为12月下旬至翌年3月上旬。开花期间两地的温度存在较大差异，当开花期间温度上升，则居群花期相应提前，当碰上寒冷阴天及连续大雨天气时花期相对推后；东兴金花茶和长尾毛蕊茶成年开花植株的高度也不一样，东兴金花茶开花植株平均高度为3 m，长尾毛蕊茶开花植株平均高度大于 5 m。可见，温度和遗传因子是影响东兴金花茶开花物候的主要因子，温度、光照和遗传是影响长尾毛蕊茶开花物候的主要因子。

每种植物的生殖构件都有一定的分布格局和数量动态变化，物种的生殖构件分布主要受自身遗传物质和外部环境影响（Hendry et al., 2005）。东兴金花茶和长尾毛蕊茶均为木本植物，需要经历一定的营养生长阶段，积累一定的营养物质，方能进行生殖生长，东兴金花茶从营养生长进入生殖生长一般要经历 6～8 年。生殖构件特征表明，东兴金花茶的生殖生长弱于长尾毛蕊茶的生殖生长。东兴金花茶和长尾毛蕊茶不同时期生殖构件的败育率的结果表明，东兴金花茶的生殖成功率低（自然条件下东兴金花茶野生居群的结实率仅为 6.67%，而长尾毛蕊茶野生居群自然条件下的结实率高达 42.5%）。可见，与伴生种长尾毛蕊茶相比，东兴金花茶的生殖构件数量少，花果期败育率高，结实率低，导致繁殖系数低，这是东兴金花茶濒危的重要原因。

15.3.2 繁育系统分析

研究珍稀濒危植物的繁育系统，有利于我们根据其繁育系统解决其生殖上存在的障碍，从而保护濒危物种。植物的繁育系统多种多样，自交亲和性增加物种的近交优势，近交衰退则会使物种的近交优势减少；远交型植物需要付出比近交更高的生殖成本才能取得生殖成功，其间也会受到许多外界因素的影响；一般近交衰退的物种如果远交能力也差，则极有可能成为濒危物种。因而物种为了生存，很少存在绝对的自交或异交的植物，植物大多在进化的过程中形成两者兼并的兼性异交繁殖模式，如侧金盏花（*Adonis amurensis*）、簇枝补血草（*Limonium chrysocomum*）、短莛飞蓬（*Erigeron breviscapus*）及滇丁香（*Luculia pinceana*）等属于兼性异交繁育系统（孙颖 等，2015；徐小圆，2014；李林玉，2014；马宏 等，2009）。植物的繁育系统是植物花部特征长期适应的进化结果，除兼性异交外，自然界还存在一部分专性异交的植物。异交类型植物的花部通常具有区别于自交的独特性状（李鹏 等，2011）。野外试验观察发现长尾毛蕊茶的花朵颜色不显眼、泌蜜量小、单花期短，不具备吸引大量传粉者的能力，但其种群花期长，同花期开花植物少，使其具备吸引部分传粉者的能力。从 OCI 来看，长尾毛蕊茶的繁育系统属于兼性异交，具有自交亲和性，需要传粉者；从 P/O 来看，长尾毛蕊茶的繁育类型属于专性异交；从套袋试验来看，长尾毛蕊茶在自主自花授粉下部分能结果，说明其具有自交亲和性，长尾毛蕊茶在自然状态下的结实率高于自主自花授粉和同株异花授粉，异株异花授粉结实率高于同株异花授粉，说明长尾毛蕊茶有时需要传粉者；综合 OCI、P/O 及套袋试验可知长尾毛蕊茶的繁育系统类型为兼性异交，具有自交亲和性，有时需要传粉者。东兴金花茶具有鲜艳的花朵、泌蜜量大的蜜腺及花粉粒多等特点促进其异交的产生，其 OCI 为 3 或 4，证实具有异交特性。OCI 及 P/O 表明东兴金花茶的繁育类型为异交，套袋试验中自花授粉结实率极低，说明东兴金花茶生殖过程需要传粉者参与。综合 OCI、P/O 及套袋试验结果可知东兴金花茶的繁育系统类型为兼性异交，部分自交亲和，需要传粉者。由此可知，东兴金花茶和长尾毛蕊茶繁育系统均为兼性异交，都需要传粉者，但长尾毛蕊茶在生殖上更具优势，因其自交亲和性较高，且在自然状态下结实率高。

15.3.3 花部特征与传粉者比较分析

东兴金花茶最明显的花部特征在于花大而颜色鲜艳，泌蜜量大，同时属于开放式花，雄蕊花药数量多且散粉量大，这些特征均与访花者的来访具有密切关系，能吸引多种传粉者进行访问。长尾毛蕊茶开白色小花，与东兴金花茶差异最大的特征是雄蕊及雌蕊柱头有茸毛，能沾住花粉并使其萌发产生花粉管。虫媒植物进化的过程中，传粉者框定了其特有的花部形态结构的进化；花朵的数量、形态特征及花期是吸引传粉者的外部因素，同时花部形态是适应传粉者的进化结果（黄双全 等，2000）。这方面在东兴金花茶和长尾毛蕊茶不同的花部形态中均有体现，东兴金花茶的花朵大，能同时吸引多种传粉昆虫进行访问，提高传粉效率，长尾毛蕊茶花柱及柱头上有茸毛，能有效地沾住花粉，对传粉有着积极意义。花瓣颜色是能否吸引到传粉者的重要因素，因为花的颜色能最直接地给不同的传粉者传递信号（Martha et al.，1991），这在东兴金花茶和长尾毛蕊茶不同花部特征对传粉昆虫的吸引作用中可以体现，东兴金花茶花色为黄色，颜色鲜明，去掉花瓣后传粉者的访花频率明显降低；长尾毛蕊茶的花色为白色，在密林中吸引到的传粉者比东兴金花茶少。

花部分泌的花蜜对传粉昆虫的传粉行为具有促进或抑制的作用，目前认为花蜜成分是植物为了提高自身繁殖适合度在吸引传粉者、驱避盗蜜者、保护花蜜免受微生物侵染等生态功能上的折中进化，花蜜是传粉者进行访花和传粉的内在关键因素（卿卓 等，2014）。花蜜作为传粉者最普遍的食物报酬，含有丰富的营养物质如糖类、氨基酸和蛋白质等，可以补偿访花者付出的能量消耗（Heinrich et al.，1972）。东兴金花茶产生并积累的大量花蜜对有能量需求的传粉者产生巨大吸引力，长尾毛蕊茶不能产生大量的花蜜，不具备吸引大量传粉者的能力，但其花蜜的高含糖量补偿了传粉者进行访花时付出的能量消耗；东兴金花茶开花时花口朝下开放且花蜜分泌场所在花瓣基部，外轮花丝基部连生，长尾毛蕊茶开花时基部彼此相连合且和雄蕊连生，两者均能最大限度减少外部环境对花蜜的干扰。

东兴金花茶和长尾毛蕊茶主要有效传粉者均为蜜蜂，但其访花频率不同。东兴金花茶的访花高峰期时间较长，访花高峰期后仍有部分传粉者进行访花；长尾毛蕊茶的访花高峰期时间较短，访花高峰期过后，基本没有传粉者进行访花。访花频率的差异主要与2个物种的花部特征有关，东兴金花茶的花部特征显示其能吸引大量的传粉者，传粉者活动能够提高其传粉效率，增加其繁殖成功的可能性，但传粉者的传粉效率表明东兴金花茶的繁殖成功需要传粉者较高频次地访花，在自然状态下东兴金花茶的生境中缺少有效的访花者，这也是东兴金花茶结实率低的原因之一。长尾毛蕊茶虽然没有明显的花部特征能吸引大量的传粉者进行访花，但其柱头和花柱上有茸毛，能有效地沾住花粉，从而提高生殖成功率。

15.3.4 花粉活力与柱头可授性的比较分析

花粉保持受精的能力叫花粉活力，影响花粉活力的因素有很多，花粉的不同品种是影响花粉活力的内因，采集花粉的时间是影响花粉活力的重要外因（Dafni，1992）。植物的传粉过程，需要将具有活力的花粉传到具有可授性的接受柱头，花粉进行有效传粉的能力是植物实现其雄性功能的一个重要保证。花粉活力被认为是花粉质量的一个重要参数，花粉活力持续时间的长短和柱头可授性的持续时间结合在一起，影响着开花不同阶段的传粉成功率（魏雅君 等，2016）。东兴金花茶在开花后12 h～2 d内花粉能保持较高的花粉活力（30%以上），柱头可授性在开花后12 h～2 d内保持较强的可授性；长尾毛蕊茶在开花后4 h～1 d内保持较高的花粉活力（67.87%以上），柱头在开花后12 h～1 d内可授性最强。东兴金花茶保持高花粉活力和高柱头可授性的重叠时间长于长尾毛蕊茶，但东兴金花茶的花粉活力普遍低于长尾毛蕊茶，可见花粉活力可能是影响东兴金花茶传粉效率的一个关键因素。

第十六章
四季花金花茶的开花泌蜜规律与传粉生物学特性

16.1 材料与方法

16.1.1 研究区概况

2021 ～ 2022 年，在广西桂林市雁山区桂林植物园（25°4′N，110°18′E）开展试验。四季花金花茶为引种栽培的成年植株，15 ～ 20 年生，长势良好。桂林属中亚热带季风气候区，春季阴雨连绵，夏季炎热潮湿，秋季天气晴朗、阳光充足，冬季短而温和。年均气温为 19.12℃，年降水量为 1890 mm 左右，年均日照时数 1487.3 h（表 16-1）。群落上层乔木树种主要有马尾松、半枫荷（*Semiliquidambar cathayensis*）、构树（*Broussonetia papyrifera*）、中华杜英（*Elaeocarpus chinensis*）等。传粉者观测、花蜜产量及分泌节律研究分别在夏花期（6 月）和冬花期（1 月）进行，花蜜中糖和氨基酸成分研究在夏花期（6 月）进行。

表16-1　2021~2022年桂林市雁山区气象因子

气象因子	春季			夏季			秋季			冬季		
	3月	4月	5月	6月	7月	8月	9月	10月	11月	12月	1月	2月
平均最高气温（℃）	16.9	23.2	27.5	30.5	32.7	33.0	30.6	25.9	20.5	15.1	11.6	13.3
平均最低气温（℃）	10.8	16.1	20.1	23.5	24.9	24.7	22.2	17.7	12.5	7.4	5.7	7.6
平均气温（℃）	13.3	19.0	23.3	26.4	28.2	28.2	25.6	21.1	15.8	10.6	8.1	9.9
平均降水量（mm）	136.9	217.8	324.5	395.2	232.2	147.4	82.2	66.8	73.1	46.8	65.7	99.2
平均日照时数（h）	51.6	72.6	109.5	131.1	199.4	204.1	193.4	157.1	134.4	117.2	66.9	50.0

16.1.2 研究方法

1. 花蜜糖成分及含量的测定

仪器设备：高效液相色谱仪（Thermo UltiMate 3000）、舜宇恒平仪器（JA3003）、优普系列超纯水机（ULPHW-111）。

色谱条件和 ELSD 参数：色谱柱（Agilent-NH2，4.6 mm×250 mm，5 μm），流动相为乙腈和水。流速 1.0 mL/min，柱温 40 ℃，进样量 20 μL。雾化管温度 36 ℃，增益值 100，漂移管温度 80 ℃，氮气压力 50 psi，示差折光检测器温度 40 ℃。

样品溶液的制备及测定：参照李左栋等（2006）的方法，用毛细管分别在花朵始花期（开花 1 d）、盛花期（开花 2～3 d）、末花期（开花 4～5 d）进行采集，将采集的花蜜分别放置于 2 mL 离心管中，在 –20 ℃冰箱中保存。精密称取混匀后的花蜜试样 1 g 放入 50 mL 容量瓶，加水定容至 50 mL，充分摇匀后，用干燥滤纸过滤，弃去初滤液，后续滤液用孔径 0.45 μm 的微孔滤膜过滤至样品瓶，等体积进样，供液相色谱分析。

2. 花蜜氨基酸成分及含量的测定

参照李群等（2011）的方法，采用日立 L-8900 氨基酸分析仪对盛花期花朵的花蜜氨基酸成分及含量进行测定。

3. 泌蜜量和糖浓度的测定

在 10 株四季花金花茶植株上各标记 10 朵花，花未开放前用纱网袋提前套袋，记录每朵花的开放时间，从花朵刚刚开放，夏花期至第 5 d（花落），冬花期至第 7 d，每次采集 10 朵花（毁坏式采集），收集花蜜，测量其花蜜的体积和糖浓度，并记录当日的温度及湿度。（夏花期从 2021 年 6 月 15 日至 6 月 20 日，依次标序号为 0 d、1 d、2 d、3 d、4 d、5 d；冬花期从 2022 年 1 月 12 日至 1 月 19 日，依次标序号为 0 d、1 d、2 d、3 d、4 d、5 d、6 d、7 d）。

4. 花蜜分泌节律和糖浓度的测定

在 10 株四季花金花茶植株上各标记 10 朵花，花未开放前用纱网袋提前套袋，待花朵于早上刚刚开放时用毛细管测量泌蜜量，当日每隔 4 h 测定 1 次，直至 16：00，翌日 8：00、12：00、16：00 依次测定，夏花期和冬花期盛花期连续 3 d 对四季花金花茶单花花蜜分泌节律和糖浓度进行测量。

5. 不同花期访花者种类及其活动规律

在夏花期和冬花期，选 4～5 d 对四季花金花茶的访花者种类和访花行为进行观测，并拍照记录。随机标记 5 株植株上的 4～6 朵花，每天 8∶00～18∶00，以每 1 h 为一个统计单位，记录各种访花昆虫的访花行为、访花频率和停留时间。

16.1.3 数据统计与分析

使用 SPSS 25.0 统计分析软件进行差异显著性分析（Duncan 法），用 Origin 2015 软件绘图。

16.2 结果与分析

16.2.1 花蜜糖成分及含量

从四季花金花茶花蜜的可溶性糖提取液中检测到果糖、葡萄糖和蔗糖，无麦芽糖（图 16-1）。四季花金花茶花蜜 3 种可溶性糖中，蔗糖含量最高（190 mg·g^{-1}），其次为葡萄糖（26.4 mg·g^{-1}），果糖含量较低（17 mg·g^{-1}）（图 16-2）。蔗糖在花朵盛花期含量最高，盛花期花朵蔗糖、葡萄糖和果糖含量分别占总含糖量的 87.5%、8.5% 和 4.0%。

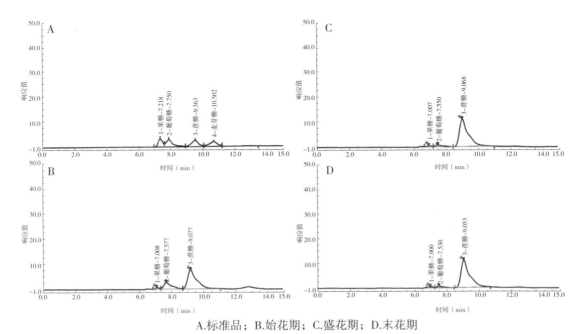

A.标准品；B.始花期；C.盛花期；D.末花期

图16-1 四季花金花茶不同开花状态下花蜜糖成分

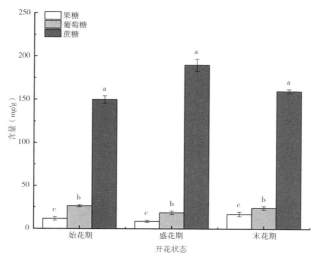

注：不同小写字母表示同一开花状态下各指标间差异显著，$P<0.05$。

图16-2　四季花金花茶不同开花状态下花蜜糖含量的变化

16.2.2 花蜜氨基酸成分及含量

由表16-2可知，四季花金花茶盛花期花蜜中含有18种氨基酸，其中谷氨酸含量最高（210 μg·mL^{-1}），色氨酸含量次之（190 μg·mL^{-1}），蛋氨酸含量最低（20 μg·mL^{-1}），氨基酸总量为1317 μg·mL^{-1}。

表16-2　四季花金花茶花蜜中氨基酸成分及含量

序号	氨基酸种类	含量（μg·mL^{-1}）
1	天冬氨酸 Asp	100
2	苏氨酸 Thr	51
3	丝氨酸 Ser	46
4	谷氨酸 Glu	210
5	甘氨酸 Gly	82
6	丙氨酸 Ala	52
7	半胱氨酸 Cys	90
8	缬氨酸 Val	63
9	蛋氨酸 Met	20
10	异亮氨酸 Ile	46
11	亮氨酸 Leu	76
12	酪氨酸 Tyr	37
13	苯丙氨酸 Phe	96

续表

序号	氨基酸种类	含量（μg·mL^{-1}）
14	赖氨酸 Lys	64
15	组氨酸 His	23
16	精氨酸 Arg	25
17	脯氨酸 Pro	46
18	色氨酸 Trp	190
19	氨基酸总量	1317

16.2.3 不同花期泌蜜量及糖浓度

四季花金花茶在不同季节花期均为开花前即开始分泌花蜜，夏花期开花第 1 d 泌蜜量最大，平均为 36.1±3 μL，单花泌蜜量平均为 129.14±4.48 μL（图 16–3）；花蜜糖浓度以开花后第 1 d 为最高，平均为（32.07±1.7）%，整个单花期平均糖浓度为（25.77±5.94）%（图 16–4）。冬花期开花第 2 d 泌蜜量最大，平均为 117.56±3.06 μL，单花泌蜜量平均为 453.66±4.67 μL；花蜜糖浓度以开花后第 7 d 为最高，平均为（42.16±8.19）%；整个单花期平均糖浓度为（29.12±10.13）%。

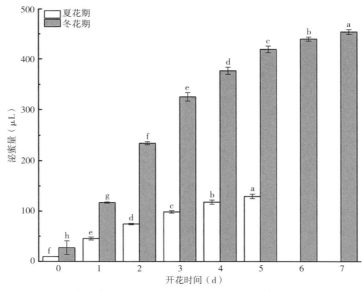

注：不同小写字母表示开花不同天数泌蜜量差异显著，$P < 0.05$。下同。

图16–3　四季花金花茶夏花期、冬花期开花不同天数泌蜜量

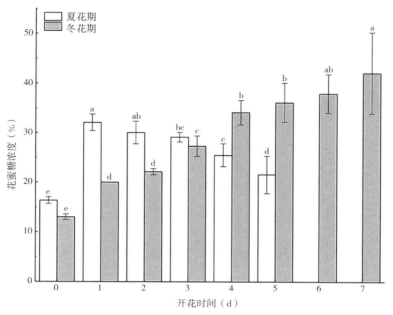

注：不同小写字母表示开花不同天数花蜜糖浓度差异显著，$P<0.05$。下同。

图16-4　四季花金花茶夏花期、冬花期开花不同天数花蜜糖浓度

16.2.4 不同花期花蜜分泌节律及糖浓度

四季花金花茶夏花期在开花当天 16：00 至翌日 8：00 花蜜分泌增长量最大，平均为 36.12 ± 0.72 μL；8：00 至 16：00 花蜜分泌较少，连续 3 d（8：00 ～ 16：00）泌蜜量平均为 4.73 ± 0.40 μL（图 16-5）。在开花当天 16：00 至翌日 8：00 花蜜糖浓度最低，平均为（14.96 ± 0.78）%，开花第 2 d 12：00 至 16：00 花蜜糖浓度最高，平均为（24.25 ± 0.43）%（图 16-6）。冬花期在开花第 2 d 16：00 至翌日 8：00 花蜜分泌增长量最大，平均为 110.8 ± 6.02 μL；8：00 至 16：00 花蜜分泌较少，连续 3 d（8：00 ～ 16：00）泌蜜量平均为 13.23 ± 0.87 μL。在花蕾刚萌动开放时花蜜糖浓度最低，平均为（13.3 ± 0.74）%，开花第 3 d 16：00 至翌日 8：00 花蜜糖浓度最高，平均为（31.8 ± 2.04）%。夏花期和冬花期在白天（8：00 ～ 16：00）分泌的花蜜相对较少，傍晚和夜间（16：00 ～翌日 8：00）分泌的花蜜较多。

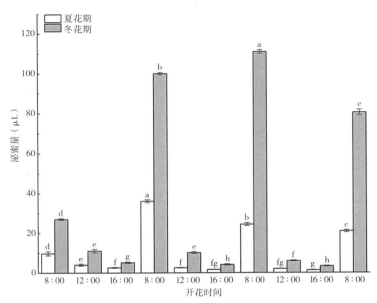

图16-5　四季花金花茶夏花期、冬花期开花后不同时间泌蜜量的日变化

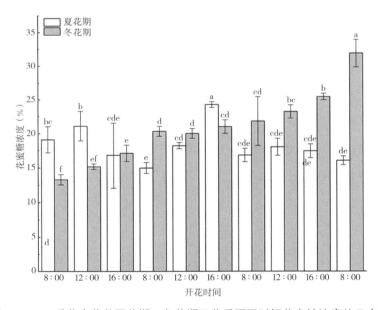

图16-6　四季花金花茶夏花期、冬花期开花后不同时间花蜜糖浓度的日变化

16.2.5 不同花期访花者种类及访花规律

在四季花金花茶夏花期、冬花期中，共发现 16 种访花者，其中鸟类 1 种、蜂类 4 种、蝇类 2 种、蝶类 2 种、甲虫类 2 种、其他 5 种（表 16-3）。夏花期有 16 种访

花者，初步判断传粉者有 9 种，分别为雀形目的叉尾太阳鸟（*Aethopyga christinae*），膜翅目中的中华蜜蜂（*Apis cerana ceraca*）、意大利蜂（*Apis mellifera ligustica*）、叉胸异腹胡蜂（*Parapolybia nodosa*）、蓝彩带蜂（*Nomia chalybeata*）、梅氏多刺蚁（*Polyrhachis illaudata*），双翅目的食蚜蝇（Syrphidae）、麻蝇（Sarcophaga），蜚蠊目的蟑螂（Blattodea）。其中叉尾太阳鸟、中华蜜蜂、意大利蜂、叉胸异腹胡蜂和蓝彩带蜂等 5 种为主要传粉者（图 16-7），以蜂类居多。冬花期有 3 种访花者，均为主要传粉者，分别为叉尾太阳鸟、中华蜜蜂和意大利蜂。夏花期蜂类传粉者访花频率高于冬花期，冬花期鸟类传粉者访花频率高于夏花期。

夏花期、冬花期主要传粉者访花规律：（1）夏花期叉尾太阳鸟通常在中午或下午访花，先飞到花朵旁的树枝上，或在空中短暂悬停，将长喙伸入花丝基部吸取花蜜，在每朵花上停留时间为 5～10 s，其长喙、头部沾满花粉，然后飞到另一朵吸取花蜜时，完成传粉作用。中华蜜蜂访花时先降落到雄蕊上吸取花粉，后足沾满花粉粒，其头部和身体伸入到雄蕊基部，用吸口器吸食花蜜，平均单花停留时间为 125 s，有时在单花停留时间超过 10 min，后爬出飞到另一朵花中，在起飞降落和取食过程中，花粉弹到其背部及身体上的绒毛，其过程中身体也会与柱头接触，完成传粉作用。意大利蜂访花行为与中华蜜蜂类似，平均单花停留时间为 117 s，有时在单花停留时间超过 5 min。叉胸异腹胡蜂通常在中午或下午访花，先飞到花瓣边缘，然后移动到雄蕊上，其头部伸入到雄蕊基部吸取花蜜，平均单花停留时间为 55 s，爬出时其尾部触碰雌蕊和雄蕊，完成传粉过程。蓝彩带蜂访花迅速，直接落在花朵上面，采集花粉和花蜜，平均单花停留时间为 25 s，全身的绒毛沾满花粉，爬出花朵时，花粉散落在柱头上，扩大花粉的有效传播。（2）冬花期主要传粉者叉尾太阳鸟、中华蜜蜂、意大利蜂，与夏花期活动规律大致相同，不同之处主要在于访花频率。冬花期叉尾太阳鸟的平均访花频率为每朵花 0.58 次 /h，高于夏花期的每朵花 0.20 次 /h；中华蜜蜂的访花频率为每朵花 1.02 次 /h，低于夏花期的每朵花 4.23 次 /h；意大利蜂的访花频率为每朵花 0.98 次 /h，低于夏花期的每朵花 5.26 次 /h（图 16-8）。

表16-3　桂林植物园四季花金花茶的访花者种类

访花者	目	夏花期访花者种类	冬花期访花者种类	访花报酬
鸟类	雀形目 Passerine	叉尾太阳鸟 *Aethopyga christinae*	叉尾太阳鸟 *Aethopyga christinae*	花蜜
蜂类	膜翅目 Hymenoptera	中华蜜蜂 *Apis cerana ceraca*	中华蜜蜂 *Apis cerana ceraca*	花蜜、花粉
		意大利蜂 *Apis mellifera ligustica*	意大利蜂 *Apis mellifera ligustica*	花蜜、花粉
		叉胸异腹胡蜂 *Parapolybia nodosa*	—	花蜜
		蓝彩带蜂 *Nomia chalybeata*	—	花蜜、花粉
蝇类	双翅目 Diptera	食蚜蝇 Syrphidae	—	花粉
		麻蝇 Sarcophaga	—	花粉
蝶类	鳞翅目 Lepidoptera	双色带蛱蝶 *Athyma cama*	—	花粉
		灰蝶 Gossamer-winged butterfly	—	花粉
甲虫类	半翅目 Hemiptera	油茶宽盾蝽 *Poecilocoris latus*	—	花瓣、叶片
	鞘翅目 Coleoptera	臭椿沟眶象 *Eucryptorhynchus brandti*	—	花瓣、叶片
其他	膜翅目 Hymenoptera	梅氏多刺蚁 *Polyrhachis illaudata*	—	花蜜、花粉
		黑褐举腹蚁 *Crematogaster rogenhoferi*	—	花蜜
	蜚蠊目 Blattaria	蟑螂 Blattodea	—	花粉
	蜘蛛目 Araneida	蜘蛛 Araneida	—	花瓣
	直翅目 Orthoptera	蟋蟀 Gryllidae	—	花瓣

A.叉尾太阳鸟；B.中华蜜蜂；C.意大利蜂；D.叉胸异腹胡蜂；E.蓝彩带蜂；F.梅氏多刺蚁

图16-7 桂林植物园四季花金花茶的主要传粉者

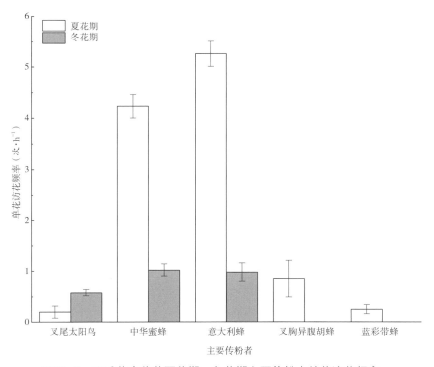

图16-8 四季花金花茶夏花期、冬花期主要传粉者单花访花频率

16.3 结论与讨论

花蜜成分是植物为了实现自身繁殖适合度的最大化，在长期进化过程中适应传粉环境所形成的，花蜜成分具有吸引传粉者、排斥盗蜜者、防止微生物入侵污染等生态功能（Faegri，1979；卿卓 等，2014）。相关研究结果显示在大多数植物的花蜜中发现的主要糖类为蔗糖、葡萄糖和果糖（Stpiczynska et al.，2012；Anton et al.，2017）。对于花蜜糖成分，相关研究者关注的问题是花蜜中 3 种糖类相对比例的变化是源于传粉者的适应，还是源于系统历史（赵兴楠，2017）。Sun 等（2017）研究了 8 个茶花品种中的花蜜糖成分，显示均以蔗糖为主（87%）。本试验中，四季花金花茶花蜜糖提取液中检测到蔗糖、果糖和葡萄糖，无麦芽糖，其花蜜始花期、盛花期、末花期中蔗糖 /（葡萄糖 + 果糖）分别为 3.947、6.990、3.884，根据 Baker（1983）对花蜜 3 种常见糖的比例［蔗糖 /（葡萄糖 + 果糖）］划分，四季花金花茶 3 种不同开花状态中的花蜜为蔗糖占优势。开红花的茶花品种主要也是由蜂类和鸟类传粉（Rho et al.，2003；邓园艺 等，2010），与四季花金花茶相类似，可能花蜜中的蔗糖在吸引蜂类和鸟类传粉中具有重要的作用（Dupont et al.，2004）。

有花植物花蜜中的氨基酸与传粉者访花行为之间的联系引起人们的关注（Broadhead et al.，2021），花蜜中含有的氨基酸一方面能够影响昆虫的访花行为（Roguz et al.，2019），同时对于食蜜的传粉者来说具有重要的营养价值，另一方面花蜜中氨基酸浓度的高低也会影响传粉者的取食偏好（Nicolson，2007）。本试验中，盛花期的花蜜中含有 18 种氨基酸，其中谷氨酸含量最高（210 μg·mL⁻¹），色氨酸次之（190 μg·mL⁻¹），蛋氨酸最低（20 μg·mL⁻¹），氨基酸总量为 1317 μg·mL⁻¹。这与对油茶的研究结果并不一致，其花蜜中含有 17 种氨基酸，占总花蜜量的 1.73%，其中 Pro 含量最高为 0.85%（邓园艺等，2010）。油茶的主要传粉者为蜂类，而四季花金花茶的主要传粉者为蜂类和鸟类，花蜜中氨基酸种类和含量在吸引鸟类传粉中的作用，还有待进一步研究。

通常植物的泌蜜量及泌蜜规律是在长期进化过程中为适应其传粉者的访花行为而形成的（Cruden et al.，1983）。因此，研究植物花朵的泌蜜量及泌蜜规律对了解植物与传粉者之间协同进化的关系具有重要的意义（Corbet，2003；Nepi et al.，2008）。本试验中，四季花金花茶单花平均泌蜜量夏季为 129.14±4.48 μL，冬季为 453.66±4.67 μL；泌蜜规律均表现为白天（8∶00～16∶00）泌蜜量少（夏季 4.73±0.40 μL，冬季 13.23±0.87 μL），傍晚和晚上（16∶00～翌日 8∶00）泌蜜量多（夏季 36.12±0.72 μL，冬季 110.8±6.02 μL）。四季花金花茶夏季的单花泌蜜量与金花茶组的毛瓣金花茶的（泌蜜量为 141.5±11.6 μL）（Chai et al.，2019）和金花茶的（泌蜜量为 157.19±6.34 μL）（Sun et al.，2017）相差不大，而冬季的泌蜜量显著高于这两种植物的，与油茶的（泌蜜量为 421.2±14.0 μL）基本一致（邓园艺 等，2009）。可见四季花金花茶的单花泌蜜量与同属一些植物的相类似，但其冬季泌蜜量显著高于夏季，这可能主要是外界气候条件影响所致，实验地 1 月平均气温仅有 8.1℃，低温条件可能更有利于其花蜜的分泌。蜂类传粉者对冬季低温环境较为敏感，其访花频率会显著降低，而鸟类则能忍受一定程度的低温，四季花金花茶冬季泌蜜量更多有利于其吸引鸟类传粉者，从而促进其生殖成功。此外，四季花金花茶白天泌蜜量少，傍晚和夜间泌蜜量多，这与其他一些山茶属植物的泌蜜规律相类似（Rho et al.，2003；邓园艺 等，2009），这种花蜜分泌模式有利于四季花金花茶积累大量的花蜜，以保持对传粉者（尤其是鸟类）的吸引。

　　被子植物与传粉者之间通常存在微妙的联系，植物通过花部报酬、花的颜色、花的气味、开花式样等特征来吸引传粉者（黄双全 等，2000），这些特征在不同的植物类群中存在广泛的变异，为被子植物和访花者的协同进化提供了广阔的空间（张大勇，2004）。典型的鸟类传粉植物通常具有泌蜜量大、糖浓度较低、颜色明显、无气味、具有管状花冠等花部综合特征（Proctor，1996）。蜂类传粉植物通常具有恒定的花蜜量，气味清香，花朵两边对称（Faegri，1979）。山茶属植物的传粉功能群主要由鸟类、昆虫以及兽类等 3 个功能群组成，作为泛化传粉系统，山茶属植物与昆虫和鸟类等传粉者之间的传粉网络结构是嵌套起来的（黄双全，2014）。四季花金花茶既具有泌蜜量大、花色鲜艳等鸟类传粉特征，又具有花蜜糖浓度较高等蜂类传粉特征，这与其观测到的传粉者相一致。四季花金花茶主要传粉者夏季为叉尾太阳鸟、中华蜜蜂、意大利蜂、叉胸异腹胡蜂和蓝彩带蜂，冬季为叉尾太阳鸟、中华蜜蜂和意大利蜂。夏季传粉者的种类多于冬季，鸟类的访花频率以冬季较高，而蜂类的访花频率则是夏季更高。四季花金花茶冬季较高的泌蜜量有助于提高鸟类传粉者的访花频率，从而促进其生殖成功，这可能是该物种为适应冬季低温环境而演化的一种繁殖策略。

第十七章
四季花金花茶的花部综合特征与繁育系统

17.1 材料与方法

17.1.1 研究材料

研究地点分别位于广西崇左市江州区排汝屯、外坡屯和广西桂林市雁山区广西植物研究所。在排汝屯和外坡屯野外种群夏花期和秋花期 2 个开花季节内进行繁育系统和传粉者的观测，其他均在广西植物研究所金花茶组植物种质圃进行试验。

17.1.2 研究方法

1. 花部综合特征和开花动态

在广西植物研究所四季花金花茶种质圃中选出 10 株长势良好的四季花金花茶作为试验材料，并挂牌标记。在一年 4 个季节中，分别从各植株上随机摘取盛花期的花 30 朵，测量花部性状：花冠直径、花瓣数量及长宽、雌雄蕊数目及长度、子房直径、胚珠数目、萼片数量及长宽、花梗长宽。另标记 10 朵即将开放的花，记录花朵的开放进程，直至花瓣凋谢。

在夏花期和冬花期，选取每株植株上花蕾期、始花期、盛花期各 15 朵花，观测雌蕊和雄蕊空间相对位置，并测量其长度。

2. 不同开花状态下花药、花粉和花柱形态电镜观察

2021 年 12 月从广西植物研究所四季花金花茶种质圃中采集盛花期、末花期的花各 3 朵，做 3 个重复试验。从鲜花中直接分离出花柱和花药，分别粘在样品杯的双面胶上；花粉粒直接均匀撒在样品杯的双面胶上。然后直接放在离子溅射仪中抽真空后喷漆镀膜 1～2 min，再置于 ZEISS EVO 18 真空电子扫描电镜下观察并拍照，利用 Axio Vision Rel.4.8 软件测量花粉粒的极轴、赤道轴，并测量花药的长和宽及柱头的直径。

3. 花粉活力和柱头可授性的测定

采用花粉萌发试验方法测定花粉的活力和寿命。参照杨盛美等（2010）的试验方法并作适当优化，培养基液主要由蔗糖 10 g、琼脂 1 g、水 90 g 配制而成。具体方法是在载玻片的中央滴 1 滴培养基液体，使之成为表面圆整的球面。在夏花期和冬花期分别取即将开放的花朵进行套袋，以排除其他花朵花粉的干扰。将开花后不同时间的花粉条播在液体培养基上，把播有花粉的载玻片放在铺有湿润滤纸的培养皿中，然后置于 37℃的恒温箱中，4 h 后在显微镜下观察 5 ～ 10 个视野，分别计算其发芽率，求其平均值。

用联苯胺 – 过氧化氢法测定柱头可授性（Cruden，1977）。具体方法是在夏花期和冬花期分别选择即将开放的花朵去雄套袋，以避免其他花粉对柱头的干扰。采开花后不同天数的花朵，将其柱头浸入含有联苯胺 – 过氧化氢反应液（1% 联苯胺:3% 过氧化氢:水 = 4 : 11 : 22）的凹面载玻片的凹陷处，观察和记录柱头的颜色变化和柱头周围出现气泡的量，通过比较气泡的多少与大小来衡量其可授性的强弱。若柱头具有可授性，则柱头周围呈蓝色并有大量气泡出现。

4. 花粉胚珠比的测定

在夏花期和冬花期，随机选取即将开放但花药尚未开裂的花蕾各 10 个，每个花蕾取 5 个花药放在 10 mL 的试剂管中加 70% 乙醇溶液研磨，定容至 1 mL，摇匀后用微量注射器取 5 μL 悬浮液在显微镜下统计花粉数量，重复 10 次，并统计每个花蕾的花药数量，计算单花花粉总量。接着用刀片横切子房，在解剖镜下记录子房横切面上的胚珠数目。每朵花的 P/O 用该花的花粉总量除以胚珠数目得到。单粒花药花粉数量 =（每个载玻片上总花粉数目 ×200）/5；单花花粉总数目 = 单花花药总数 × 单粒花药花粉数；单花的 P/O= 单花花粉总数目 / 胚珠数目，P/O 取 10 个花蕾的平均值 ± 标准差。依据 Cruden（1977）的标准评判繁育系统类型。

5. 杂交指数的测定

在夏花期和冬花期对四季花金花茶的单花直径进行测量，并观察四季花金花茶的开花行为，运用 Dafni（1992）的标准进行四季花金花茶花朵大小及开花行为的测定。由 OCI 评判繁育系统类型（Cruden，1977）。

6. 繁育系统的测定

在夏花期和秋花期，随机选取即将萌动开苞的花蕾进行人工授粉试验，按照 Dafni（1992）的试验方法对单花分别进行以下 6 种处理:（1）对照。自然授粉，不套网袋，不去雄，自由传粉，用于检测自然条件下的结实率。（2）套网袋，去掉雄蕊，检测是否具有无融合生殖。（3）开花前套上网袋，不去雄蕊，检测是否需要传粉者。（4）同株异花授粉。去掉雄蕊，套网袋，同株异花之间进行人工授粉，检测自交亲和性。（5）异株异花授粉。去掉雄蕊，套网袋，用不同植株的花进行异花授粉。（6）辅助授粉。不去雄蕊，不套网袋，用不同植株的花进行异株异花授粉。于果实成熟期统计结实率和结籽率，结实率 = 果实数 / 花数 ×100%，结籽率 = 成熟种子数 / 胚珠数。

7. 果实及种子形态特征的测定

将于 1 月中旬采自广西植物研究所四季花金花茶种质圃和野外种群崇左市江州区外坡屯、排汝屯的四季花金花茶果实带回实验室，用游标卡尺和电子天平测量 3 个种群的 30 个果实的长度、宽度、厚度及重量，并统计果实种子总数及饱满种子数，计算果实结籽率。结籽率 = 饱满种子数 / 胚珠数。同时测定 20 颗饱满种子的长度、宽度、厚度及种子重量。

8. 访花者种类及访花规律

在夏花期和秋花期，分别于盛花期的晴天和阴雨天，观测访花者种类、访花频率、单花停留时间及访花行为。观测方法为于 9∶00 ～ 18∶00，以 1 h 为一个统计单位，随机标记 5 朵花，观测和记录整个单花期不同种类的鸟类或昆虫的访花时间、访花次数、停留时间、访花行为及访花频率。

17.1.3 数据分析

使用 SPSS 25.0 统计软件进行数据统计分析，使用 Origin 2015 软件绘图，数据用平均值 ± 标准差表示。

17.2 结果与分析

17.2.1 花部综合特征

1. 花部形态和开花动态

四季花金花茶雌雄同花，花黄色，直径 3.2 ～ 7.4 cm，花朵常单生或腋生，近有花梗；萼片 5 枚，由内向外渐次增大，广卵形，9 ～ 22 mm；花瓣 12 ～ 16 片，长椭圆形，先端近圆形，长 1.3 ～ 3.6 cm，宽 1.9 ～ 2.1 cm，基部连生；雄蕊 186 ～ 245 枚，花药长 1.9 ～ 2.2 mm，花丝无毛，长 2.7 ～ 3.1 cm，外轮花丝基部合生，内轮花丝基部离生；花柱 3 ～ 5 枚，长 2.3 ～ 2.6 cm，完全分裂，无毛，基部离生，柱头位置大多数低于花药 4 ～ 8 mm，少数高于或齐平于花药，子房 3 ～ 5 室，近球形，无毛，直径 3.9 ～ 4.5 mm，胚珠 6 ～ 12 个。

四季花金花茶单花期 2 ～ 11 d，开花进程可分为 4 个阶段：（1）始花期。花蕾逐渐松动，顶端裂开，出现"小口"并可看到雄蕊，雄蕊由外向内依次散粉，花形呈盂状，有蜜液产生。（2）盛花期。花继续开放，花瓣向外伸展，花药裂开散发鲜黄色的花粉，柱头淡黄色，分泌黏液，落在柱头上的花粉逐渐增多，花形呈碗状，雄蕊基部有大量花蜜呈液体状，环绕在子房周围。（3）末花期。花瓣收拢，尖端内卷，呈现萎蔫状，花药散粉完成，呈干瘪状，柱头黄色，粘有花粉。（4）凋谢期。花朵开始凋落，花瓣连同花丝一起脱落，萼片宿存并包裹子房，柱头外露，逐渐枯萎变成褐色。四季花金花茶大多数在早上开花，中午盛开，晚上花瓣会有自动收拢的现象，开花后通常有 2 ～ 3 d 出现收拢的过程（图 17-1）。

四季花金花茶花朵开放时，一般开口朝下，花瓣雄蕊基部分泌花蜜，花蜜有甜味。花朵全天都有开放，花柱和花丝由短变长，83% 的雌蕊位置低于雄蕊 4 ～ 8 mm，11% 的雌蕊与雄蕊等长，6% 的雌蕊高于雄蕊，四季花金花茶雌蕊的高度存在低、平、高 3 种类型。部分花药于花蕾萌动时或花朵开放时开裂散粉，夏花期开花约 3 h 后全部花药开始散粉，8 h 后进入散粉盛期，4 d 后进入散粉末期。柱头黄色，能分泌少量黏液，4 ～ 5 d 后逐渐变褐色且枯萎；冬花期开花约 6 h 后全部花药开始散粉，12 h 后进入散粉盛期，5 d 后进入散粉末期。柱头黄色，能分泌少量黏液，6 ～ 7 d 后逐渐变褐色且枯萎，花朵开放期间无明显的香味（表 17-1）。

生境条件不同，四季花金花茶植株的开花数量存在较大差异。生长于光照充足的地方，其植株四季有花，生长于光照不足的地方，其植株开花数量仅为 5 ～ 10 朵，个别植株甚至没有开花。

A.花蕾期；B～C.始花期；D～E.盛花期；F.末花期；G.凋谢期；H.单花花朵；I.花部特征

图17-1 四季花金花茶的花部形态及开花动态

表17-1 四季花金花茶花朵形态特征

观测项目		观测结果
花瓣与雄蕊脱落顺序		同时
花瓣发育状态	颜色变化	淡黄色→黄色→深黄色→黄褐色
	大小变化	花瓣伸长→卷缩→脱落
雄蕊发育状态	花丝长短	由短变长
	花药与柱头间距	由短变长
	雄蕊着生方式	在雌蕊周围生长
花药成熟过程	花药开裂方式	两侧纵裂
	花药颜色变化	鲜黄色→黄色→深黄色→黄褐色→褐色
柱头发育状态	柱头颜色变化	绿色→浅绿色→白色→乳白色→浅黄色→黄色→深黄色→黄褐色→褐色
花萼颜色变化		绿色→黄色→黄褐色
气味		无
分泌物		有，雄蕊花丝基部产生花蜜，具有甜味

2. 不同花期花部综合特征

通过观测，四季花金花茶4个花期中仅夏花期和冬花期的花冠大小有显著差异（$P < 0.05$），其他花部特征在各花期均相差不大（$P > 0.05$）。花冠直径大小：冬花期＞秋花期＞春花期＞夏花期（表17-2）。

表17-2　四季花金花茶不同花期花部特征统计

指标	样本量	春花期	夏花期	秋花期	冬花期
花冠直径（cm）	30	5.76 ± 0.21ab	5.46 ± 0.93b	6.03 ± 0.53ab	6.31 ± 0.91a
花冠高（cm）	30	4.15 ± 0.56a	4.20 ± 0.93a	3.95 ± 0.78a	3.75 ± 0.67a
花瓣数量（片）	30	12.70 ± 1.81a	13.30 ± 1.19a	13.10 ± 1.08a	12.30 ± 2.13a
花瓣长（cm）	30	3.50 ± 0.27a	3.63 ± 0.43a	3.43 ± 0.25a	3.30 ± 0.38a
花瓣宽（cm）	30	2.01 ± 0.19a	2.07 ± 0.23a	1.97 ± 0.23a	1.93 ± 0.21a
雄蕊数目（枚）	30	220.51 ± 30.21a	224.10 ± 28.09a	230.10 ± 25.09a	236.73 ± 29.61a
雄蕊长度（cm）	30	2.95 ± 0.25a	3.04 ± 0.21a	3.01 ± 0.35a	2.86 ± 0.40a
雌蕊长（cm）	30	2.58 ± 0.20a	2.64 ± 0.20a	2.46 ± 0.26a	2.37 ± 0.39a
雌蕊数目（枚）	30	3.30 ± 0.21a	3.40 ± 0.49a	3.30 ± 0.65a	3.73 ± 0.86a
子房直径（cm）	30	0.40 ± 0.05a	0.43 ± 0.02a	0.42 ± 0.02a	0.42 ± 0.01a
柱头与花药的距离（cm）	30	0.37 ± 0.05a	0.40 ± 0.01a	0.58 ± 0.11a	0.49 ± 0.01a
胚珠数目（个）	30	9 ± 3a	9 ± 3a	9 ± 3a	9 ± 3a
萼片数量（枚）	30	5.63 ± 0.85a	5.60 ± 0.66a	5.65 ± 0.25a	5.73 ± 0.62a
萼片长（cm）	30	0.96 ± 0.25a	0.97 ± 0.18a	0.98 ± 0.23a	1.03 ± 0.15a
萼片宽（cm）	30	0.91 ± 0.06a	0.90 ± 0.15a	0.90 ± 0.25a	0.91 ± 0.05a
花梗长（cm）	30	0.60 ± 0.24a	0.61 ± 0.10a	0.60 ± 0.21a	0.58 ± 0.06a
花梗宽（cm）	30	0.29 ± 0.08a	0.31 ± 0.03a	0.30 ± 0.05a	0.30 ± 0.02a

注：表中误差限为标准差；同行不同小写字母表示在$P=0.05$水平差异显著。

17.2.2 不同开花状态下花药、花粉和花柱形态观察

四季花金花茶的花粉在电镜扫描观察中发现以单粒形式存在，花粉粒形状为长球形，平均大小为 51.47 μm × 28.99 μm，花粉粒极面观形状为3裂近圆形，花粉粒外壁具疣状波纹饰，外壁无孔穿过。花粉粒具有3孔沟，萌发沟平均大小为 45.53 μm × 3.73 μm，沿着极轴方向分布，赤道中部比较宽，往极轴两端处较窄，极轴

与赤道轴的比平均为 1.78 ± 2.37。花药平均大小为 1949.46 μm × 723.08 μm，柱头平均直径为 493.06 μm（表 17-3）。

表17-3　四季花金花茶花粉粒、花药、柱头形态

花粉粒形状	花粉粒极面观形状	花粉粒外壁纹饰	花粉粒大小		花粉粒萌发沟		花药长（μm）	花药宽（μm）	柱头直径（μm）	极轴/赤道轴（P/E）
			极轴长（μm）	赤道轴长（μm）	长（μm）	宽（μm）				
长球形	三裂近圆形	疣状波纹饰	51.47 ± 2.92	28.99 ± 1.23	45.53 ± 1.17	3.73 ± 0.93	1949.46 ± 392.70	723.08 ± 103.41	493.06 ± 26.75	1.78 ± 2.37

盛花期的花药从花粉囊中散发出来，散发出的花粉粒饱满，具有活力；盛花期的柱头分泌黏液，在柱头上呈现乳突状，与盛花期花粉粒大小相符，能粘住花粉粒。末花期的花粉粒褶皱，失去活力，柱头不再分泌黏液（图 17-2）。

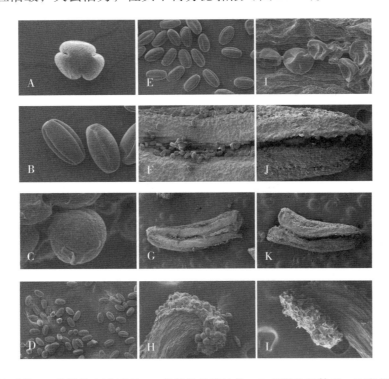

A.花粉粒极面观；B.花粉粒赤道面观；C.花粉粒外壁纹饰；D.花粉粒整体观；E.盛花期花粉粒；F.盛花期花药局部；G.盛花期单个花药整体；H.盛花期柱头；I.末花期花粉粒；J.末花期花药局部；K.末花期单个花药；L.末花期柱头

图17-2　四季花金花茶不同开花状态下花粉粒、花药和柱头形态

17.2.3 花粉活力和柱头可授性

1. 不同花期花粉活力与寿命的测定

四季花金花茶花朵初开时，即有花药从外向内依次散粉，此时花粉具有活力（图 17-3）。夏花期开花后 2 d 花粉活力达到最大，为 68.9%；至开花后 4 d，花粉活力仍然保持在较高水平，此后花粉活力逐渐下降；开花后 6 d，花粉活力为 15.6%，仍保持有一定花粉活力。冬花期开花后 2 d 花粉活力达到最大，为 87.6%；至开花后 5 d，花粉活力仍然保持在较高水平；开花后 6 d，花粉活力明显下降；开花后 8 d，花粉活力为 17.6%，仍然保持有一定花粉活力。四季花金花茶冬花期花粉寿命长于夏花期，12 h 内夏花期花粉活力高于冬花期，1 d 后冬花期花粉活力明显高于夏花期。四季花金花茶夏花期和冬花期花粉活力的变化趋势基本一致，开花第 2 d 花粉活力最高，花朵脱落时，花粉仍然具有一定的活力（表 17-4）。

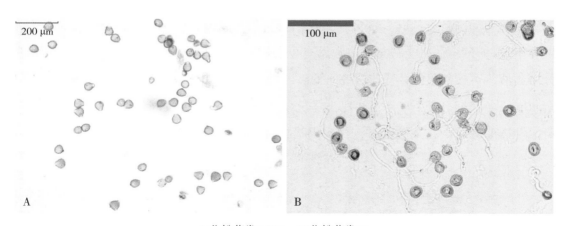

A.花粉萌发0.25 h；B.花粉萌发4 h

图17-3 花粉萌发检测

表17-4 四季花金花茶夏花期、冬花期的花粉活力及其形态特征

开花后时间	夏花期		冬花期	
	花粉活力（%）	花粉颜色	花粉活力（%）	花粉颜色
3 h	15.6 ± 0.65	鲜黄色	10.6 ± 0.68	鲜黄色
6 h	27.7 ± 1.21	鲜黄色	21.5 ± 1.02	鲜黄色
12 h	44.1 ± 2.31	黄色	32.6 ± 1.63	鲜黄色
1 d	53.4 ± 2.36	黄色	63.9 ± 2.78	黄色

续表

开花后时间	夏花期		冬花期	
	花粉活力（%）	花粉颜色	花粉活力（%）	花粉颜色
2 d	68.9 ± 4.52	黄色	87.6 ± 3.56	黄色
3 d	51.3 ± 2.96	黄色	80.2 ± 1.98	黄色
4 d	42.1 ± 1.08	深黄色	76.8 ± 2.61	黄色
5 d	36.5 ± 2.85	深黄色	65.7 ± 4.32	黄色
6 d	15.6 ± 1.16	黄褐色	35.4 ± 1.25	深黄色
7 d	—	—	25.6 ± 1.04	深黄色
8 d	—	—	17.6 ± 1.93	黄褐色

2. 不同花期柱头可授性与寿命的测定

花蕾萌动准备开放时，部分柱头已具有可授性，但比较微弱。四季花金花茶夏花期和冬花期开花后 3 h ～ 8 d，柱头具有可授性。夏花期开花后 1 ～ 3 d 柱头呈黄色并分泌黏液，可授性最强；开花后 5 ～ 6 d，柱头由深黄色逐渐变为深黄褐色，可授性逐渐减弱。冬花期开花后 2 ～ 4 d 柱头呈黄色并分泌黏液，可授性最强；开花后 7 ～ 8 d 可授性逐渐减弱。花朵脱落时，柱头仍然具有一定的可授性（图 17-4、表 17-5）。

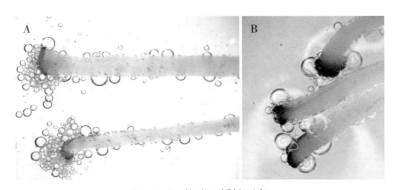

图17-4　柱头可授性测定

表17-5　四季花金花茶夏花期、冬花期的柱头可授性及其形态特征

开花后时间	夏花期		冬花期	
	柱头可授性	柱头颜色	柱头可授性	柱头颜色
3 h	+/-	浅绿色	+/-	绿色

续表

开花后时间	夏花期		冬花期	
	柱头可授性	柱头颜色	柱头可授性	柱头颜色
6 h	+	白色	+	浅绿色
12 h	++	浅黄色，分泌黏液	+	白色
1 d	+++	黄色，分泌黏液	++	浅黄色，分泌黏液
2 d	+++	黄色，分泌黏液	+++	黄色，分泌黏液
3 d	+++	黄色，分泌黏液	+++	黄色，分泌黏液
4 d	++	深黄色	+++	黄色，分泌黏液
5 d	+	深黄色	++	深黄色
6 d	+/−	深黄褐色	+	深黄色
7 d	—	—	+	深黄色
8 d	—	—	+/−	深黄褐色

注："+/−"表示部分柱头具有可授性，"+"表示柱头具有可授性，"++"表示柱头具有较强可授性，"+++"表示柱头具有最强可授性。

17.2.4 花粉胚珠比的测定

四季花金花茶夏花期、冬花期的平均 P/O 分别为 120032.44 ± 11868.46、157337.78 ± 16912.57，根据 Cruden（1977）对于繁育系统的划分标准，该物种的繁育系统属于专性异交（表 17-6）。

表17-6 四季花金花茶夏花期、冬花期的P/O

观测指标	夏花期	冬花期
单花花粉数量	1080292.44 ± 106816.12	1416040.21 ± 152213.12
单花胚珠数目	9 ± 3	9 ± 3
P/O	120032.44 ± 11868.46	157337.78 ± 16912.57

17.2.5 杂交指数的测定

根据 Dafni（1992）对植物繁育系统的判定标准，计算四季花金花茶的 OCI（表 17-7）。四季花金花茶夏花期、冬花期花朵平均直径分别为 5.46 ± 0.93 cm、6.31 ± 0.91 cm，最大值都大于 6 cm，记为 3；雌蕊在花药裂开的同时已经具有一定的可授性，雌蕊和雄蕊同时成熟，记为 0；花柱与花药在开花后空间上等长或分离，记为 0 或 1。综合以上结果，四季花金花茶 OCI 等于 3 或 4，即四季花金花茶的繁育系统主要以异交为主，部分自交亲和，需要传粉者的参与。

表17-7　四季花金花茶夏花期、冬花期OCI观测结果

观测项目	夏花期	冬花期
单花直径	5.46±0.93 cm，最大值＞6 mm，记为3	6.31±0.91 cm，最大值＞6 mm，记为3
花柱与花药的空间间隔	等长或空间分离，记为0或1	等长或空间分离，记为0或1
花药散粉时间与柱头可授性之间的时间间隔	同时成熟，记为0	同时成熟，记为0
OCI	3或4	3或4
繁育系统类型	异交为主，部分自交亲和，需要传粉者	异交为主，部分自交亲和，需要传粉者

17.2.6 繁育系统的测定

1. 排汝屯四季花金花茶夏花期、秋花期繁育系统的测定

套袋试验结果表明，排汝屯四季花金花茶夏花期、秋花期去雄套袋均不结实，表明四季花金花茶不存在无融合生殖；自然授粉、人工异株异花授粉、人工辅助授粉均能结实，且人工异株异花授粉结实率（夏花期40%，秋花期52.9%）均高于人工同株异花授粉（夏花期3.3%，秋花期22.7%），表明四季花金花茶的繁育系统以异交为主，部分自交亲和，需要传粉者（表17-8、表17-9）。而夏花期自然授粉（50%）、人工异株异花授粉（55.7%）结籽率均高于秋花期自然授粉（42.7%）、人工同株异花授粉（44.4%）结籽率，有可能是受到外界环境的影响而造成的，调查中发现秋花期试验果实成熟时，部分果实已被动物啃食。

表17-8　排汝屯四季花金花茶夏花期繁育系统的测定

处理方式	夏花期			
	处理花数	结实数	结实率	结籽率
（1）对照。自然授粉，不套袋，不去雄，自由传粉	100	9	9.0%	50.0%
（2）去雄，套袋，不授粉	30	0	0	0
（3）不去雄，套袋，自然自花授粉	30	0	0	0
（4）人工同株异花授粉	30	1	3.3%	37.5%
（5）人工异株异花授粉	30	12	40.0%	55.7%
（6）人工辅助授粉。不去雄，不套袋，异株异花授粉	30	14	46.6%	77.6%

表17-9 排汝屯四季花金花茶秋花期繁育系统的测定

处理方式	秋花期			
	处理花数	结实数	结实率	结籽率
（1）对照。自然授粉，不套袋，不去雄，自由传粉	133	20	15.0%	42.7%
（2）去雄，套袋，不授粉	30	0	0	0
（3）不去雄，套袋，自然自花授粉	30	0	0	0
（4）人工同株异花授粉	30	5	22.7%	35.6%
（5）人工异株异花授粉	34	18	52.9%	44.4%
（6）人工辅助授粉。不去雄，不套袋，异株异花授粉	30	16	53.3%	50.0%

2. 外坡屯四季花金花茶夏花期、秋花期繁育系统的测定

套袋试验结果表明，外坡屯四季花金花茶夏花期、秋花期去雄套袋均不结实，表明四季花金花茶不存在无融合生殖；夏花期不去雄且于开花前套袋有1个结实，秋花期不去雄且于开花前套袋有4个结实，表明四季花金花茶能自动自花授粉，其中秋花期结实率（14.3%）和结籽率（48.1%）均高于夏花期（3.3%、33.3%）。自然授粉、人工异株异花授粉、人工辅助授粉均能结实，且人工异株异花授粉结实率（夏花期46.9%，秋花期53.3%）均高于人工同株异花授粉（夏花期7.1%，秋花期23.5%）（表17-10、表17-11），表明四季花金花茶的繁育系统以异交为主，部分自交亲和，需要传粉者；秋花期结籽率高于夏花期。调查中发现秋花期试验果实成熟时，部分果实已被动物啃食。

表17-10 外坡屯四季花金花茶夏花期繁育系统的测定

处理方式	夏花期			
	处理花数	结实数	结实率	结籽率
（1）对照。自然授粉，不套袋，不去雄，自由传粉	94	9	9.6%	35.8%
（2）去雄，套袋，不授粉	30	0	0	0
（3）不去雄，套袋，自然自花授粉	30	1	3.3%	33.3%
（4）人工同株异花授粉	28	2	7.1%	43.7%
（5）人工异株异花授粉	32	15	46.9%	69.3%
（6）人工辅助授粉。不去雄，不套袋，异株异花授粉	30	16	53.3%	59.7%

表17-11　外坡屯四季花金花茶秋花期繁育系统的测定

处理方式	秋花期			
	处理花数	结实数	结实率	结籽率
（1）对照。自然授粉，不套袋，不去雄，自由传粉	79	28	35.4%	38.6%
（2）去雄，套袋，不授粉	30	0	0	0
（3）不去雄，套袋，自然自花授粉	28	4	14.3%	48.1%
（4）人工同株异花授粉	17	4	23.5%	50.0%
（5）人工异株异花授粉	30	16	53.3%	72.2%
（6）人工辅助授粉。不去雄，不套袋，异株异花授粉	30	17	56.7%	65.1%

17.2.7 四季花金花茶果实及种子形态特征的测定

四季花金花茶果实为蒴果，呈扁圆形或长圆柱形，种子呈圆形或三角形，深褐色（图17-5）。果实平均直径为 2.15 ± 0.29 cm，平均宽度为 1.91 ± 0.39 cm，平均厚度为 1.67 ± 0.34 cm，平均重量为 4.26 ± 1.35 g。种子平均直径为 0.93 ± 0.12 cm，平均宽度为 0.89 ± 0.17 cm，平均厚度为 0.72 ± 0.17 cm，平均重量为 0.45 ± 0.15 g（表17-12）。野外观测发现，四季花金花茶的果实成熟后会自然开裂，种子靠重力散布在树干周围的地面上，遇到适宜的生境条件则萌发生长。

A～B.幼果期；C.果实生长期；D.果熟期侧面；E.果熟期正面；F.果熟期背面；G.种子测量；
H.果实测量；I.不同果实状态

图17-5　四季花金花茶果实和种子的形态特征

表17-12　四季花金花茶果实和种子的形态特征

种群	果实				种子			
	直径 （cm）	宽度 （cm）	厚度 （cm）	重量 （g）	直径 （cm）	宽度 （cm）	厚度 （cm）	重量 （g）
植物园 ZWY	2.56±0.23	2.14±0.29	1.96±0.18	6.54±1.54	1.13±0.14	0.81±0.25	0.81±0.26	0.57±0.08
外坡屯 WPT	1.75±0.35	1.68±0.49	1.37±0.16	2.41±1.23	0.72±0.09	0.63±0.09	0.61±0.08	0.21±0.06
排汝屯 PRT	1.72±0.24	1.76±0.26	1.46±0.25	2.96±1.56	0.86±0.12	0.67±0.15	0.72±0.05	0.27±0.07
平均值	2.15±0.29	1.91±0.39	1.67±0.34	4.26±1.35	0.93±0.12	0.89±0.17	0.72±0.17	0.45±0.15

17.2.8 访花者种类及访花规律

1. 排汝屯四季花金花茶夏花期、秋花期访花者种类及访花规律

在排汝屯四季花金花茶夏花期和秋花期中，通过观察共发现 4 种访花者，其中鸟类、蜂类、蝶类、甲虫类各 1 种（表 17-13）。夏花期发现 1 种访花者，为叉尾太阳鸟。秋花期发现 4 种访花者，初步判断传粉者有 3 种，分别为叉尾太阳鸟、蓝彩带蜂、弄蝶（Hesperiidae），其中叉尾太阳鸟为主要传粉者。

夏花期主要传粉者访花规律：叉尾太阳鸟夏花期通常在下午访花，访花频率为 0.29 次 /h，其先飞到花朵旁的树枝上，或在空中短暂悬停，将长喙深入花丝基部吸食花蜜，每朵花停留时间为 2～3 s，最多不足 10 s，其长喙、头部沾满花粉，然后飞到旁边的另一朵花吸取花蜜时，完成传粉作用。

秋花期主要传粉者访花规律：叉尾太阳鸟秋花期的访花规律和夏花期相同，不同之处在于秋花期访花频率为 0.58 次 /h，比夏花期高。蓝彩带蜂直接飞到花朵上吸食花粉和花蜜，单花停留时间为 45 s 左右，全身的绒毛沾满花粉，在爬出时触碰到柱头，完成传粉，仅观测到蓝彩带蜂访花 1 次。弄蝶通常在天气晴朗时出现，常常访位置较高的花朵，飞到雄蕊上吸食花粉，全身都覆盖在花朵上，触碰到柱头和花粉，完成传粉，单花停留时间为 35 s 左右，观测中仅发现弄蝶访花 1 次。

观察中发现毛虫（Podocampidae）通常啃食花瓣和花粉，一直停留在花瓣和花药处边缘，此过程中并没有接触到柱头，不起传粉作用（图 17-6）。

表17-13　排汝屯四季花金花茶访花者种类

访花者	目	夏花期访花者种类	秋花期访花者种类	访花报酬
鸟类	雀形目 Passerine	叉尾太阳鸟（雌/雄）*Aethopyga christinae*	叉尾太阳鸟（雌/雄）*Aethopyga christinae*	花蜜
蜂类	膜翅目 Hymenoptera	—	蓝彩带蜂 *Nomia chalybeata*	花蜜、花粉
蝶类	鳞翅目 Lepidoptera	—	弄蝶 Hesperiidae	花粉
甲虫类	罩笼虫目 Nassellaria	—	毛虫 Podocampidae	花瓣、花粉

A～B.叉尾太阳鸟（雄鸟）；C.叉尾太阳鸟（雌鸟）；D.蓝彩带蜂；E.弄蝶；F.毛虫

图17-6　排汝屯四季花金花茶访花者种类

2.外坡屯四季花金花茶夏花期、秋花期访花者种类及访花规律

在外坡屯四季花金花茶夏花期和秋花期中，总共发现7种访花者，其中鸟类、蝶类、蚁类各1种，蜂类4种（表17-14）。夏花期发现7种访花者，初步判断传粉者有5种，分别为叉尾太阳鸟、中华蜜蜂、大蜜蜂、叉胸异腹胡蜂、无刺蜂。秋花期发现5种访花者，初步判断传粉者有4种，分别为叉尾太阳鸟、中华蜜蜂、大蜜蜂、无刺蜂（图17-7）。

夏花期主要传粉者访花规律：（1）叉尾太阳鸟对外坡屯四季花金花茶的访花行为与对排汝屯四季花金花茶的相似，但访花频率仅为0.10次/h（图17-8）。（2）中华蜜蜂通常白天全天都有访花，主要访初开的花朵，其访花时先降落到雄蕊群上吸取花粉，两侧的后足携带花粉团，头部和身体深入到雄蕊基部，吸食花蜜，平均单花停留时间为120 s，最长的有 20 min 以上，此过程中其头部和身体上的绒毛沾满花粉，后爬出飞到另一朵花中，过程中接触到柱头，完成传粉。其访花频率为 4.96 次 /h。观察发现，经常有 2 ～ 3 只蜜蜂共同访问 1 朵初开的花，互相竞争取食花粉和花蜜。（3）大蜜蜂通常在上午访花，因其体型较大，通常先飞到花朵旁边的叶片上，后迅速飞向花朵，用前足拨动花粉，用吸口器吸食花蜜，后足携带花粉团，其头部、胸部、足部的绒毛都沾满花粉，平均单花停留时间为 10 s（图 17-9），起飞离开时，足部紧紧抓住花瓣，整个身体落在雄蕊和雌蕊上面，过程中接触到柱头和花粉，扩大了花粉的传播，完成传粉。其访花频率为 0.22 次 /h。（4）叉胸异腹胡蜂通常在中午或下午访花，其通常先飞到花瓣边缘，然后爬行到雄蕊群上，其整个身体深入到雄蕊群基部，吸食花蜜，平均单花停留时间为30 s，最长可达 120 s，爬出时身体接触到柱头，完成传粉。其访花频率为 0.45 次 /h。（5）无刺蜂通常在中午和下午访花，通常访初开的花朵，访花时直接飞到雄蕊群上，用吸口器吸食花粉，后足携带花粉团，平均单花停留时间为 168 s，最长有 5 min 以上，过程中接触到柱头，完成传粉。其访花频率为 3.26 次 /h。观察发现，无刺蜂体型较小，常常有4 ～ 6 只无刺蜂共同访问 1 朵花，在其雄蕊群上吸取花粉，或有单只无刺蜂访问 1 朵初开的花时，中华蜜蜂也会与其竞争取食花粉，赶走无刺蜂。观察发现，开花时间为 2 ～ 3 d的单花花朵，花药就已经萎蔫干枯，柱头有的干枯呈黄褐色状态，此时很少有访花者再次访花。上午中华蜜蜂访花较多，无刺蜂访花次数较少。此外，还发现有双色带蛱蝶和黑褐举腹蚁访花，但并不起传粉作用。

秋花期主要传粉者访花规律：秋花期主要传粉者叉尾太阳鸟、中华蜜蜂、大蜜蜂、无刺蜂和夏花期的访花规律大致相同，不同之处在于访花频率。秋花期叉尾太阳鸟访花频率和夏花期相近，为 0.13 次 /h；中华蜜蜂访花频率为 6.58 次 /h；大蜜蜂访花频率和夏花期相近，为 0.26 次 /h；无刺蜂访花频率和夏花期相近，为 3.76 次 /h。

雨天观测发现，下雨时仍有鸟类和蜜蜂访花，只是访花频率稍有降低。

表17-14　外坡屯四季花金花茶访花者种类

访花者	目	夏花期访花者种类	秋花期访花者种类	访花报酬
鸟类	雀形目 Passerine	叉尾太阳鸟（雌/雄）*Aethopyga christinae*	叉尾太阳鸟（雌/雄）*Aethopyga christinae*	花蜜
蜂类	膜翅目 Hymenoptera	中华蜜蜂 *Apis cerana*	中华蜜蜂 *Apis cerana*	花蜜、花粉

续表

访花者	目	夏花期访花者种类	秋花期访花者种类	访花报酬
蜂类	膜翅目 Hymenoptera	大蜜蜂 *Apis dorsata*	大蜜蜂 *Apis dorsata*	花蜜、花粉
		叉胸异腹胡蜂 *Parapolybia nodosa*	/	花蜜
		无刺蜂 Stingless Bee	无刺蜂 Stingless Bee	花粉
蝶类	鳞翅目 Lepidoptera	双色带蛱蝶 *Athyma cama*	/	花粉
蚁类	膜翅目 Hymenoptera	黑褐举腹蚁 *Crematogaster rogenhoferi*	黑褐举腹蚁 *Crematogaster rogenhoferi*	花蜜

A～B.叉尾太阳鸟；C.大蜜蜂；D～E.中华蜜蜂；F.小只的为无刺蜂，大只的为中华蜜蜂；G.叉胸异腹胡蜂；H.双色带蛱蝶；I.黑褐举腹蚁

图17-7　外坡屯四季花金花茶访花者种类

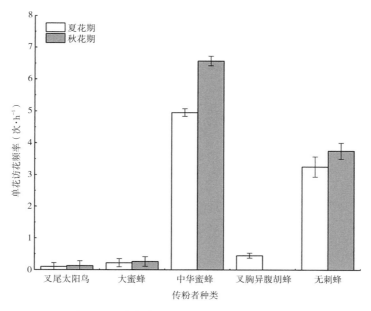

图17-8　外坡屯四季花金花茶夏花期、秋花期主要传粉者单花访花频率

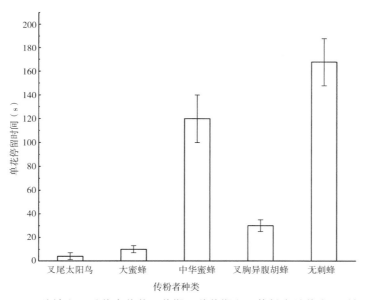

图17-9　外坡屯四季花金花茶夏花期、秋花期主要传粉者单花停留时间

17.3 结论

通过对四季花金花茶的花部综合特征与繁育系统的研究，得出以下结论。

（1）四季花金花茶单花期为 2 ～ 11 d，开花进程可分为 4 个阶段：始花期、盛花期、末花期、凋谢期。花朵全天都有开放，雌蕊的高度存在低、平、高 3 种类型，其中 83% 的雌蕊低于雄蕊 4 ～ 8 mm。不同花期中夏花期和冬花期花冠大小有显著差异（$P < 0.05$），其他花部特征均相差不大。

（2）四季花金花茶的花粉粒为长球形，平均大小为 51.47 μm × 28.99 μm，花粉粒极面观形状为 3 裂近圆形，花粉粒外壁具疣状波纹饰，外壁无孔穿过。花粉粒具有 3 孔沟，萌发沟平均大小为 45.53 μm × 3.73 μm。花药平均大小为 1949.46 μm × 723.08 μm，柱头平均宽度为 493.06 μm。

（3）四季花金花茶夏花期开花后 2 d，花粉活力达到最大，为 68.9%，开花后 4 d，花粉活力仍然保持在较高水平。冬花期开花后 2 d 花粉活力达到最大，为 87.6%，开花后 5 d，花粉活力仍然保持在较高水平。四季花金花茶开花后 3 h ～ 8 d，柱头具有可授性。夏花期开花后 1 ～ 3 d 柱头可授性最强，冬花期开花后 2 ～ 4 d 柱头可授性最强。

（4）通过对四季花金花茶 OCI、P/O、套袋试验的研究，综合三者的结果可以确定四季花金花茶的繁育系统以异交为主，部分自交亲和，传粉过程中需要传粉者的参与。

（5）排汝屯四季花金花茶夏花期和秋花期的主要传粉者为叉尾太阳鸟，外坡屯四季花金花茶的主要传粉者为叉尾太阳鸟、中华蜜蜂、大蜜蜂等。排汝屯四季花金花茶主要传粉者为叉尾太阳鸟，而外坡屯四季花金花茶主要传粉者以蜂类居多。排汝屯和外坡屯四季花金花茶主要传粉者的分化可能是其适应不同生境的表现。

第十八章
四季花金花茶花芽分化进程及花发育不同时期叶片内源激素动态变化

18.1 材料与方法

18.1.1 试验材料

试验材料取自广西植物研究所金花茶组植物种圃（25° 11′ N，110° 12′ E），四季花金花茶为引种栽培的成年植株，15～20年生，长势良好。四季花金花茶全年都有花芽分化，其中4～6月和9月为花芽分化集中阶段，以4～6月分化的花芽数为较多，每年11月至翌年3月可见零星花芽。定点选择种圃内生长健壮、树势一致、无病虫害的10株四季花金花茶作为采样对象，每株分别选取东、南、西、北4个方位各1个具有代表性的枝条，对枝条上的顶芽和侧芽进行挂牌标记，观察其发育过程。

18.1.2 试验方法

1. 花芽分化形态结构观察

采用石蜡切片法观察。从2021年2月27日至2021年4月3日，每7 d采集四季花金花茶枝条顶芽30个，放置于装有FAA溶液的玻璃瓶中固定24 h，标记采样日期，对采集的花芽进行脱水、透明、浸蜡、包埋、切片、展片及烤片，然后脱水、复水、番红－固绿染色、脱水、透明，最后用加拿大树胶封片，在光学显微镜下观察并拍照记录。

同时对花芽分化至花朵开放的时间以及枝条上各叶腋的成花规律进行观测。

2. 叶片内源激素的测定

进行同一时间花发育不同时期叶片采样。于2021年6月15日分别在同一植株枝条顶部采样，采样分为5个时期：前分化期、花芽形态分化期、花蕾期、开花期、凋谢期（图18-1）。取植株东、南、西、北4个方位的外围枝条的叶片，同期采样重复3次。采集的叶片放在冰盒里带回实验室，立即用液氮冷冻，存放在 –80℃超低温冰箱内，用于测定内源激素含量。

A.前分化期；B.花芽形态分化期；C.花蕾期；D.开花期；E.凋谢期

图18-1　四季花金花茶同一时间花发育不同时期

进行年生长周期有花芽叶片和无花芽叶片的采样。于2020年4月至2021年3月每个月月初，对同一植株1年生有花芽和无花芽叶片分别进行采样，重复3次。采集的样品放在冰盒里带回实验室，立即用液氮冷冻，存放在–80℃超低温冰箱内，用于测定内源激素含量。

进行叶片内源激素的测定。采用酶联免疫吸附测定法测定同一时间花发育不同时期及年生长周期有花芽和无花芽叶片内的脱落酸（ABA）、吲哚乙酸（IAA）、赤霉素（GA_3）和玉米素核苷（ZR）。试验步骤如下：（1）称取存放在–80℃超低温冰箱内的冷冻样品0.5 g，样品各3个重复，先加入2 mL 80%甲醇溶液，在冰浴条件下研磨成匀浆，转入10 mL的离心管，再用1 mL提取液将研钵冲洗干净，一并转入离心管中摇匀，4℃静置提取4 h，3500 r·min^{-1}离心8 min，取上清液。沉淀中再次加入1 mL提取液，摇匀，4℃静置提取1 h，3500 r·min^{-1}离心8 min，合并两次的上清液，并记录总体积。（2）上清过C-18固相萃取柱，将过柱后的样品转入5 mL离心管，氮气吹干后，用样品稀释液定容至2 mL。（3）样品测定步骤按照ELISA试剂盒说明书操作，用酶联免疫分光光度计（BioTek ELX808）测定标准品和各样品在450 nm波长处的光密度（OD）值，根据标准曲线计算各样品内源激素含量。

18.1.3 数据统计与分析

应用 Excel 2010 及 Origin 2015 软件进行数据处理及作图，采用单因素方差分析方法分析花发育不同阶段叶片内源激素含量的差异，并进行多重比较（Duncan 法）。

18.2 结果与分析

18.2.1 四季花金花茶花芽分化形态解剖特征

采用体式显微镜和石蜡切片观察四季花金花茶花芽分化过程，可分为 6 个时期：前分化期、分化初期、萼片分化期、花瓣分化期、雌雄蕊分化期、子房形成期（图 18-2）。共历时 35 d。

前分化期：营养生长锥体积较小，生长点为尖形，此时花芽生长点的顶端分生组织细胞较小、排列紧密，随着营养生长锥进一步分化，其形态也有所变化，从外观和解剖结构进行观测，此阶段较难区分是叶芽还是花芽。

分化初期：花芽生长点逐渐生长，基部加宽，花芽形态较小，但从外观上可辨认是花芽。石蜡切片显示，生长锥明显加宽，基部膨大，出现花萼原基，此后花芽横向分裂加快，生长点体积增大。

萼片分化期：花芽生长点下方生长锥附近细胞分裂加速，生长点顶端继续生长，在外围开始出现花萼原基小突起，逐渐分化成萼片，并覆盖住生长点，花萼分化结束。

花瓣分化期：花萼原基内侧花瓣原基小突起，花芽开始进入花瓣分化期，生长点顶端继续生长变平，之后花瓣原基以不同的速度向上生长，纵向生长比横向生长快，顶端为半椭圆状，最后分化成花瓣。

雌雄蕊分化期：生长点略向下凹且变得更宽，生长点上出现雌雄蕊原基小突起，生长点向四周扩散，中部比较大的突起为雌蕊原基，同期的雄蕊原基围绕着雌蕊原基生长，后期雌雄蕊原基纵向生长加速。雌蕊原基形成后，花芽分化过程完成，进入花器官发育阶段。

子房形成期：雌蕊原基和雄蕊原基继续伸长，雌蕊原基下部逐渐膨大形成子房，上部合拢形成柱头，下部为花柱。进入子房形成期表明花芽分化即将完成，进入花器官发育阶段。

四季花金花茶从花芽开始分化至开花的时间约为 67 d，且各叶腋位置上一年内可多次开花，有利于其形成持续开花的模式。

A.前分化期；B.分化初期；C.萼片分化期；D.花瓣分化期；E.雌雄蕊分化期；F.子房形成期
a.生长点呈尖形；b.花萼原基出现；c.花瓣原基出现；d.花瓣形成展开；e.雄蕊原基出现；f.雌蕊原基出现；
g.雄蕊原基分化伸长；h.子房

图18-2　四季花金花茶花芽分化期外观形态及其对应内部解剖结构

18.2.2 四季花金花茶同一时间花发育不同时期叶片内源激素含量的变化

ABA 含量总体呈 V 形的变化趋势，前分化期含量最高，花蕾期含量最低，且显著（$P < 0.05$）低于其他时期（图 18-3A）。IAA 含量总体呈 W 形的变化趋势，前分化期含量最高，其次为凋谢期，开花期含量最低，且显著（$P < 0.05$）低于其他时期（图 18-3B）。GA$_3$ 含量总体呈 N 形的变化趋势，前分化期和开花期含量较低，花芽形态分化期含量最高（图 18-3C）；ZR 含量前期变化比较平缓，在凋谢期急剧上升（图 18-3D）。

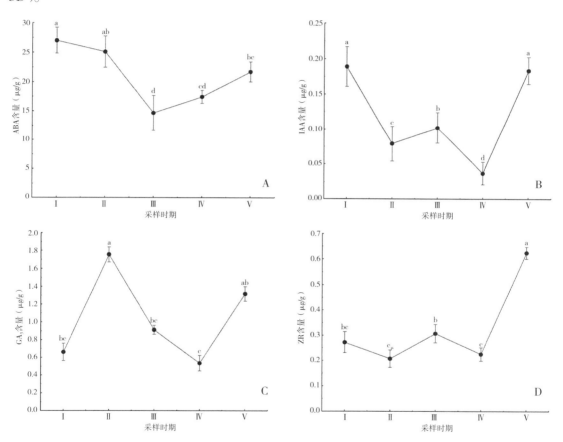

注：（1）Ⅰ为前分化期；Ⅱ为花芽形态分化期；Ⅲ为花蕾期；Ⅳ为开花期；Ⅴ为凋谢期。下同。
（2）不同小写字母表示在$P<0.05$水平有显著差异，下同。

图18-3　四季花金花茶花发育不同时期叶片内源激素含量的变化

18.2.3 四季花金花茶同一时间花发育不同时期叶片内源激素比值的变化

IAA/ABA 的变化趋势呈 W 形，在花蕾期最高，开花期最低（图 18-4A）。ZR/ABA

的变化趋势亦呈 W 形，在花芽形态分化期最低，凋谢期最高（图 18-4B）。GA$_3$/ABA 的变化趋势呈 N 形，在前分化期最低，花芽形态分化期最高（图 18-4C）。IAA/ZR 的变化呈逐渐下降的趋势，在前分化期最高，开花期最低（图 18-4D）。（IAA+GA$_3$）/ZR 的变化呈先上升后下降的趋势，在花芽形态分化期最高（图 18-4E）。

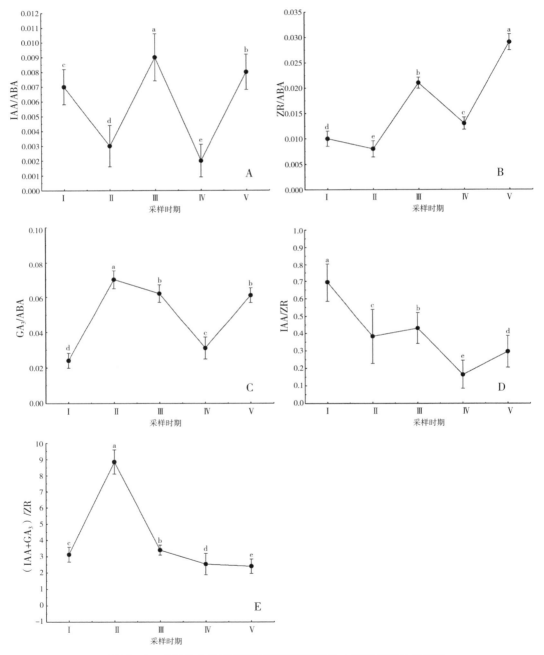

图18-4　四季花金花茶花发育不同时期叶片内源激素的比值变化

18.2.4 四季花金花茶年生长发育过程中叶片内源激素含量及比值的变化

四季花金花茶年生长发育过程中有花芽叶片 ABA、IAA 和 ZR 含量整体高于无花芽叶片，而 GA_3 含量无明显变化规律（图 18-5）；有花芽叶片 IAA/ZR 和（IAA+GA_3）/ZR 的值整体低于无花芽叶片（图 18-6）。

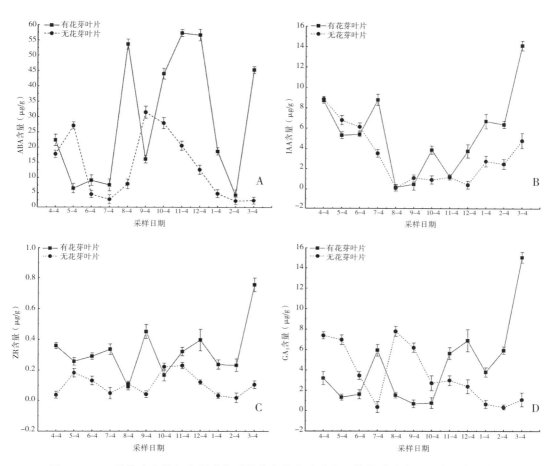

图18-5 四季花金花茶年生长发育过程中有花芽叶片和无花芽叶片内源激素的含量变化

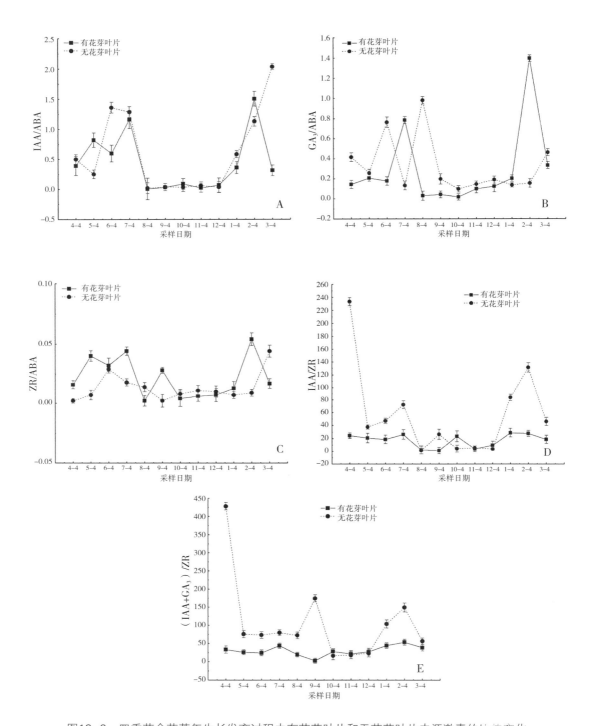

图18-6　四季花金花茶年生长发育过程中有花芽叶片和无花芽叶片内源激素的比值变化

18.3 结论与讨论

18.3.1 四季花金花茶花芽分化进程

花芽分化是植物从营养生长向生殖生长过渡的重要标志，这种转变涵盖了许多复杂的形态和生理变化（朱高浦 等，2011；He et al.，2018）。喇燕菲等（2021）报道了 3 种金花茶组植物花芽分化过程分为未分化期、分化初期、苞片分化期、花瓣分化期、雄蕊分化期、雌蕊分化期和子房形成期，其中金花茶花芽分化期持续 66 d，淡黄金花茶持续 43 d，四季花金花茶持续 30 d。本研究中四季花金花茶的花芽分化时期与上述文献中研究的 3 种金花茶组植物的基本一致，但其花芽分化的时间明显快于金花茶和淡黄金花茶，且从花芽分化到开花的时间也更短（四季花金花茶为 67 d，金花茶为 253 d，淡黄金花茶为 126 d）（柴胜丰 等，2009；王翊 等，2020），在一年内其枝条腋位上的花芽开花凋谢后会重新长出花芽，这是其能持续开花的重要原因。本研究中四季花金花茶花芽分化的时间长于喇燕菲等（2021）报道中的时间，这可能与研究地桂林的春季气温低于南宁的有关。

18.3.2 四季花金花茶同一时间花发育不同时期叶片内源激素含量及比值的变化

ABA 对成花具有双重影响，一方面能诱导休眠，使植物生长点处于休眠状态而不能够成花；另一方面 ABA 能与 GA_3 拮抗，使枝条停止生长，促进细胞分裂素、淀粉和糖的积累，从而促进植物开花（曾骧，1992）。许多研究表明 ABA 有助于花芽分化（Wang et al.，2020；刘智媛 等，2021），是促进植物开花的重要激素（Luckwill，1974）。一年多次开花的蓝莓品种"夏普蓝"开花的关键是每季花芽分化都能形成较高浓度的 ABA（杨雅涵，2020）。ABA 在枇杷的成花过程中扮演主导角色，缺乏 ABA 的持续升高，就不能导向成花（刘宗莉 等，2007）。本研究发现，四季花金花茶前分化期和花芽形态分化期 ABA 含量较高，说明高含量的 ABA 可能促进四季花金花茶的花芽分化。

IAA 既具有促进植物生长的作用，也具有抑制植物生长的作用（马焕普，1987）。IAA 含量变化与花形态建成有密切的关系，可能作为一种开花信号或促进调节花形态分化的植物激素（Hoad，1984；孙红梅 等，2017）。高水平的 IAA 有利于越南油茶

（*Camellia drupifera*）花蕾的形态构建，而低水平的 IAA 促使其花凋谢（韦靖杰 等，2021）。但在铁成一号油茶（*Camellia oleifera* 'Tiecheng No.1'）开花过程中，IAA 对开花的调控表现出了与越南油茶相反的作用，即高水平促进花的凋谢，低水平反而促进开花（喻雄 等，2019）。这些结果表明内源激素 IAA 在调节不同物种的成花过程中具有较大差异。本研究发现，前分化期和凋谢期的 IAA 含量都较高，而花芽形态分化期至开花期的含量较低，说明较低的 IAA 含量有利于四季花金花茶的花芽发育和促进开花，而较高的 IAA 含量促进花的凋谢。这一结果与对铁成一号油茶的研究结果（喻雄 等，2019）相一致。

GA_3 在植物花芽分化过程中具有重要的作用。GA_3 途径是植物成花的 4 种途径之一，合适浓度的 GA_3 处理能够促使植物提前开花，但也有研究显示，GA_3 是一种抑花激素，对花芽分化具有抑制作用，还有观点认为 GA_3 分阶段影响花芽分化（孟繁静，2000；陈晓亚 等，2007）。山茶（*Camellia japonica*）在生理分化期相对较低的 GA_3 含量有利于芽朝花芽发育，而在形态分化期内高的 GA_3 含量促进花芽的形态分化（李娅莉，2005）。本研究发现，前分化期 GA_3 含量较低，花芽形态分化期迅速升高，随后下降至开花期。说明较低含量的 GA_3 有利于花芽诱导，GA_3 含量增加有利于花芽形态分化，随着花形态的进一步发育和开花，其含量降低，因此研究结果表明 GA_3 分阶段影响花芽分化。

ZR 是细胞分裂素（CTK）在木质部中运输的主要形式，对植物花芽分化具有重要意义（宋杨 等，2014），在花原基形成及其发育过程中起到重要的作用，其含量的高低与植物体内细胞分裂及代谢活动的强度相关。东兴金花茶高浓度的 ZR 有利于花芽膨大和花蕾生长，低浓度有利于开花和幼果生长（郭辰 等，2016）。本研究发现，前分化期至开花期 ZR 含量变化较为平缓，凋谢期急剧上升，说明较低含量的 ZR 有利于四季花金花茶的花芽分化和促进开花，较高含量的 ZR 促进花的凋谢。这一结果与东兴金花茶的研究结果并不一致，可能是研究的树种不同导致结果存在差异。

Luckwill 在 1974 年提出了植物内源激素的某种平衡调控花芽孕育的假说，认为激素平衡导致成花，其作用机理解除成花基因阻遏。木樨榄（*Olea europaea*）高水平的 ABA、IAA、ABA/GA_3、IAA/GA_3 和 $(ABA+IAA)/GA_3$ 有利于成花诱导；高水平的 ZR、ZR/GA_3、ZR/ABA 和 ZR/IAA 有利于花芽分化（朱振家 等，2015）。越南油茶高比值的 IAA/ABA 能够促进花蕾的形态构建，但 IAA 和 ABA 之间也存在拮抗作用（韦靖杰 等，2021）。本研究显示，四季花金花茶的 IAA/ABA 和 ZR/ABA 的值在花芽形态分化期较低，至花蕾期迅速升高，说明 IAA/ABA 和 ZR/ABA 的值升高可促进花形态的进一步发育；GA$_3$/ABA 和（IAA+GA$_3$）/ZR 的值在前分化期最低，花芽形态分化期显著升高，其值升高可能与花芽分化诱导有关。

18.3.3 四季花金花茶年生长发育过程中叶片内源激素含量及比值的变化

花芽孕育及花朵开放是各种激素在时空上相互作用产生的结果，不是单个激素在起作用，而是各种激素乃至体内外各种因素共同作用、相互协调的结果（黄羌维 等，1996；何见 等，2009）。金花茶盛花期花多植株叶内源 IAA、ZR 和 GA$_3$ 含量高于花少植株或无花植株；花期内，有花植株的 IAA/ZR、IAA/ABA、ZR/ABA 和 GA$_3$/ABA 的值均高于无花植株，而（IAA+GA$_3$）/ZR 的值低于无花植株（孙红梅 等，2017）。马铃薯（*Solanum tuberosum*）成花品种的 ZR、ABA 含量及 ZR/IAA 和 ZR/GA$_3$ 的值始终高于未成花植株（艾星梅 等，2018）。什锦丁香（*Syringa × chinensis*）花芽分化过程中成花枝条叶片 ABA、ZR 含量及 ZR/IAA 的值均明显高于未成花枝条叶片（那光宇 等，2012）。本研究显示，四季花金花茶年生长发育过程中有花芽叶片 ABA、IAA 和 ZR 含量均整体高于无花芽叶片；IAA/ZR 和（IAA+GA$_3$）/ZR 的值均整体低于无花芽叶片。说明较高含量的 ABA、IAA 和 ZR 及较低的 IAA/ZR 和（IAA+GA$_3$）/ZR 有利于花芽分化，各种激素的相互作用与平衡，保证了四季花金花茶的花芽分化和花发育。

综上所述，四季花金花茶持续开花受多种激素的调控，要了解这些激素在四季花金花茶花发育过程中的作用，还应深入研究激素代谢，借助基因水平、蛋白水平和信号传导分子的相关研究，并开展外源激素调控的田间实验，以揭示四季花金花茶持续开花机理和规律。

第十九章
4种金花茶组植物花果期内源激素变化规律

19.1 材料与方法

19.1.1 试验材料

研究选用材料为引种种植于广西桂林市雁山区广西植物研究所金花茶组植物种质圃内的中华五室金花茶、显脉金花茶、东兴金花茶、凹脉金花茶。该种质圃位于广西东北部，北纬25°11′，东经110°12′，海拔178 m，属中亚热带季风气候区。全境气候温和，年均气温为19.2℃，年均降水量1854.8 mm，年均无霜期309 d，年均日照时数为1553.09 h，属红壤土带，以红壤为主，4种金花茶组植物均长势良好。

19.1.2 主要试剂

采用酶联免疫吸附剂。

（1）磷酸缓冲盐溶液（PBS）（1000 mL）：NaCl 0.8 g、$Na_2HPO_4 \cdot 12H_2O$ 2.96 g、KH_2PO_4 0.2 g，用蒸馏水溶解，定容至1000 mL，调节pH值至7.5。

（2）样品稀释液（500 mL）：PBS溶液500 mL、Tween-20 0.5 mL、明胶0.5 g。

（3）底物缓冲液（1000 mL）：$C_6H_8O_7 \cdot H_2O$（柠檬酸）5.1 g、$Na_2HPO_4 \cdot 12H_2O$ 18.43 g，用蒸馏水溶解，定容至1000 mL，后加1 mL Tween-20，调节pH值至5.0。

（4）洗涤液（1000 mL）：PBS溶液1000 mL、Tween-20 1 mL。

（5）终止液（20 mL）：H_2SO_4 2 mol/L。

19.1.3 主要仪器

研钵、台式高速冷冻离心机、氮气吹干装置、酶联免疫分光光度计（BioTek ELX808）、恒温箱、可调微量加样器（2.5 μL、10 μL、100 μL、200 μL、1000 μL等）、带盖瓷盘（内置湿纱布）、恒温水浴锅、小型磨样机、Implen超微量紫外可见分光光度计、漩涡混合器（QT-2）、超纯水装置、烘箱、通风橱、磁力搅拌器（85-2A）、全升降调压器（LYB-2000VA）、制冰机（SIM-F140AY65）等。

19.1.4 试验方法

1. 材料处理方法

选取园内种植年限一致、成龄无病害的 4 种金花茶组植物植株，每种 3 株，每株选 20 根枝条，于 2015 年 1 ～ 5 月对 4 种金花茶组植物花期、果期物候进行观测记录，各个物候期标准见表 19–1 和表 19–2。根据各个物候期时间，按不同方位、层次分别采集枝、叶、蕾、花、果样品，立即放入液氮罐速冻 2 ～ 3 min，带回实验室放入 –20℃低温冰箱保存备用。

表19–1　金花茶组植物物候观测指标

时　　期	标　　准
蕾期	花芽膨大之前的休眠期
始花期	树上超过总成花量25%的金花茶花朵完全开放
盛花期	树上超过总成花量50%的金花茶花朵完全开放
末花期	树上超过总成花量75%的金花茶花朵完全开放
结实期	标记花朵花瓣、雄蕊完全掉落后，子房膨大后约50 d结实

表19–2　单花物候观测指标

时　　期	标　　准
蕾期	休眠期
始花期	花朵刚绽放3～ 6 h
盛花期	花朵开放1～2 d
凋谢期	花朵凋谢
幼果期	标记花朵花瓣、雄蕊完全脱落后，子房膨大后约50 d形成幼果

2. 酶联免疫吸附测定法

采用酶联免疫吸附测定法（ELISA）测定 4 种金花茶组植物内源激素（IAA、GA_3、ZR、ABA）含量，试剂盒购于北京北农为天生物技术有限公司。操作过程如下。

（1）称取 1.0 g –20℃冷冻的新鲜金花茶组植物叶片置于研钵，加 2 mL 80% 甲醇提取液和少量石英砂在冰浴下研磨，后转入 10 mL 离心管，再用 2 mL 提取液依次将研钵清洗干净，并一起转入离心管，摇匀后放置于 4℃冰箱内，提取 4 h。

（2）取出样品管放入离心机，3500 r/min 离心 8 min，将上清液吸取至一新的 5 mL 塑料离心管中，沉淀中加 1 mL 提取液，振荡摇匀后置 4℃下再提取 1 h，离心，合并两次上清液，记录体积，弃去残渣。

（3）将新离心管放置恒温水浴锅中固定，温度为45℃，连氮气吹干，后用样品稀释液定容至 2 mL。

（4）将试剂盒中 4 种内源激素标样按照其标记的比例加适量样品稀释液，稀释至各自标准曲线的最大浓度，即 ABA、ZR 为 500 ng·mL^{-1}，IAA 为 100 ng·mL^{-1}，GA$_3$ 为 10 ng·mL^{-1}，后再依次 2 倍稀释 8 个浓度（包括 0），存于冰上备用（样品测定过程中所需的标样、抗体、二抗均现配现用，最好仅存 30 min）。

（5）取 5 mL 样品稀释液于 5 mL 塑料离心管，用微量取样器加入定量抗体（按照试剂盒标签比例，稀释至最适稀释倍数），混匀存于冰上备用。

（6）将 96 孔酶标板从 –20℃冰箱中取出，置于冰上，在酶标板前两行依次加入标准样（浓度由低至高），每个浓度加 50 μL，其余孔加样品 50 μL，每个浓度、样品重复两孔，后每孔加入 50 μL 稀释后的抗体，然后将酶标板加入湿盒内后放入 37℃恒温箱 0.5 h。

（7）取 10 mL 样品稀释液，按照试剂盒标签比例加入二抗混匀，后存于冰上备用。

（8）取出酶标板，每孔加入适量洗涤液，第一次加入后需立即甩掉，在干净报纸上拍净，再接着加第二次，共洗涤 4 次。

（9）将配置的酶标二抗，用微量加样器加 100 μL 于酶标板孔中，然后将板放进湿盒内，后置于 37℃恒温箱中 0.5 h。

（10）称量 10 ～ 20 mg 邻苯二胺（OPD）溶于 10 mL 底物缓冲液中，完全溶解后加 4 μL 30% H$_2$O$_2$，混匀。

（11）将湿盒从恒温箱中取出，再次洗板，拍干后用微量取样器在每孔中加入 100 μL 显色剂，后将板放进湿盒内，显色适宜后（肉眼直接看出标准曲线颜色差异，并且 100 ng·mL^{-1} 孔颜色较浅），每孔加入 50 μL 2 mol/L 硫酸终止反应。

（12）采用 BioTek 酶联免疫分光光度计检测标准曲线和样品在 490 nm 波长处的 OD 值。

19.1.5 数据统计及分析

采用 Excel 2007 进行数据统计并制图表；内源激素标准曲线用 CurveExpert 1.4 软件进行拟合；用 SPSS 19.0 软件分别对本试验中同一时期不同组织、不同时期同一组织中 4 种内源激素含量、比值进行双因素随机区组试验方差分析。

19.2 结果与分析

19.2.1 4种金花茶组植物的开花物候及花形态特征

中华五室金花茶花期为2月中旬至3月底，花单生于叶腋或顶生，近无花梗，花瓣金黄色，3轮，共9片。花口径平均值为4.18 cm，花高平均值为2.80 cm，单朵花鲜重平均值为2.71 g，干重平均值为0.48 g，单花寿命为6～8 d，平均值7.35 d（表19-3）。

显脉金花茶花期为1月中旬至2月初，花单生或2～3朵生于叶腋，花梗约5 mm，花多为3轮，3片一轮，花瓣深黄色。花口径平均值为3.46 cm，花高平均值为2.85 cm，鲜重、干重平均值分别为3.55 g、0.57 g，单花寿命4～8 d，平均值5.74 d。

东兴金花茶花期为3月中旬至4月中旬，花腋生，花梗较长，9～13 mm，花瓣极薄，淡黄色，2轮，共7～9片。花口径平均值为3.26 cm，花高平均值为2.75 cm，鲜重平均值为1.74 g，干重平均值为0.27 g，单花寿命为3～5 d，平均值4.56 d。

凹脉金花茶花期为2月底至3月下旬，花1～2朵腋生，花梗粗大，约7 mm，花瓣金黄色，3轮，共11～12片。花口径平均值为4.81 cm，花高平均值为2.91 cm，鲜重、干重平均值分别为4.25 g、0.68 g，单花寿命3～5 d，平均值4.23 d。

表19-3　4种金花茶组植物花形态特征

种类	花口径（cm）	高（cm）	鲜重（g）	干重（g）	单花寿命（d）
中华五室金花茶	4.18	2.80	2.71	0.48	7.35
显脉金花茶	3.46	2.85	3.55	0.57	5.74
东兴金花茶	3.26	2.75	1.74	0.28	4.56
凹脉金花茶	4.81	2.91	4.25	0.68	4.23

19.2.2 中华五室金花茶花果期内源激素变化

1. 中华五室金花茶不同组织内源激素变化

（1）营养枝叶和果枝叶内源激素含量变化。如图19-1所示，花果期内中华五室金花茶叶片4种内源激素含量高低为果枝叶＞营养枝叶。果枝叶内源IAA含量整体呈上升趋势，在盛花期有小幅度波动，营养枝叶内源IAA含量则在蕾期较低，上升至盛花期后又下降至末花期，结实期有回升；果枝叶内源ZR含量整体呈上升趋势，结实期急剧下降至最低，而营养枝叶内源ZR含量则从始花期持续下降至结实期；果枝叶与营养枝叶内源GA_3含量变化趋势一致，在蕾期含量较低，缓慢上升至盛花期，之后急剧下降至末花期, 结实期均有回升; 营养枝叶和果枝叶内源ABA含量整体呈下降趋势, 结实期果枝叶内源 ABA 含量小幅度回升, 而营养枝叶内源 ABA 含量则急剧下降至最低。

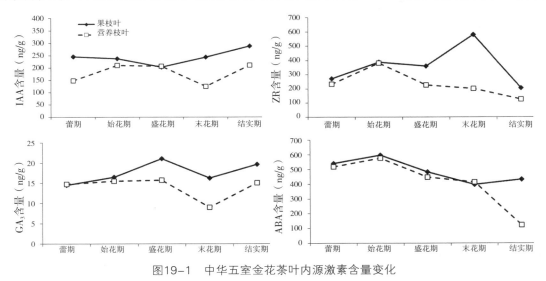

图19-1　中华五室金花茶叶内源激素含量变化

（2）营养枝与果枝内源激素含量变化。花果期内, 中华五室金花茶营养枝内源IAA、ZR、ABA 含量变化幅度较小（图 19-2）, 内源 IAA 含量先低后高, 内源 ZR、ABA 含量整体呈下降趋势; 而果枝内源 IAA、ZR 含量分别从蕾期大幅度上升至盛花期, 后急剧下降至结实期, 内源 ABA 含量则从蕾期整体下降至结实期最低; 果枝和营养枝内源 GA₃ 含量呈 "下降—上升" 变化趋势, 果枝内源 GA₃ 含量在盛花期最低, 营养枝内源 GA₃ 含量则在始花期和末花期较低, 结实期均有回升。

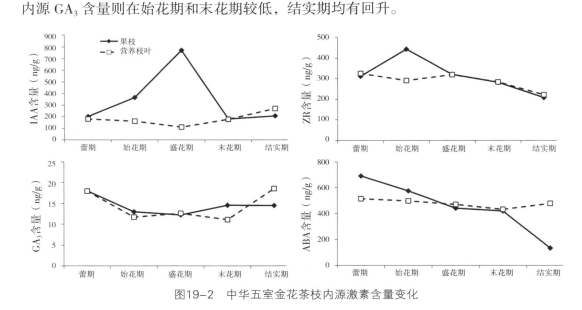

图19-2　中华五室金花茶枝内源激素含量变化

（3）蕾、花、果内源激素含量变化。如图19-3所示，花果期内，中华五室金花茶蕾、花、果内源IAA、GA₃含量变化较平稳，内源IAA含量从蕾期持续上升至幼果期含量最高，内源GA₃含量整体呈"上升—下降"变化趋势，始花期内源GA₃含量小幅度上升，后缓慢下降至结实期，与蕾期内源GA₃含量一致；内源ZR、ABA含量均从蕾期开始下降至始花期最低，后分别上升至盛花期、凋谢期最高，幼果中内源ZR、ABA含量下降，与蕾期含量一致。

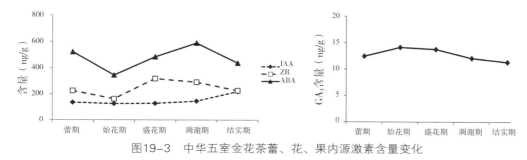

图19-3 中华五室金花茶蕾、花、果内源激素含量变化

2. 中华五室金花茶不同组织内源激素比值变化

（1）营养枝叶和果枝叶内源激素比值变化。花期内，营养枝叶内源激素的值变化平稳，其中，ZR/ABA、GA₃/ABA的值在始花期，IAA/ABA、（IAA+GA₃）/ZR的值在盛花期小幅度上升，后在结实期大幅度上升；果枝叶IAA/ABA的值在花果期整体上升，变化幅度相对较小；ZR/ABA、GA₃/ABA的值变化趋势一致，均在蕾期小幅度上升，盛花期后大幅度上升，末花期开始显著下降；（IAA+GA₃）/ZR的值呈V形变化，从蕾期开始持续下降，末花期后显著上升（图19-4）。

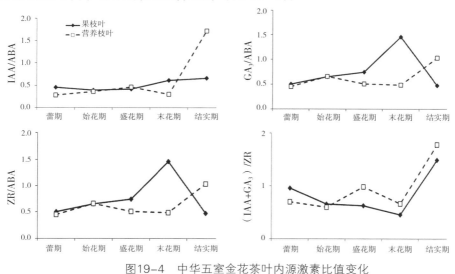

图19-4 中华五室金花茶叶内源激素比值变化

（2）营养枝与果枝内源激素比值变化。花果期内，中华五室金花茶营养枝内源激素比值变化幅度小于果枝，除 ZR/ABA 的值在结实期下降外，营养枝内源激素的值均先低后高；果枝内源 ZR/ABA 和 GA₃/ABA 的值整体上升，结实期大幅度上升；果枝 IAA/ABA、（IAA+GA₃）/ZR 的值波动频繁，从蕾期缓慢上升至盛花期，后急剧下降至末花期，结实期回升（图 19-5）。

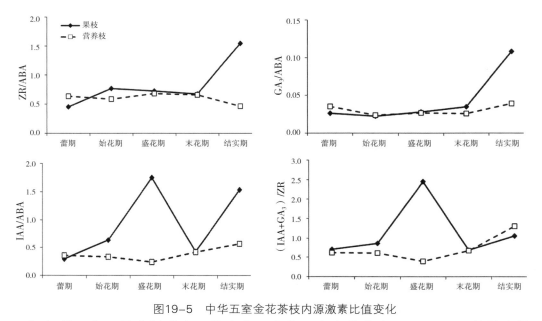

图19-5　中华五室金花茶枝内源激素比值变化

（3）蕾、花、果内源激素比值变化。中华五室金花茶内源 GA₃/ABA 的值在始花期最高，随花形态分化的进程，花内源 IAA/ABA、GA₃/ABA、（IAA+GA₃）/ZR 的值下降，而 ZR/ABA 的值上升，盛花期 ZR/ABA 的值最大；幼果形成时，果内源 IAA/ABA、GA₃/ABA、（IAA+GA₃）/ZR 的值均上升，而 ZR/ABA 的值下降，幼果期 IAA/ABA、（IAA+GA₃）/ZR 的值最大（图 19-6）。表 19-4 显示，中华五室金花茶不同组织在同一时期内源 ABA 含量及 GA₃/ABA 的值差异显著（$P < 0.05$）。

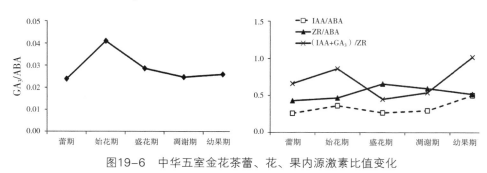

图19-6　中华五室金花茶蕾、花、果内源激素比值变化

表19-4 中华五室金花茶内源激素含量及比值间双因素随机区组试验方差分析

处　　理	F值							
	IAA	ZR	GA₃	ABA	IAA/ABA	ZR/ABA	GA₃/ABA	（IAA+GA₃）/ZR
同一时期 不同组织	0.666	3.168	1.611	5.157*	2.696	0.807	4.622*	2.214
同一组织 不同时期	0.914	1.719	1.401	0.963	1.104	0.430	0.991	0.620

注：*表示在0.05水平（双侧）上显著相关。

19.2.3 显脉金花茶花果期内源激素变化

1. 显脉金花茶不同组织内源激素变化

（1）营养枝叶和果枝叶内源激素含量变化。图19-7显示，显脉金花茶植株营养枝叶内源IAA含量整体上升，果枝叶内源IAA含量则呈"上升—下降—上升"变化趋势，始花期果枝叶内源IAA含量达到最高；果枝叶内源ZR含量呈M形变化，在始花期和末花期含量较高，营养枝叶内源ZR含量则先上升至盛花期后持续下降至结实期；营养枝叶和果枝叶内源GA₃含量整体呈"上升—下降"变化趋势，营养枝叶内源GA₃含量在结实期回升而果枝叶内源GA₃含量持续下降；果枝叶内源ABA含量从蕾期上升至盛花期，后缓慢下降，结实期大幅度上升，而营养枝叶内源ABA含量则从蕾期上升至始花期后持续下降至结实期。

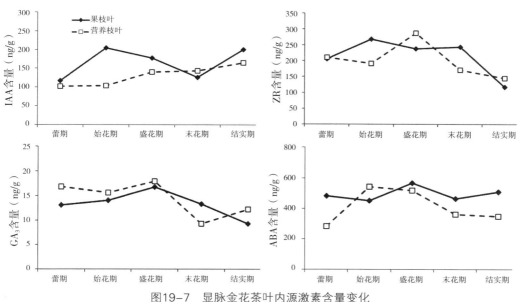

图19-7 显脉金花茶叶内源激素含量变化

（2）营养枝和果枝内源激素含量变化。花果期内，显脉金花茶枝内源 IAA 含量变化差异显著，营养枝整体呈"下降—上升—下降"变化趋势，而果枝呈"上升—下降—上升"变化趋势；果枝内源 ZR 含量变化平稳，营养枝 ZR 含量整体下降且花期内高于果枝，结实期低于果枝；枝内源 GA₃、ABA 含量均呈 V 形变化且营养枝高于果枝，内源 GA₃、ABA 含量果枝盛花期最低，营养枝末花期最低，结实期均回升（图 19-8）。

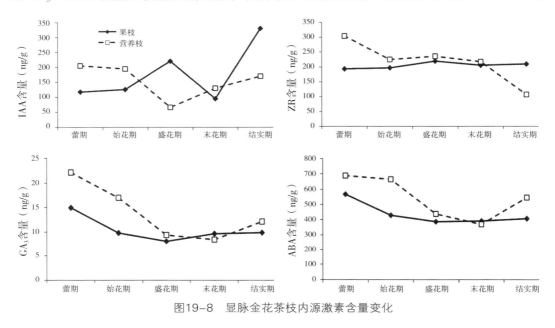

图19-8　显脉金花茶枝内源激素含量变化

（3）蕾、花、果内源激素含量变化。图 19-9 显示，蕾、花、果内源 IAA 含量整体上升，结实期含量最高；内源 ZR 含量呈"下降—上升—下降"变化趋势，始花期含量最低而盛花期含量最高；内源 ABA 蕾期含量较高，始花期含量最低，花形态分化过程中 ABA 含量呈上升趋势，结实期内源 ABA 含量较低；内源 GA₃ 蕾期含量较高，随着花形态分化，内源 GA₃ 含量逐渐下降，至凋谢期最低，结实期回升。

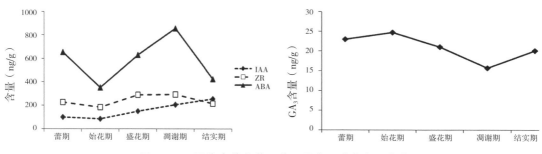

图 19-9　显脉金花茶蕾、花、果内源激素含量变化

2.显脉金花茶不同组织内源激素比值变化

（1）营养枝叶与果枝叶内源激素比值变化。图 19-10 显示，果枝叶 IAA/ABA 的值从蕾期上升至始花期，营养枝叶从蕾期下降至始花期后持续上升至结实期，果枝叶则下降至末花期，结实期回升；果枝叶 ZR/ABA 的值呈 M 形变化，始花期和末花期比值大，营养枝叶呈"下降—上升—下降"变化；果枝叶 GA$_3$/ABA 的值变化小，营养枝叶整体下降至末花期后回升；叶（IAA+GA$_3$）/ZR 的值整体下降后上升，果枝叶于末花期、营养枝叶于盛花期回升。

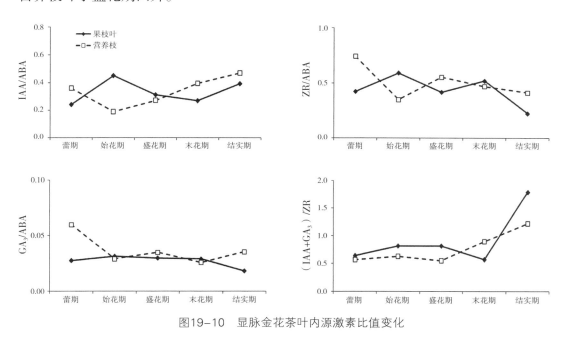

图 19-10　显脉金花茶叶内源激素比值变化

（2）营养枝与果枝内源激素比值变化。图 19-11 显示，花果期内，显脉金花茶果枝内源 IAA/ABA、（IAA+GA$_3$）/ZR 的值整体呈上升变化趋势，而营养枝 IAA/ABA、（IAA+GA$_3$）/ZR 的值从蕾期下降至盛花期，后持续上升至结实期；果枝内源 ZR/ABA 的值变化平稳，先高后低，而营养枝则呈"下降—上升—下降"变化趋势，从蕾期下降至始花期，后上升至末花期，结实期大幅度下降；果枝和营养枝内源 GA$_3$/ABA 的值变化平稳，均从蕾期下降至盛花期，后持续上升至结实期。

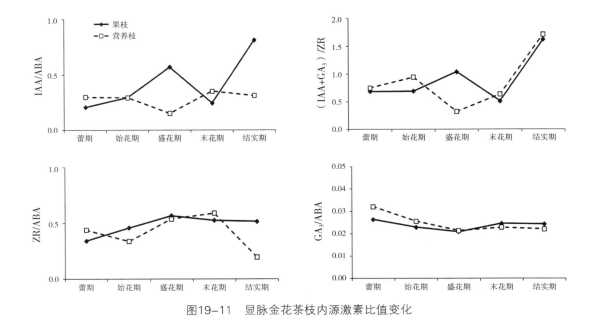

图19-11 显脉金花茶枝内源激素比值变化

（3）蕾、花、果内源激素含量比值变化。图 19-12 显示, 花芽分化期, 内源 IAA/ABA、ZR/ABA、GA_3/ABA、（IAA+GA_3）/ZR 的值上升, 随着花形态分化, IAA/ABA、（IAA+GA_3）/ZR 的值逐渐上升, ZR/ABA、GA_3/ABA 的值下降。幼果期, IAA/ABA、ZR/ABA、GA_3/ABA、（IAA+GA_3）/ZR 的值上升。始花期 GA_3/ABA 的值最大, 结实期 IAA/ABA、（IAA+GA_3）/ZR 的值最大; 表 19-5 表明, 不同组织在同一时期 IAA、ABA 和 IAA/ABA、GA_3/ABA、（IAA+GA_3）/ZR 的值差异极显著（$P < 0.01$）。

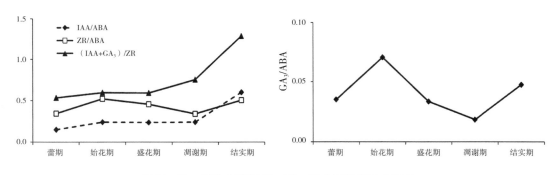

图19-12 显脉金花茶蕾、花、果内源激素比值变化

表19-5　显脉金花茶内源激素含量及比值间双因素随机区组试验方差分析

处　理	F值							
	IAA	ZR	GA₃	ABA	IAA/ABA	ZR/ABA	GA₃/ABA	（IAA+GA₃）/ZR
同一组织不同时期	1.334	3.167	2.681	0.820	0.379	1.231	1.358	2.215
同一时期不同组织	20.920**	0.878	3.680*	9.389**	6.991**	2.877*	15.817**	5.008**

注：*表示在0.05水平（双侧）上显著相关；**表示在0.01水平（双侧）上显著相关。

19.2.4 东兴金花茶花果期内源激素变化

1.东兴金花茶不同组织内源激素变化

（1）营养枝叶和果枝叶内源激素含量变化。图 19-13 显示，营养枝叶内源 IAA 含量在花果期内整体平稳上升，果枝叶则从蕾期下降至盛花期，后大幅度上升至结实期；叶内源 ZR 含量整体下降，其中，营养枝叶在始花期上升，果枝叶在始花期和末花期上升；果枝叶内源 GA₃ 含量从蕾期上升至盛花期，后下降至结实期，营养枝叶则呈 W 形变化且盛花期和结实期较高；叶内源 ABA 含量差异较大，营养枝叶从蕾期上升至盛花期，后下降至结实期，而果枝叶则从始花期持续下降至末花期，结实期回升。

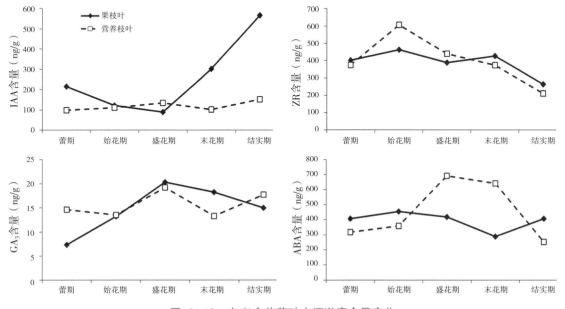

图19-13　东兴金花茶叶内源激素含量变化

（2）营养枝和果枝内源激素含量变化。图 19-14 显示，东兴金花茶枝内源 IAA 含量变化差异显著，营养枝从蕾期大幅度下降至盛花期，后持续上升至结实期，果枝则从蕾期上升至盛花期，后急剧下降至末花期，结实期大幅度回升；果枝内源 ZR 含量在花果期呈"上升—下降"变化趋势，从蕾期缓慢上升至盛花期，后大幅度下降至结实期，营养枝内源 ZR 含量则从蕾期下降至始花期，后急剧上升至盛花期，结实期下降；营养枝和果枝内源 GA_3 含量整体呈"下降—上升"的变化趋势，果枝、营养枝内源 GA_3 含量分别从蕾期下降至盛花期、末花期，结实期回升；营养枝内源 ABA 含量从蕾期至盛花期变化平稳，末花期急剧下降，后在结实期回升，而果枝内源 ABA 含量从蕾期大幅度上升至始花期，后从始花期下降至末花期，结实期回升。

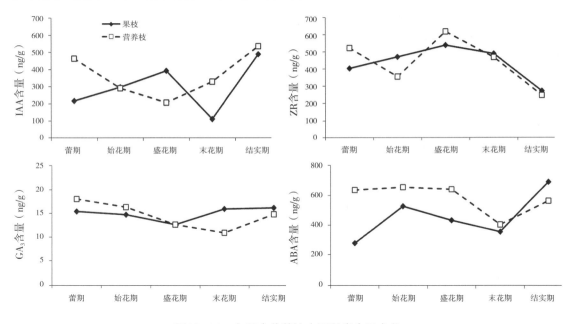

图19-14 东兴金花茶枝内源激素含量变化

（3）蕾、花、果内源激素含量变化。图 19-15 显示，花芽分化期，内源 GA_3、ABA 含量上升而内源 IAA、ZR 含量下降，花形态分化期，内源 IAA、ZR 含量上升而内源 GA_3、ABA 含量下降，幼果期，内源 IAA、GA_3 含量上升而内源 ZR、ABA 含量下降。东兴金花茶蕾、花、果内源 IAA 含量整体上升，结实期含量最高，始花期含量最低；内源 ZR 蕾期含量最高；内源 ABA 凋谢期含量最高；蕾、花中 GA_3 含量变化差异较小，结实期含量较高。

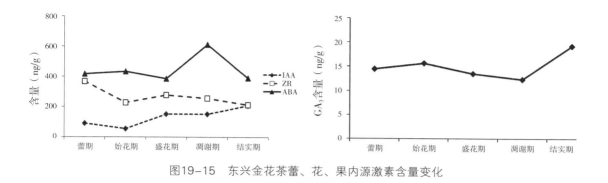

图19-15 东兴金花茶蕾、花、果内源激素含量变化

2. 东兴金花茶不同组织内源激素比值变化

（1）营养枝叶与果枝叶内源激素比值变化。图 19-16 显示，东兴金花茶营养枝叶内源 IAA/ABA 的值在花期变化平稳，在结实期上升至最高，果枝叶 IAA/ABA 的值从蕾期缓慢下降至盛花期，后大幅度上升至结实期；果枝叶 ZR/ABA 的值整体呈"上升—下降"变化趋势，从盛花期上升至末花期，后下降至结实期，而营养枝叶 ZR/ABA 的值则从蕾期上升至始花期，后持续下降至结实期；营养枝叶和果枝叶 GA₃/ABA 的值变化差异显著，营养枝叶从蕾期下降至末花期，后上升至结实期，而果枝叶则从蕾期上升至末花期，结实期下降；营养枝叶和果枝叶内源（IAA+GA₃）/ZR 的值在花果期整体上升，均在结实期最高，果枝叶上升幅度大于营养枝叶。

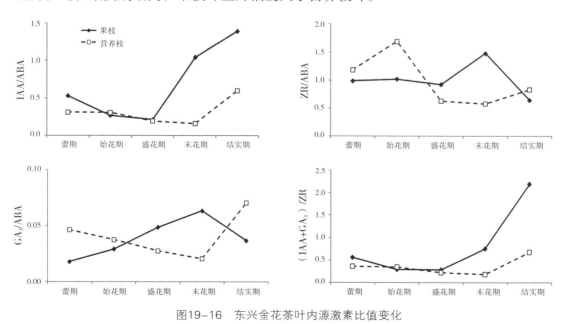

图19-16 东兴金花茶叶内源激素比值变化

（2）营养枝与果枝内源激素比值变化。图 19-17 显示，东兴金花茶营养枝 IAA/ABA 的值整体呈"下降—上升"变化趋势，果枝变化频繁，整体呈 W 形变化，在盛花期最高，末花期最低；果枝 ZR/ABA 的值大于营养枝，两者变化趋势一致，均从蕾期下降至始花期，后回升至末花期，于结实期大幅度下降至最低；花果期内，营养枝 GA$_3$/ABA 的值变化平稳，果枝则整体下降，从蕾期下降至始花期，后缓慢上升至末花期，于结实期大幅度下降；东兴金花茶枝内源（IAA+GA$_3$）/ZR 的值在花果期变化趋势一致，整体呈"下降—上升"变化趋势，营养枝和果枝分别在盛花期、末花期最低，后均于结实期大幅度增加。

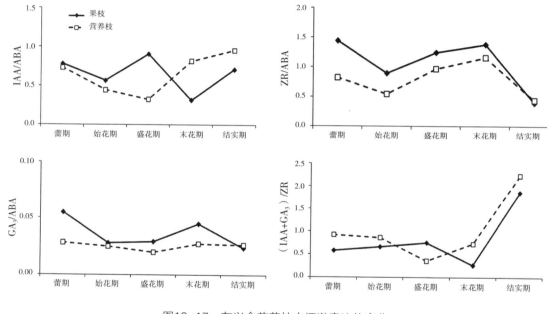

图19-17　东兴金花茶枝内源激素比值变化

（3）蕾、花、果内源激素含量比值变化。图 19-18 显示，花芽分化期，东兴金花茶蕾内源 IAA/ABA、ZR/ABA 的值下降而（IAA+GA$_3$）/ZR 的值上升，随着花形态分化的进程，IAA/ABA、ZR/ABA、（IAA+GA$_3$）/ZR 的值均上升，幼果期，果内源激素的值均上升；蕾、花、果 IAA/ABA、GA$_3$/ABA、（IAA+GA$_3$）/ZR 的值整体上升，结实期 IAA/ABA、GA$_3$/ABA、（IAA+GA$_3$）/ZR 的值最大，而 ZR/ABA 的值整体下降，蕾期 ZR/ABA 的值最大；从表 19-6 中可以看出，东兴金花茶同一组织在不同时期内源 ZR 含量和（IAA+GA$_3$）/ZR 的值差异极显著（$P < 0.01$）。

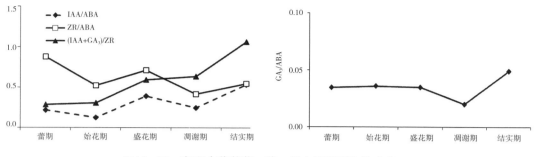

图19-18 东兴金花茶蕾、花、果内源激素比值变化

表19-6 东兴金花茶内源激素含量及比值间双因素随机区组试验方差分析

处理	F值							
	IAA	ZR	GA_3	ABA	IAA/ABA	ZR/ABA	GA_3/ABA	(IAA+GA_3)/ZR
同一组织 不同时期	3.207	5.972**	0.324	0.563	2.212	1.693	0.291	12.031**
同一时期 不同组织	2.510	2.478	0.234	0.829	1.323	0.973	0.536	2.093

注：**表示在0.01水平（双侧）上显著相关。

19.2.5 凹脉金花茶花果期内源激素变化

1. 凹脉金花茶不同组织内源激素变化

（1）营养枝叶和果枝叶内源激素含量变化。图19-19显示，凹脉金花茶果枝叶内源IAA、ZR、ABA含量整体下降，内源ZR、ABA含量分别在末花期和结实期回升；营养枝叶内源IAA、ZR、ABA含量均先高后低，其中内源IAA含量变化较平稳，内源ZR和ABA含量于始花期上升；营养枝叶和果枝叶内源GA_3含量先低后高，末花期大幅度下降。

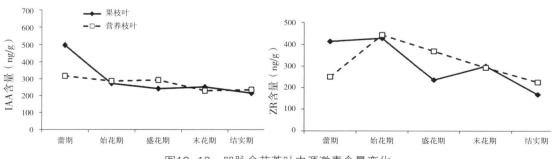

图19-19 凹脉金花茶叶内源激素含量变化

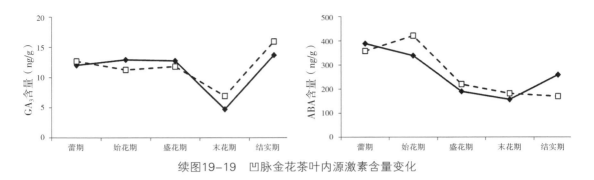

续图19-19　凹脉金花茶叶内源激素含量变化

（2）营养枝和果枝内源激素含量变化。图 19-20 显示，花果期内，凹脉金花茶营养枝内源 IAA 含量整体下降，果枝则呈"上升—下降"的变化趋势，从蕾期上升至盛花期最高，后持续下降至结实期；花果期内，果枝内源 ZR 含量大于营养枝，果枝内源 ZR 含量从蕾期上升至始花期最大，后持续下降至结实期，而营养枝则整体呈下降变化趋势，盛花期含量回升；果枝和营养枝内源 GA_3 含量均呈"下降—上升"的变化趋势，从蕾期分别下降至盛花期和末花期含量最低，后在结实期回升；营养枝内源 ABA 含量高于果枝，花果期内，营养枝和果枝内源 ABA 含量均持续下降至末花期，后回升。

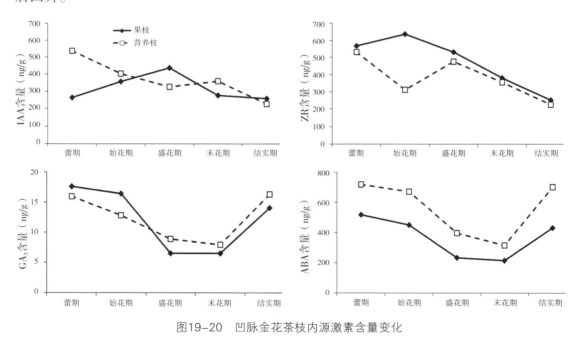

图19-20　凹脉金花茶枝内源激素含量变化

（3）蕾、花、果内源激素含量变化。图 19-21 显示，花芽分化期，内源 IAA、

GA₃、ABA 含量上升而内源 ZR 含量下降，花形态分化期，内源 ZR 含量上升而内源 IAA、GA₃、ABA 含量下降，幼果期，内源 IAA、GA₃ 含量上升而内源 ABA、ZR 含量下降；花结实期内，凹脉金花茶内源 IAA 含量整体上升，结实期 IAA 含量最高，内源 ZR 含量呈"下降—上升—下降"的变化趋势，内源 ZR 含量盛花期最高而结实期最低，内源 GA₃ 含量在始花期和结实期较高，内源 ABA 含量在盛花期最低，凋谢期最高，蕾期、始花期、结实期含量基本一致。

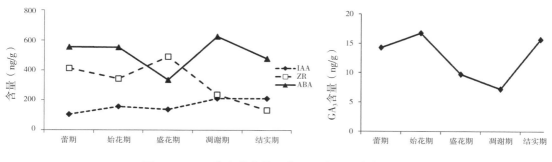

图19-21　凹脉金花茶蕾、花、果内源激素含量变化

2. 凹脉金花茶不同组织内源激素比值变化

（1）营养枝叶与果枝叶内源激素比值变化。图 19-22 显示，果枝叶内源 IAA/ABA 的值整体呈"下降—上升—下降"的变化趋势，在末花期最高，营养枝叶则整体上升，在盛花期和结实期较高；营养枝叶和果枝叶 ZR/ABA 的值整体呈"上升—下降"的变化趋势，营养枝叶和果枝叶分别上升至盛花期和末花期，后持续下降至结实期；营养枝叶和果枝叶内源 GA₃/ABA 的值变化趋势一致，均从蕾期上升至盛花期，后下降至末花期，结实期大幅度回升；果枝叶（IAA+GA₃）/ZR 的值整体呈 W 形变化，在蕾期、结实期较高，而营养枝叶（IAA+GA₃）/ZR 的值则从蕾期下降至始花期，后持续上升至结实期。

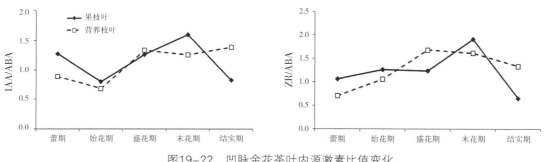

图19-22　凹脉金花茶叶内源激素比值变化

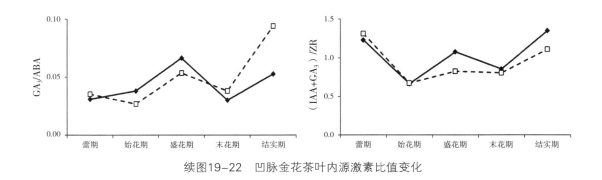

续图19-22　凹脉金花茶叶内源激素比值变化

（2）营养枝与果枝内源激素比值变化。图19-23显示，凹脉金花茶果枝内源 IAA/ABA、ZR/ABA 的值整体呈"上升—下降"的变化趋势，盛花期最高，而营养枝 ZR/ABA、IAA/ABA 的值则从蕾期下降至始花期，后分别上升至盛花期和末花期，结实期下降；营养枝和果枝内源 GA₃/ABA 的值变化平稳，且果枝内源 GA₃/ABA 的值大于营养枝，果枝呈"上升—下降—上升"的变化趋势，而营养枝整体呈"下降—上升—下降"的变化趋势；果枝（IAA+GA₃）/ZR 的值整体上升，结实期最高，而营养枝则呈"上升—下降—上升"的变化趋势。

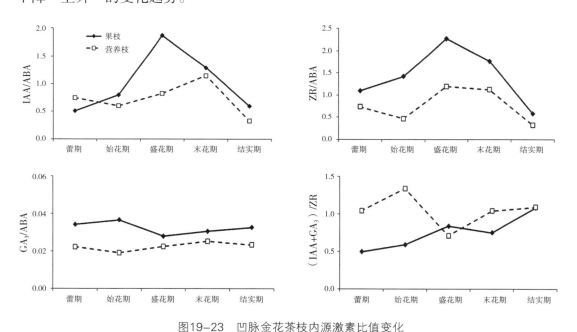

图19-23　凹脉金花茶枝内源激素比值变化

（3）蕾、花、果内源激素含量比值变化。图19-24显示，花芽分化期，内源 IAA/ABA、GA₃/ABA、（IAA+GA₃）/ZR 的值上升，ZR/ABA 的值下降，花形态分化期，IAA/ABA、

ZR/ABA 的值上升而 GA$_3$/ABA、（IAA+GA$_3$）/ZR 的值下降，幼果形成期，IAA/ABA、GA$_3$/ABA、（IAA+GA$_3$）/ZR 的值上升，ZR/ABA 的值下降；IAA/ABA、（IAA+GA$_3$）/ZR 的值整体呈上升变化趋势且在结实期最高，盛花期内源 ZR/ABA 的值最高。表 19-7 显示，同一组织在不同时期内 GA$_3$、ABA 含量和 ZR/ABA 的值差异极显著（$P < 0.01$），而不同组织在同一时期 ABA 含量差异极显著（$P < 0.01$）。

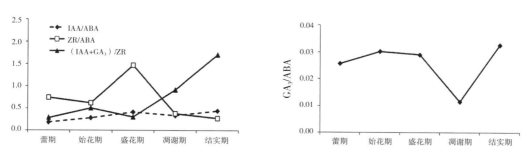

图19-24 凹脉金花茶蕾、花、果内源激素比值变化

表19-7 凹脉金花茶内源激素含量及比值间双因素随机区组试验方差分析

处理	F值							
	IAA	ZR	GA$_3$	ABA	IAA/ABA	ZR/ABA	GA$_3$/ABA	（IAA+GA$_3$）/ZR
同一组织 不同时期	2.76	5.164*	9.342**	11.965**	3.982*	7.097**	1.625	1.491
同一时期 不同组织	3.34*	1.963	0.327	10.608**	3.639*	3.704*	1.721	2.907*

注：*表示在0.05水平（双侧）上显著相关；**表示在0.01水平（双侧）上显著相关。

19.3 结论与讨论

19.3.1 中华五室金花茶花果期内源激素含量变化规律

中华五室金花茶植株内源激素含量高低花期排序为果枝叶＞营养枝叶，果枝＞营养枝，盛花期＞始花期＞蕾期，结实期排序为果枝叶＞营养枝叶，营养枝＞果枝，结实期内源 IAA 含量最高，而 ABA、ZR、GA$_3$ 含量与蕾期相近，表明随着中华五室金花茶花形态分化和幼果的营养生长，内源激素含量变化明显转向生殖生长或营养生长旺盛的组织，有利于中华五室金花茶开花、结实。开花结实过程中，中华五室金花茶果枝叶内源激素含量变化趋势为 IAA 含量先低后高，ABA、GA₃、ZR 含量先高后低；营养枝叶内源激素含量变化趋势均为先高后低，IAA、ZR 含量在结实期回升；果枝内源激素含量变化为 IAA、ZR 含量先高后低，GA₃ 含量先低后高，ABA 含量持续下降；营养枝内源激素含量变化趋势均为先低后高，ZR 含量在盛花期后持续下降；蕾、花、果中，IAA 含量持续上升，GA₃ 含量先高后低，ZR、ABA 含量则为"高—低—高—低"。

植株内源激素间平衡关系发生变化，导致抑制成花的相关基因被解除，即激素的动态平衡环境为植株开花、结实提供一个必要的条件，同时，各内源激素彼此之间对成花具有促进作用或拮抗作用。中华五室金花茶内源 IAA、ZR、ABA 含量高于 GA₃ 含量。在花期，除果枝叶（IAA+GA₃）/ZR 的值持续下降外，中华五室金花茶营养枝叶、果枝叶内源激素比值均呈上升变化趋势，至结实期，营养枝叶内源激素比值大幅度上升，从而大于果枝叶内源激素。营养枝内源激素比值在花果期均呈小幅度上升变化趋势，果枝 ZR/ABA、GA₃/ABA 的值在花期平稳上升，而 IAA/ABA、（IAA+GA₃）/ZR 的值先高后低，再回升。

金花茶组植物植株内高 ABA 含量有助于暂停或停止植株营养生长，间接促进花芽分化。在中华五室金花茶花芽分化期，果枝叶、果枝、始花期内源 ABA 含量以及果叶、始花期 GA₃/ABA 的值均上升，花形态分化时期，果叶、果枝、盛花期 ABA 含量下降，而盛花期内源 GA₃/ABA 的值大幅度下降，随机方差分析显示，同一组织内源 ABA 含量及 GA₃/ABA 的值在不同时期差异显著（$P < 0.05$）。因此，中华五室金花茶植株内源 ABA 含量及 GA₃/ABA 的值上升，是其从营养生长转向生殖生长的依据，可将 ABA、GA₃/ABA 的值的变化位点作为中华五室金花茶生殖生长的生理标记，吴雅琴等（2006）在葡萄实生树研究中得到相同结论。

蕾、花、果中内源激素含量及比值差异较大，蕾期 IAA、GA₃ 含量以及内源激素比值较低；始花期 ABA、ZR 含量较低，GA₃ 含量及 IAA/ABA、GA₃/ABA、（IAA+GA₃）/ZR 的值较高；盛花期 ZR 含量和 ZR/ABA 的值最高，IAA/ABA、GA₃/ABA、（IAA+GA₃）/ZR 的值较低；凋谢期 ABA 的含量最高，内源激素比值均较低；结实期 IAA、GA₃、ZR 含量及 IAA/ABA、（IAA+GA₃）/ZR 的值均较高，表明在中华五室金花茶花形成过程中，低 IAA、GA₃ 有利于花蕾的休眠，高浓度 GA₃ 及低浓度 ABA、ZR 有利于花形态分化，高浓度 ZR 及低浓度 IAA、GA₃ 有利于防止花朵脱落，高浓度 IAA、GA₃ 及低浓度 ABA 有利于幼果生长，其中，内源 ZR、GA₃、ABA 互相促进，而幼果中 IAA 和 ABA

互相拮抗。

19.3.2 显脉金花茶花果期内源激素含量变化规律

花果期内，显脉金花茶植株不同组织内源 IAA 平均含量高低为枝＞叶、果＞花＞蕾；GA_3 平均含量高低为叶＞枝、果＞蕾＞花；ZR 平均含量高低为叶＞枝、蕾＞花＞果；ABA 平均含量高低为枝＞叶、花＞蕾＞果。花果期内，果枝叶内源激素变化频繁，IAA、ABA 含量呈"上升—下降—上升"的变化趋势；ZR 含量呈"双高双低"变化趋势；GA_3 含量先高后低。果枝内源 ZR 含量变化平稳，整体上升，IAA 含量呈"上升—下降—上升"变化趋势，GA_3 和 ABA 含量先低后高；营养枝内源 IAA、GA_3、ABA 含量先低后高，ZR 整体下降；显脉金花茶蕾、花、果内源 IAA 含量整体上升，ZR、ABA 含量呈"下降—上升—下降"变化趋势，GA_3 含量呈"上升—下降—上升"变化趋势，表明激素调控植株开花、结实具有特异性，应在特定的时期对特定的组织调控其各项生理活动。

花芽分化期，显脉金花茶果枝、果枝叶内源 IAA、ZR 含量和 IAA/ABA、ZR/ABA、（IAA+GA_3）/ZR 的值以及蕾内源 GA_3 含量和 IAA/ABA、ZR/ABA、（IAA+GA_3）/ZR 的值逐渐上升；花形态分化期，果枝、果枝叶 IAA、ZR 含量、IAA/ABA、ZR/ABA 的值下降，而 GA_3、ABA 含量上升，花内源 IAA、ZR、ABA 含量和（IAA+GA_3）/ZR 的值上升而 GA_3 含量和 IAA/ABA、ZR/ABA 的值下降；结实期，果枝叶、果枝 IAA 含量以及 IAA/ABA、（IAA+GA_3）/ZR 的值大幅度上升，表明植株 IAA/ABA、ZR/ABA、（IAA+GA_3）/ZR 的值上升有利于花芽分化，IAA/ABA、ZR/ABA 的值下降有利于花形态分化，而 IAA/ABA、（IAA+GA_3）/ZR 的值上升则利于结果。

19.3.3 东兴金花茶花果期内源激素含量变化规律

花果期内，东兴金花茶植株内源 IAA、ZR、GA_3、ABA 平均含量整体高低排序为枝＞叶，蕾、花、果中内源激素含量在各个时期差异较大，蕾期内源 ZR 含量最高，始花期内源 GA_3 含量高而 IAA、ZR 含量低，盛花期内源 IAA、ZR 含量高而 ABA 含量低，凋谢期内源 ABA 含量最高，结实期内源 IAA、GA_3 含量高而 ZR、ABA 含量低。东兴金花茶不同组织内源激素含量变化趋势为果枝叶 IAA、ABA 含量为先低后高，GA_3、ZR 含量先高后低，营养枝叶和营养枝内源 IAA、GA_3、ABA 含量变化趋势均为先低后高，ZR 含量为"高—低—高—低"变化趋势，果枝内源 IAA、ABA 含量为"低—高—低—高"变化趋势，ZR 含量为先高后低，GA_3 含量为先低后高；蕾、花、果中，IAA、GA_3

含量整体上升，ZR 含量整体下降，ABA 含量则为"上升—下降"变化趋势。

花芽分化期，蕾内源 GA₃、ABA 含量和（IAA+GA₃）/ZR 的值上升而 IAA、ZR 含量和 IAA/ABA、ZR/ABA 的值下降；花形态分化期，花 IAA、ZR 含量和 IAA/ABA、ZR/ABA、（IAA+GA₃）/ZR 的值上升而 GA₃、ABA 含量下降；幼果形成过程中，果内源 IAA、GA₃ 含量上升，而 ZR、ABA 含量下降，内源激素比值均上升，表明高 GA₃、ABA 含量和低 IAA、ZR 含量有利于花芽分化，而高 IAA、ZR 含量和低 GA₃、ABA 含量有利于花形态分化，相对高 ZR 含量是成花的关键因素，高浓度 ABA 利于花朵脱落，高浓度 IAA、GA₃ 和低浓度 ABA 有利于幼果生长。

19.3.4 凹脉金花茶花果期内源激素含量变化规律

凹脉金花茶植株内源 IAA、ZR 平均含量高低为果枝叶＞果枝，果枝＞营养枝，而内源 GA₃、ABA 平均含量高低为营养枝叶＞果枝叶，营养枝＞果枝，蕾、花、果中内源 IAA 平均含量高低为果＞花＞蕾，ZR 平均含量高低为蕾＞花＞果，GA₃ 平均含量高低为果＞蕾＞花，ABA 平均含量高低为花＞蕾＞果，表明不同激素分别在特定时期对凹脉金花茶不同组织进行生理活动的调控。

凹脉金花茶果枝叶内源 IAA、ZR 含量整体下降，果枝 IAA、ZR 含量先高后低，果枝和果枝叶 GA₃、ABA 含量先低后高；花芽分化期，蕾中 IAA、GA₃、ABA 含量及 IAA/ABA、GA₃/ABA、（IAA+GA₃）/ZR 的值上升，而 ZR 含量、ZR/ABA 的值下降，花形态分化期，花内源 IAA、GA₃、ABA 含量和（IAA+GA₃）/ZR 的值下降，而 ZR 含量和 ZR/ABA 的值大幅度上升。表 19-7 显示，凹脉金花茶同一组织在不同时期内源 ZR 含量差异显著（$P < 0.05$），GA₃、ABA、ZR/ABA 差异极显著（$P < 0.01$），不同组织在同一时期 ABA 含量差异极显著（$P < 0.01$），表明低 ZR 含量和 ZR/ABA 的值减小有利于芽向生殖方向转变，而高 ZR 含量和 ZR/ABA 的值有利于促进花形态分化，此结果与山茶花研究结果（李娅莉，2005）一致。

第五部分

金花茶组植物的保育
遗传学研究

第二十章
东兴金花茶的遗传多样性及其与长尾毛蕊茶的比较研究

20.1 材料与方法

20.1.1 采样地点概况

采样地点为广西防城港市防城区广西防城金花茶国家级自然保护区，位于北纬21°45′，东经108°07′，为非钙质山地常绿阔叶林。东兴金花茶具有小居群分布特点，根据东兴金花茶现存的状况，东兴金花茶和长尾毛蕊茶的分子样品分别采自四方山、大沟龙、米吉沟和米仔田4个居群。用居群遗传多样性取样的方法进行取样，每个居群分别取30个以上个体的新鲜叶片，擦净迅速放入密封袋中并用硅胶进行干燥，带回实验室进行后续DNA提取等操作。4个自然居群的编号、经纬度、海拔、种群大小及采集样本数等情况见表20-1。

表20-1　东兴金花茶和长尾毛蕊茶居群采集信息

物种	居群	编号	生境	地理位置	海拔（m）	采集样本数
东兴金花茶	四方山	DXF	沟谷边和坡面	21°44′54″N，108°55′09″E	122	31
	大沟龙	DXG	沟谷边	21°45′03″N，108°05′90″E	173	42
	米吉沟	DXJ	沟谷边	21°44′50″N，108°05′38″E	270	40
	米仔田	DXZ	沟谷边	21°45′06″N，108°05′57″E	157	31
长尾毛蕊茶	四方山	CWF	沟谷边和坡面	21°44′54″N，108°55′09″E	273	31
	大沟龙	CWG	沟谷边和坡面	21°45′03″N，108°05′90″E	215	42
	米吉沟	CWJ	沟谷边和坡面	21°44′50″N，108°05′38″E	235	40
	米仔田	CWZ	沟谷边	21°45′06″N，108°05′57″E	157	31

20.1.2 仪器和药品

主要仪器：恒温振荡水浴锅、高速冷冻离心机、珠磨仪、高速离心机、微量移液器、PCR 板、超微量分光光度计（NanoDrop 2000）、DYY-10 型电泳仪及 JY-SZCF 型配套型电泳槽、UVP 凝胶成像仪、Bio-RAD 型 PCR 仪等常规分子实验仪器。

主要药品：三氯甲烷、异戊醇、苯酚、β－巯基乙醇、无水乙醇、氯化钠、氢氧化钠、异丙醇等（西陇科学股份有限公司），6×Loading buffer、DL 2000 DNA Marker、DNA taq 聚合酶、PCR mix 等分子试剂（宝日生物技术北京有限公司），琼脂糖、Tris-Hcl、EDTA、十六烷基三甲基溴化铵（CTAB）等生化药品（上海生工生物工程股份有限公司），PBR322 DNA marker（天根生化科技有限公司），GeneScan 500 LIZ Size Standard（Applied Biosystem）。

主要试剂：2×CTAB 提取液 [100 mmol/L Tris-HC（pH 值 =8.0）、1.4 mol/L NaCl、20 mmol/L EDTA（pH 值 =8.0）、2%（w/v）CTAB]，50×TAE 缓冲液（用 1 L 烧杯称量 tris 242 g、$Na_2EDTA \cdot 2H_2O$ 37.2 g，加入 800 mL 去离子水，充分搅拌溶解，再加入 57.1 mL 醋酸，充分混匀），0.1×TE 缓冲液（1.00 mmol/L Tris-HCl、1.0 mmol/L EDTA），10×TBE 缓冲液（1L 中含 Tris 108 g、硼酸 55 g、Na_2EDTA 7.44 g）。

简单重复序列（SSR）引物：金花茶组植物及山茶属其他植物的 64 对 SSR 普通引物由上海生工生物工程股份有限公司合成，荧光标记引物由武汉至诚生物有限公司合成。

20.1.3 试验方法

1. 总DNA的提取

采用改良 CTAB 法提取东兴金花茶和长尾毛蕊茶植物基因组总 DNA，具体步骤如下。

（1）从密封袋中取出干燥好的东兴金花茶和长尾毛蕊茶的叶片，去掉主脉，剪碎放入 2 mL 的离心管中，放入 1 颗钢珠、少量石英砂和聚乙烯吡咯烷酮（PVP），盖好盖子并进行编号，对称放入珠磨器中，分 2～3 次打磨，每次仪器运行 1 min，其间间隔 30 s。

（2）取出离心管，向离心管中加入 1.2 mL 预热好的 2×CTAB 提取液和 6 μL 巯基乙醇，盖上盖子上下颠倒，使提取液与粉末充分混匀。

（3）放入 65℃水浴锅中水浴 2 h，每隔 15 min 取出离心管上下颠倒混匀。

（4）水浴结束后，冷却至室温，10000 r/min 离心 10 min。

（5）取上清液至新的离心管，尽量不要吸取到沉淀物，加入等体积的氯仿：异戊醇（24：1），颠倒混匀 3～5 min，12000 r/min 离心 10 min，抽提 2～3 次。

（6）取抽提的上清液至新的离心管（1.5 mL）中，加入 1/10 体积的 3 mol/L NaAc（pH 值＝5.2）和等体积冰冷的异丙醇，上下颠倒混匀，放入 –20℃冰箱中冰浴 1～2 h。

（7）冰浴结束后，12000 r/min 离心 10 min。

（8）小心倒去离心管中的液体后所得的白色沉淀即总 DNA，分别用 300 μL 的 70% 乙醇和无水乙醇各洗 1 次，其间相应 12000 r/min 离心 2 min。

（9）将含有 DNA 的离心管放入烘箱中（室温）烘干后，加入 50 μL 的 0.1 × TE 缓冲液，轻弹离心管，使含有 DNA 的沉淀物完全浸入 TE 缓冲液中。

（10）用超微量分光光度计（NanoDrop 2000）检测 DNA 浓度，用 1.0% 的琼脂糖凝胶电泳检测 DNA 的质量和完整性。

（11）DNA 短期保存放入 –4℃冰箱，长期保存放入 –20℃或 –80℃超低温冰箱。

2. 引物初步筛选

根据已经公开发表的山茶属植物及其他金花茶组植物的相关文献筛选出 64 对 SSR 引物，其中 9 对来自课题组前期的东兴金花茶引物筛选，14 对来自簇蕊金花茶，8 对来自顶生金花茶，14 对来自淡黄金花茶，其余来自其他山茶属植物（唐健民，2014；陈代慧，2014；叶鹏 等，2014；卢永彬，2015；杨雪，2016；张旻桓 等，2018），64 对 SSR 引物由上海生工生物工程股份有限公司合成。普通 SSR 引物初步筛选时先用每个居群的 2 个 DNA 进行扩增，选择具有多态性、条带清晰的引物，再从每个居群中随机选 5 个 DNA 进行验证。其聚合酶链式反应（PCR）的反应程序及反应体系参考东兴金花茶 SSR–PCR 反应体系的优化及引物筛选（唐健民 等，2014）。

3. 初筛引物多态性验证

用 6% 不完全变性聚丙烯酰胺凝胶电泳对初步筛选出的 PCR 扩增产物进行分离。不完全变性凝胶电泳具体操作如下。

凝胶配制。使用 6% 浓度聚丙烯酰胺溶液，配方是 1 L 溶液含聚丙烯酰胺 58 g、N，N– 亚甲基丙烯酰胺 2 g、10 × TBE 缓冲液 100 mL、尿素 420 g。

灌胶。使用边条厚度 1 mm 的玻璃板，用透明胶封住底部和侧边以防聚丙烯酰胺凝胶漏出，用 2 个夹子夹紧侧边，烧杯中加入 70 mL 凝胶溶液、500 μL 过硫酸铵（AP）和 70 μL 促凝剂（TEMED），加入促凝剂后立刻混合均匀；装好玻璃板倾斜 30° ～ 45°，将凝胶缓缓倒入两玻璃板间的胶床中，直到液体接近溢出时为止，注意不要使其产生气泡，立即插入梳子，室温下放置 30 min ～ 1 h 聚合。

上样电泳。上样前先将 PCR 产物与上样缓冲液按 1∶2 比例混合，再于 PCR 仪中 95℃变性 5 min 后迅速上样或 4℃保存。待胶凝固后，拔出梳子，用双蒸水冲洗梳孔残留的碎胶，将玻璃板插入电泳槽中，上紧，倒入 1×TBE 缓冲液，用枪头冲洗梳孔析出的尿素。预电泳 10 min 后将变性后的 PCR 产物取 2.0 μL 加到上样孔中，400 ～ 500 V 恒压跑 2.5 ～ 3 h，当 Marker 跑到接近底部时停止电泳，关掉电源。

凝胶染色。电泳结束后，取下凝胶，剥去凹面玻璃板，用蒸馏水清洗凝胶后开始进行银染处理。先将凝胶放入固定液（配方为每 900 mL 去离子水中加入 100 mL 乙醇和 5 mL 乙酸）中固定 15 min，后将凝胶取出用纯水冲洗 10 ～ 20 s，置于银染液中（含 0.1% $AgNO_3$）轻摇 10 min，将凝胶从银染液中取出，用蒸馏水清洗 10 ～ 20 s 后放入定影液（配方为每 800 mL 去离子水中加入 24 g NaOH 和 1 mL 甲醛，甲醛现用现加）中，轻轻摇晃至扩增条带清晰可见后取出晾干，用扫描仪拍照保存。

4. 荧光标记引物筛选

根据聚丙烯酰胺凝胶电泳分离结果筛选出 20 对通用于东兴金花茶和长尾毛蕊茶并具有多态性的 SSR 引物，各选取东兴金花茶和长尾毛蕊茶的 8 个居群的 5 个个体送至武汉至诚生物有限公司对每个 SSR 标记的 F 引物的 5′ 方向添加通用接头序列（TGTAAAACGACGGCCAGT），并合成带不同荧光基团的 M13 接头序列的 SSR 标记，最终筛选出 12 对多态性较好的荧光标记引物（表 20–2）。

表20-2　12对SSR引物信息表

位点	引物序列（5'-3'）	碱基数	荧光标记	片段长度（bp）	退火温度（℃）
FLA12	F:GAAGTCTCAGAAGAAGCAAACGA	23	FAM	148～154	55
	R:CATATGCTCGCTAAAACCTTCAG	23			
FLA13	F:GCTCGAATCTATTGCAGACAATG	23	FAM	131～146	57
	R:GATGATTTGATTGGTGGAGGTAG	23			
FLA23	F:GTGATTCGTCCGATTCGTTACAT	23	FAM	120～143	57
	R:GTGTAATCGTGGTTGTTAGAGGG	23			
FLA38	F:GCATTCTCTTTGGATGATTTACG	23	FAM	230～239	57
	R:GAACACCATCCATCTTCTGAGAC	23			
YJ05	F:GGAAGGTTGAAGCAGCTCCT	21	FAM	201～214	56
	R:CCCATCATCCCGAATCTCCG	21			
YJ10	F:TGCTTCGGATCTTCAATCAGCT	19	FAM	189～193	59
	R:TGGCATTCATTTGCTGTGCC	19			
YJ28	F:AGCGAAAACTCTCTCCCTGC	20	FAM	241～247	57
	R:CCTGCAATAAATCGACGCCG	20			
YJ38	F:GCGGACACTGAAGGAGACAA	20	FAM	148～154	58
	R:GCTGTGCAGATCCTCATCGA	20			
TER4	F:TGAACAACAGCGAAAAACCG	20	FAM	243～266	57
	R:TTCTCAGCCGAAGCGACAAC	20			
TER7	F:CAATAACGCAACAACAGATC	20	FAM	170～200	57
	R:ATGCTACTCCCACAGACAAC	20			
P39	F:CGAAGCAGCCTTGAAATCC	23	FAM	112～124	59
	R:AGATTGACATACACACGCACAGA	19			
P110	F:CTCTTGATTGGTGCCTTTA	19	FAM	190～195	54
	R:TTGGTAGCCTCTTCTTTTG	19			

5. PCR扩增和荧光标记检测

荧光标记引物的合成：确定好引物后在每对引物的5′端加蓝色荧光标记FAM，合成荧光标记引物，荧光PCR扩增体系见表20-3。

表20-3　PCR的扩增体系

PCR体系	总体积/15 μL
2×Taq PCR Master Mix	7.5 μL
Mix primer	2.0 μL
DNA	1.0 μL（100 ng）
ddH$_2$O	4.5 μL

PCR 反应程序：94℃预变性 3 min，94℃变性 30 s，在退火温度下退火 30 s，72℃延伸 1 min，进行 36 个循环，72℃终延伸 10 min，12℃保温。

6. SSR分型

选取东兴金花茶和长尾毛蕊茶各 4 个野生居群的 120 个个体的 DNA 送至武汉至诚生物有限公司，用 12 个荧光标记对这 240 个个体进行 PCR 扩增。取 3 μL 荧光 PCR 产物进行琼脂糖凝胶电泳鉴定，检测 PCR 条件是否单一、片段大小是否与预期一致。条带单一且大小相符的，对照 DNA Marker 的浓度进行定量，将所有产物稀释至相同的浓度范围，经 DNA 测序仪进行毛细管电泳检测。

7. 数据读取

使用 GeneMarker 软件，导入基因分析仪上的原始结果文件，根据位点信息设置分析 Panel；使用 GeneScan 500 LIZ Size Standard 进行数据分析。核查 Size Standard 评分，剔除评分小于 0.8 的数据，导出 Excel 格式的等位基因信息。

20.1.4 数据分析

利用 GeneAlEx 6.502 软件分析比较东兴金花茶和长尾毛蕊茶 8 个自然居群的平均位点等位基因数（N_a）、有效等位基因数（N_e）、香农信息指数（I）、观测杂合度（H_o）、期望杂合度（H_e）、多态位点百分率（PPB）、基因多样性系数（G_{st}）等，以此来估算东兴金花茶和长尾毛蕊茶的遗传多样性水平。用 GenAlEx 分析各居群多态位点的固定指数（F），利用公式 $T_e=（1-F）/（1+F）$ 计算各居群的理论异交率（T_e）。利用 Arlequin 软件进行分子变异方差分析（Excoffler et al.，2005），并用该软件统计东兴金花茶和长尾毛蕊茶种间及居群间遗传分化系数（F_{st}），据此计算出两物种的基因流（N_m），估算公式为 $N_m=0.25×（1-F_{st}）/F_{st}$（Montgomery，1985）。用 CERVUS 计算各位点的多态性信息含量（PIC）。用 GenAlEx 6.502 计算 Nei's 遗传一致度（GI）和遗传距离（GD），分析种群间的亲缘及演化关系，并用 GD 做遗传差异的主坐标分析（PCoA）。用 NTSYS 软件对 Nei's 的 GI 和 GD 进行聚类分析。用 GenAlEx 6.502 的 Mantel test 检验对种群间遗传距离和地理距离进行相关性分析。

20.2 结果与分析

20.2.1 基因组 DNA 质量

用改良 CTAB 法提取东兴金花茶和长尾毛蕊茶植物基因组 DNA，用超微量分光光度计（NanoDrop 2000）检测其 OD 260/OD 280 的值均在 1.7 ～ 1.9，浓度基本上大于100 ng。经 1% 琼脂糖凝胶电泳检测其 DNA 质量和完整性，东兴金花茶和长尾毛蕊茶DNA 条带清晰，可以用于后续试验（图 20–1）。

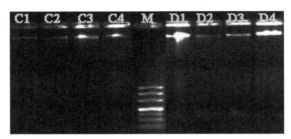

C1～C4.长尾毛蕊茶植物基因组DNA；D1～D4.东兴金花茶植物基因组DNA

图20–1　改良CTAB法提取长尾毛蕊茶和东兴金花茶的DNA电泳图

20.2.2 SSR 标记遗传多样性

1. SSR多态性

东兴金花茶和长尾毛蕊茶部分引物 TER4-M13-SSR 毛细管电泳结果见图 20–2 和图 20–3，东兴金花茶和长尾毛蕊茶的引物均具有多态性。

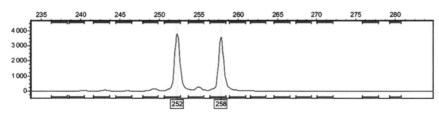

图20–2　东兴金花茶引物TER4–M13–SSR毛细管电泳结果

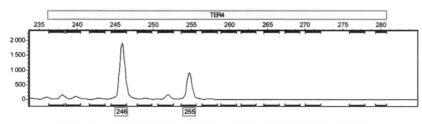

图20–3　长尾毛蕊茶引物TER4–M13–SSR毛细管电泳结果

通过 12 个 SSR 位点检测试验群体（东兴金花茶 120 个个体，长尾毛蕊茶 120 个个体），其中东兴金花茶 12 个 SSR 位点共检测到 25.75 个等位基因，长尾毛蕊茶 12 个 SSR 位点共检测到 47 个等位基因。东兴金花茶 12 个位点的遗传多样性信息见表 20-4，东兴金花茶 N_a 为 1.00～5.25，平均 N_a 为 2.146；N_e 为 1～3.738，平均 N_e 为 1.515；I 为 0～1.414，平均 I 为 0.349；PIC 为 0～0.716，平均 PIC 为 0.174。长尾毛蕊茶 12 个位点的遗传多样性信息见表 20-5，长尾毛蕊茶 N_a 为 1.25～8.5，平均 N_a 为 3.917；N_e 为 1.007～4.648，平均 N_e 为 2.224，I 为 0.018～1.747，平均 I 为 0.806，PIC 为 0.008～0.850，平均 PIC 为 0.431。东兴金花茶的等位基因数、N_a、N_e、I 和 PIC 等均低于长尾毛蕊茶。

2. 固定指数和杂合度

从表 20-4 可以看出，东兴金花茶位点 FLA12、YJ10 及 YJ38 的固定指数为 0，位点 P110、TER4、FLA38 的固定指数为负值，F 值的变化范围为 –0.818～1，平均 F 值为 0.186；H_o 的变化范围为 0～0.895，平均值为 0.192；H_e 的变化范围为 0～0.728，平均值为 0.190；总体上看东兴金花茶的观测杂合度比期望杂合度低，纯合子所占比例大于杂合子，群体间存在一定的自交。

表20-4 东兴金花茶12个位点的遗传多样性信息

位点	N_a	N_e	I	H_o	H_e	PIC	F
FLA12	1.000	1.000	0.000	0.000	0.000	0.000	0.000
YJ10	1.000	1.000	0.000	0.000	0.000	0.000	0.000
FLA13	1.750	1.044	0.096	0.022	0.042	0.044	0.318
YJ05	1.250	1.028	0.052	0.000	0.025	0.017	1.000
FLA23	5.000	2.923	1.261	0.366	0.652	0.622	0.433
P110	2.000	1.969	0.685	0.895	0.492	0.372	–0.818
YJ28	1.250	1.020	0.041	0.000	0.018	0.016	1.000
P39	2.000	1.073	0.150	0.056	0.067	0.063	0.188
TER7	2.750	1.365	0.449	0.210	0.243	0.220	0.152
TER4	5.250	3.738	1.414	0.745	0.728	0.716	–0.020
FLA38	1.500	1.014	0.037	0.014	0.014	0.016	–0.021
YJ38	1.000	1.000	0.000	0.000	0.000	0.000	0.000
平均值	2.146	1.515	0.349	0.192	0.190	0.174	0.186

从表 20-5 可以看出，长尾毛蕊茶 12 个位点中有 7 个位点的固定指数为负数，F 变化范围为 –0.151 ～ 0.891，平均值为 0.082；H_o 变化范围为 0.007 ～ 0.716，平均值为 0.377；H_e 变化范围为 0.007 ～ 0.778，平均值为 0.415。总体上看长尾毛蕊茶观测杂合度高于期望杂合度，说明长尾毛蕊茶 SSR 位点杂合子较多，有利于群体间的异交。

表20-5　长尾毛蕊茶12个位点的遗传多样性信息

位点	N_a	N_e	I	H_o	H_e	PIC	F
FLA12	2.750	1.557	0.560	0.343	0.338	0.360	–0.004
YJ10	4.000	2.035	0.886	0.498	0.487	0.491	–0.023
FLA13	3.500	1.519	0.602	0.378	0.328	0.330	–0.151
YJ05	5.000	3.422	1.362	0.697	0.695	0.758	0.010
FLA23	2.000	1.364	0.364	0.183	0.209	0.235	0.142
P110	3.000	1.370	0.467	0.267	0.237	0.215	–0.101
YJ28	1.250	1.007	0.018	0.007	0.007	0.008	–0.014
P39	2.250	1.670	0.560	0.041	0.351	0.381	0.891
TER7	8.250	4.522	1.716	0.494	0.778	0.824	0.365
TER4	8.500	4.648	1.747	0.716	0.778	0.850	0.077
FLA38	3.250	1.780	0.686	0.447	0.380	0.352	–0.118
YJ38	3.250	1.792	0.700	0.447	0.390	0.363	–0.088
平均值	3.917	2.224	0.806	0.377	0.415	0.431	0.082

3. 基因多样性和遗传分化

东兴金花茶和长尾毛蕊茶 12 个 SSR 位点的 G_{st}、F_{st} 和 N_m 见表 20-6。东兴金花茶的 G_{st} 范围为 –0.004 ～ 0.025，平均值为 0.006；F_{st} 变化范围为 0 ～ 0.055，平均值为 0.019；N_m 除 3 个单态位点外，其余位点的 N_m 均大于 4，平均值为 11.460。长尾毛蕊茶的 G_{st} 范围为 –0.002 ～ 0.205，平均值为 0.082；F_{st} 变化范围为 0.010 ～ 0.230，平均值为 0.096；N_m 变化范围差异大，位点 P39 的 N_m 小于 1，其余位点 N_m 均大于 1，平均值为 4.291。东兴金花茶的基因流大于长尾毛蕊茶，但基因多样性和遗传分化低于长尾毛蕊茶。东兴金花茶基因流较大的原因可能是东兴金花茶的分布范围狭窄导致群体间基因交流频繁。

表20-6　东兴金花茶、长尾毛蕊茶12个位点的基因分化和遗传分化

位点	东兴金花茶			长尾毛蕊茶		
	G_{st}	F_{st}	N_m	G_{st}	F_{st}	N_m
FLA12	0.000	0.000	0.000	0.113	0.125	1.756
YJ10	0.000	0.000	0.000	0.059	0.072	3.241
FLA13	−0.004	0.017	14.169	0.048	0.059	3.969
YJ05	0.012	0.040	6.000	0.110	0.123	1.785
FLA23	−0.002	0.019	12.609	0.111	0.126	1.729
P110	0.003	0.005	49.748	0.050	0.061	3.832
YJ28	0.003	0.029	8.333	−0.002	0.010	23.667
P39	−0.003	0.012	20.252	0.205	0.230	0.836
TER7	0.040	0.055	4.326	0.059	0.077	2.998
TER4	0.025	0.038	6.413	0.086	0.100	2.258
FLA38	0.003	0.016	15.667	0.076	0.086	2.645
YJ38	0.000	0.000	0.000	0.072	0.083	2.770
平均值	0.006	0.019	11.460	0.082	0.096	4.291

20.2.3 物种遗传多样性

1. 居群遗传多样性

东兴金花茶和长尾毛蕊茶的居群遗传多样性见表20-7。从表中可以发现，东兴金花茶和长尾毛蕊茶存在较高的异交率，这主要是选取的东兴金花茶和长尾毛蕊茶的自然居群分布范围狭窄所导致的。在物种水平上，东兴金花茶的 N_a、N_e、I、H_o 和 H_e 平均值分别为 2.15、1.52、0.35、0.19 和 0.19，均低于长尾毛蕊茶（3.92、2.23、0.81、0.38 和 0.42），且东兴金花茶的 PPB（41.67% ～ 58.33%）低于长尾毛蕊茶（75.00% ～ 100.00%），可见东兴金花茶的居群遗传多样性低于长尾毛蕊茶。

表20-7　东兴金花茶和长尾毛蕊茶8个居群遗传多样性指数

物种	居群	N_a	N_e	I	H_o	H_e	F	T_e	PPB（%）
东兴金花茶	DXF	2.08	1.56	0.36	0.23	0.20	0.01	0.97	50.00
	DXG	2.00	1.51	0.32	0.15	0.17	0.11	0.80	41.67
	DXJ	2.25	1.49	0.34	0.18	0.18	0.03	0.94	58.33
	DXZ	2.25	1.50	0.38	0.21	0.21	0.23	0.62	58.33
	平均值	2.15	1.52	0.35	0.19	0.19	0.10	0.83	52.08

续表

物种	居群	N_a	N_e	I	H_o	H_e	F	T_e	PPB（%）
长尾毛蕊茶	CWF	3.50	2.28	0.82	0.40	0.44	0.10	0.82	83.39
	CWG	3.67	2.20	0.74	0.33	0.38	0.10	0.82	83.33
	CWJ	4.75	2.13	0.87	0.36	0.45	0.15	0.75	100.00
	CWZ	3.75	2.29	0.79	0.42	0.39	−0.09	1.19	75.00
	平均值	3.92	2.23	0.81	0.38	0.42	0.07	0.90	85.43

2. 分子变异方差分析

分子变异方差分析（AMOVA）结果显示（表20-8），东兴金花茶和长尾毛蕊茶的种间变异占59.95%，种内居群间变异占3.84%，居群内变异占36.21%，说明东兴金花茶和长尾毛蕊茶2个物种的分子变异主要来自种间变异，其次是居群内变异。东兴金花茶的居群间变异占5.19%，居群内变异占94.81%，分子变异主要来自居群内；长尾毛蕊茶的居群间变异占11.46%，居群内变异占88.54%，分子变异主要来自居群内。分子方差分析结果表明东兴金花茶和长尾毛蕊茶物种间分子遗传变异系数为0.513，东兴金花茶的遗传变异系数为0.052，长尾毛蕊茶的遗传变异系数为0.115，可见东兴金花茶的居群间遗传变异小于长尾毛蕊茶的居群间遗传变异，不利于在进化过程中居群数量的扩增。

表20-8 东兴金花茶和长尾毛蕊茶AMOVA结果

	变异来源	变异组成百分比（%）	F_{st}
所有个体	种间	59.95	0.513**
	居群间	3.84	
	居群内	36.21	
东兴金花茶	居群间	5.19	0.052**
	居群内	94.81	
长尾毛蕊茶	居群间	11.46	0.115**
	居群内	88.54	

注：**表示差异极显著，$P<0.01$。下同。

3. 遗传分化和基因流分析

东兴金花茶和长尾毛蕊茶两两居群间 F_{st} 见表20-9，F_{st} 值为 0.025 ～ 0.696，其中 4 组居群间 $F_{st} < 0.05$（3 组来自东兴金花茶内不同居群的组合，1 组来自长尾毛蕊茶不同居群的组合），7 组 F_{st} 为 0.05 ～ 0.15（3 组来自东兴金花茶不同居群组合，4 组来自长尾毛蕊茶不同居群组合），17 组 $F_{st} > 0.15$（1 组来自长尾毛蕊茶不同居群组合，其余 16 组来自东兴金花茶和长尾毛蕊茶的居群组合），东兴金花茶 6 组不同居群组合的平均 F_{st} 为 0.056，长尾毛蕊茶 6 组不同居群组合的平均 F_{st} 为 0.115，可见长尾毛蕊茶居群间遗传分化大于东兴金花茶居群间遗传分化。两两居群间 N_m 见表20-9，其中 16 组 N_m 为 0 ～ 1（为东兴金花茶和长尾毛蕊茶的居群组合），8 组 N_m 为 1 ～ 4（5 组为长尾毛蕊茶不同居群，3 组为东兴金花茶不同居群），4 组 $N_m > 4$（1 组为长尾毛蕊茶不同居群，3 组为东兴金花茶不同居群）。由此可见东兴金花茶的遗传分化小于长尾毛蕊茶，基因流大于长尾毛蕊茶。

表20-9　居群间遗传分化系数 F_{st}（对角线以下）和基因流 N_m（对角线以上）

代号	CWF	CWG	CWJ	CWZ	DXF	DXG	DXJ	DXZ
CWF	—	1.556	1.522	7.191	0.145	0.125	0.123	0.170
CWG	0.139	—	3.197	1.545	0.148	0.127	0.128	0.174
CWJ	0.141	0.073	—	1.308	0.167	0.144	0.144	0.194
CWZ	0.034	0.140	0.161	—	0.123	0.112	0.110	0.151
DXF	0.633	0.629	0.601	0.662	—	10.402	9.592	3.980
DXG	0.668	0.662	0.634	0.691	0.025	—	9.913	2.077
DXJ	0.671	0.661	0.634	0.696	0.034	0.025	—	2.687
DXZ	0.595	0.590	0.564	0.623	0.060	0.107	0.085	—

4. 遗传距离和遗传一致度分析

东兴金花茶 4 个自然居群和长尾毛蕊茶 4 个自然居群的 Nei's GD 和 GI 结果（表20-10）显示：东兴金花茶 4 个不同自然居群间的 GD 为 0.004 ～ 0.015，居群 DXG 与居群 DXZ 的 GD 最大，为 0.015，居群 DXF 与 DXJ 的 GD 最小，为 0.004；长尾毛蕊茶 4 个不同自然居群间的 GD 为 0.038 ～ 0.175，居群 CWF 与 CWJ 的 GD 最大，为 0.175，居群 CWF 与 CWZ 的 GD 最小，为 0.038。两个物种居群间的 GD 为 0.004 ～ 2.268，

居群 CWF 与 DXF 的 *GD* 最大，为 2.268，居群 DXF 与 DXJ 的 *GD* 最小，为 0.004，可见相同物种间 *GD* 较小。从表 20-10 可知，东兴金花茶 4 个自然居群的 *GI* 为 0.985～0.996，长尾毛蕊茶 4 个自然居群间的 *GI* 为 0.840～0.963，相同物种的居群间的遗传相似度高。与长尾毛蕊茶相比，东兴金花茶的居群间 *GD* 小，*GI* 高，且基本接近于 1。

表20-10 Nei′s无偏差估算的长尾毛蕊茶和东兴金花茶的*GD*（对角线以下）和*GI*（对角线以上）

代号	CWF	CWG	CWJ	CWZ	DXF	DXG	DXJ	DXZ
CWF	—	0.875	0.840	0.963	0.103	0.115	0.105	0.106
CWG	0.134	—	0.919	0.902	0.170	0.174	0.179	0.185
CWJ	0.175	0.084	—	0.846	0.154	0.159	0.163	0.170
CWZ	0.038	0.103	0.167	—	0.106	0.115	0.112	0.115
DXF	2.268	1.771	1.871	2.241	—	0.990	0.996	0.994
DXG	2.165	1.751	1.836	2.164	0.010	—	0.991	0.985
DXJ	2.250	1.722	1.816	2.186	0.004	0.009	—	0.995
DXZ	2.248	1.685	1.774	2.159	0.006	0.015	0.005	—

5. 聚类分析

利用 Nei's *GD*，用平均聚类法（UPGMA）对东兴金花茶和长尾毛蕊茶的 8 个自然居群进行聚类分析（图 20-4），结果显示：东兴金花茶居群 DXF 和 DXJ 在一级水平上聚为 1 类，再与 DXZ 在二级水平上聚为 1 类，与 DXG 在三级水平上聚为 1 类，但东兴金花茶的 4 个居群的 *GD* 较近，居群间 *GD* 均小于 0.01，应聚为 1 类。物种水平上东兴金花茶和长尾毛蕊茶在一级聚类水平上聚为 5 类，其中长尾毛蕊茶 4 个居群间的 *GD* 均大于东兴金花茶，在一级水平上聚为 4 类；在二级聚类水平上聚为 3 类，其中东兴金花茶的 4 个居群聚为 1 类，长尾毛蕊茶居群 CWF 与 CWZ 聚为 1 类，CWG 与 CWJ 聚为 1 类，与主坐标分析的结果一致（图 20-5）。

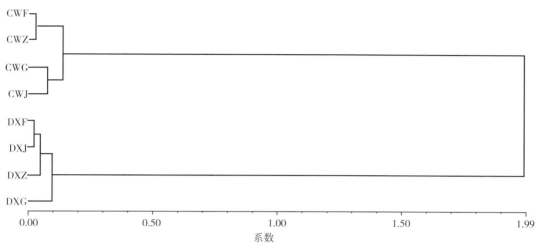

图20-4 基于Nei's *GD*的8个居群的UPGMA聚类

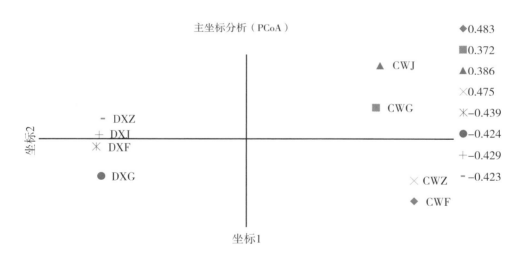

图20-5 东兴金花茶和长尾毛蕊茶主坐标分析（PCoA）结果

20.3 结论与讨论

20.3.1 遗传多样性比较

遗传多样性是生物多样性的重要组成部分，遗传多样性水平是决定种群进化适应能力的关键内在因素（Frankham，2002）。濒危植物、特有植物、狭域分布植物大多因为其生境、分布范围狭窄等原因，遗传多样性一般较低（Halbur et al.，2014；李斌，2018）。东兴金花茶SSR标记遗传多样性水平低于长尾毛蕊茶，表现在其12

个 SSR 标记和群体遗传多样性低于长尾毛蕊茶。*PPB* 是衡量物种遗传多样性水平高低的一个重要指标，东兴金花茶种群的 *PPB* 为 41.67% ～ 58.33%，与同属的簇蕊金花茶（42.86% ～ 58.33%）相近，但低于近缘广布种长尾毛蕊茶（75% ～ 100%）、金花茶组植物平果金花茶（50% ～ 100%）、薄叶金花茶、小花金花茶、小瓣金花茶（81.82% ～ 100%）、顶生金花茶（100%）。此外，本研究选择的引物考虑了东兴金花茶和长尾毛蕊茶的通用性，可能存在多态性较低的问题，存在低估东兴金花茶遗传多样性的可能。

20.3.2 群体遗传结构比较

种群遗传多样性主要是源于物种的种群间遗传变异和基因流（Gong et al.，2003）。遗传变异、遗传分化和基因流可以在不同程度上反映物种在遗传进化过程中的潜力。AMOVA 结果表明，东兴金花茶的居群内的遗传变异大于长尾毛蕊茶，但居群间遗传变异小于长尾毛蕊茶。F_{st} 的范围为 0 ～ 1，当 F_{st} = 1 时，表示等位基因在某个群体中固定，完全不分化；当 F_{st} = 0 时，表示群体间没有遗传分化；当 F_{st} 为 0 ～ 0.05 时，可以不考虑群体间的遗传分化；当 F_{st} 为 0.05 ～ 0.15 时，表示群体间有中等程度的分化；当 F_{st} > 0.15 时，表示群体间遗传有很大的遗传分化。从东兴金花茶和长尾毛蕊茶的两两不同居群的遗传分化系数（表 20–9）看，东兴金花茶有 1/2 居群组合的 F_{st} < 0.05，接近于没有分化，有 1/2 居群组合的 F_{st} 为 0.05 ～ 0.15，平均 F_{st} 为 0.056，表明东兴金花茶群体间的遗传分化可以不考虑；长尾毛蕊茶有 1/6 的居群组合的 F_{st} < 0.05，2/3 的居群组合的 F_{st} 为 0.05 ～ 0.15，1/6 的居群组合的 F_{st} > 0.15，平均 F_{st} 为 0.115，表明长尾毛蕊茶群体间具有中等强度的遗传分化。AMOVA 结果和居群间的遗传分化系数显示，与长尾毛蕊茶相比，东兴金花茶居群间的遗传变异小，群体间基本不存在遗传分化，由此可推断东兴金花茶的遗传进化潜力低于长尾毛蕊茶。

根据 Slatkin 的观点，若 N_m < 1，影响种群遗传结构的主导因素为遗传漂变；若 N_m > 1，则种群漂变的可能性很小，可以不考虑遗传漂变的作用；若 N_m > 4，基因流可以代替漂变的作用，防止种群间分化的发生。东兴金花茶各位点 N_m 平均值为 11.460，东兴金花茶种内不同居群的 N_m 均在 1 以上，6 组中有 4 组的 N_m 在 4 以上，可见东兴金花茶的 N_m 不受遗传漂变的影响。影响植物 N_m 的主要形式是花粉的扩散和种子的传播，东兴金花茶的种子重量大，不易随风传播，决定了其滑行的距离也不会远，则影响东兴金花茶基因流传播的主要形式是花粉的扩散。从东兴金花茶的花部综合特征可知，东兴金花茶的花为虫媒花，主要通过传粉者进行传粉，东兴金花茶 4 个野生居群分布距离较近，花期相近，便于传粉者在不同居群间进行传粉，导致东兴金花茶居群间基因流增大。长尾毛蕊茶的种子重量较东兴金花茶小，种子形状为圆形，虽不易随风传播，但掉落过程滑行距离远大于东兴金花茶，长尾毛蕊茶的花部特征具有明显的虫媒花特点，花粉的传播可能为影响基因流的主要方式。东兴金花茶基因流大于长尾毛蕊茶基因流的原因可能是东兴金花茶植株之间的距离较小，有利于花粉的散布和传粉者的传粉。

东兴金花茶和长尾毛蕊茶 8 个自然居群的 UPGMA 聚类结果与 PCoA 主坐标分析的结果基本一致，东兴金花茶的 4 个居群聚为一类，长尾毛蕊茶的 2 个居群聚为一类，另 2 个居群聚为一类，说明在对东兴金花茶进行保护时应将其 4 个居群基于一个保护单元进行保护。此外，东兴金花茶 4 个自然居群相互之间有一定的地理距离，但在聚类上都聚为一类，表明东兴金花茶的分布范围狭窄且地理距离与遗传距离不具相关性，同时说明在对东兴金花茶进行就地保护时应将其野生居群的 4 个居群作为一个保护单元进行。

第二十一章
基于 SSR 分子标记的顶生金花茶遗传多样性分析

21.1 材料与方法

21.1.1 材料与试剂

试验材料分别采自广西崇左市天等县小山乡百步屯和福新乡龙念屯的 4 个居群，覆盖了顶生金花茶的整个分布区域。各居群地理位置、海拔高度及采样数等详见表 21-1。每个居群采集的植株株间距尽量在 10 m 以上，选取生长良好的植株采集幼嫩叶片，共采集 123 株顶生金花茶幼嫩叶片，用变色硅胶进行干燥处理，置于密封袋中带回，室温下保存备用。

表21-1　顶生金花茶4个自然居群采样点概况

居群	采集地点	海拔（m）	纬度	经度	居群株数	样品个数
Pop1（1号）	天等县小山乡江南村百步屯	450	23°00′22″N	107°09′44″E	50	27
Pop2（2号）	天等县小山乡江南村百步屯	470	23°00′08″N	107°09′20″E	450	33
Pop3（3号）	天等县福新乡北教村龙念屯	430	22°50′26″N	106°53′12″E	600	31
Pop4（4号）	天等县福新乡北教村龙念屯	550	22°50′17″N	106°54′17″E	380	32

SSR 引物由上海英骏生物技术有限公司合成，为 4 对茶树引物 P03、P07、P13、P14（金基强 等，2007）和 19 对金花茶引物 CN1 ～ CN10（Chen et al.，2010）、CN11 ～ CN14、CN16 ～ CN18 和 CN21（Wei et al.，2010）。引物将进行跨种筛选，选出可应用于顶生金花茶的 SSR 分析的引物。MgCl$_2$、dNTPs、Taq DNA 聚合酶等均购于宝生物工程（大连）有限公司。

21.1.2 试验方法

1. DNA的提取

采用改良 CTAB 法提取 DNA，用 Implen 超微量紫外可见分光光度计检测基因组 DNA 的浓度和纯度，并将其稀释至 20 ng/μL，保存于 –20℃冰箱备用。

2. 引物筛选、PCR扩增与检测

将合成的引物进行种间筛选，筛选出能在顶生金花茶上扩增出清晰条带且具有多态性的引物。将筛选出的引物应用于所有顶生金花茶样品的 PCR 扩增。采用 15 μL 反应体系，其中包括：$1 \times$ Buffer、2.0 mmol/L $MgCl_2$、0.3 mmol/L dNTP、0.9 μmol/L 引物、0.75 U Taq 酶、10 ng 模板 DNA。扩增程序为 95℃预变性 5 min，94℃变性 30 s，56 ~ 62℃退火 30 s（因引物而异），72℃延伸 40 s，进行 40 个循环，最后 72℃延伸 10 min。PCR 扩增产物在 4% 的聚丙烯酰胺变性胶上电泳分离，银染显带，对呈现的带谱进行扫描、记录。

21.1.3 数据统计及分析

根据分子量的大小，分别读取不同迁移率的 PCR 扩增片段的多态性位点（即等位基因变异迁移率），以凝胶胶面相对最低位点为 1，自下而上进行标记，标记值由小到大，无多态性位点标记为 0，使用 Excel 2007 记录并依据不同分析软件的要求相应地转换数据格式。采用 GenAlEx 6.41 分析软件计算各遗传多样性参数，包括 N_a、N_e、PPB、私有等位基因数（N_p）、I、H_o、H_e、无偏差预期杂合度（UH_e）、近交系数（F_{is}）、总近交系数（F_{it}）、F_{st}、N_m、GD 和 GI 等，并就居群间的 GD 矩阵与地理距离矩阵进行 Mantel 相关性检验，以了解遗传距离与地理距离的相关性。居群间的地理距离通过 Mathematica 软件（Wolfram Research）基于经纬度求出。基于该软件对顶生金花茶 4 个自然居群进行 AMOVA、主成分分析（PCA）；采用 Genepop 4.0 软件基于极大似然估算法计算每对引物在每个居群上的无效等位基因频率（EM）；SSR 引物 PIC 采用 PIC-CALC 6.0 软件计算；用 FSTAT 2.9.3 软件计算等位基因丰富度（AR）、总基因多样性（H_t）、居群内基因多样性（H_s）、G_{st}，并检测每个自然居群是否偏离哈代 – 温伯格平衡（HWE），置信度为 95%。使用 NTSYSpc V2.10e 软件中类 UPGMA 法基于 GD 对 4 个顶生金花茶自然居群进行聚类，分析居群间的遗传关系，构建遗传树。

应用 STRUCTURE 2.3.1 软件中的 Bayesian 聚类方法，通过计算每个居群各位点的

等位基因频率和样本的混合比率，对不同的基因型个体进行归类。STRUCTURE 软件中的参数设置：Length of Burning Period 和 MCPeps after Burning 均为 106，K 值为 1 ～ 4（以自然居群总数为最大 K 值），每个 K 值运行 10 次，利用 R 语言为背景的 Structure-Sum 程序对不同的 K 值进行比较分析以找到最合适的 K 值（即理想的分组数）。

21.2 结果与分析

21.2.1 SSR 位点分析

经跨种筛选，有 9 对引物（见表 21-2）能在顶生金花茶上扩增出清晰条带且具有多态性。9 对引物对顶生金花茶 4 个居群 123 个个体共扩增出 83 个等位基因。每个位点上扩增出的 N_a 的变化范围为 2.75 ～ 11.50，均值为 6.417；N_e 的变化范围为 2.181 ～ 6.150，均值为 4.029；H_e 的变化范围为 0.539 ～ 0.835，均值为 0.679；而 H_o 的变化范围为 0.180 ～ 0.790，均值为 0.564；AR 的变化范围为 2.734 ～ 10.700，均值为 6.132；SSR 引物的 I 和 PIC 的变化范围分别为 0.844 ～ 2.035（均值为 1.427）和 0.454 ～ 0.902（均值为 0.721）。引物 CN8 具有最高的遗传多样性（I=2.035，H_o=0.790，PIC=0.902），而引物 CN9 具有最低的遗传多样性（I=0.844，H_o=0.180，PIC=0.454），且除 CN9（PIC=0.454）外，其余 8 个多态性位点的 PIC 均大于 0.5，属于高度多态性位点。每对引物在每个居群上的 EM 的变化范围为 0.000 ～ 0.328（表 21-2）。

表21-2　顶生金花茶自然居群9个SSR位点的多态性指数

引物	N_a	N_e	I	H_o	H_e	UH_e	AR	PIC	EM			
									Pop1	Pop2	Pop3	Pop4
CN10	4.000	2.641	1.038	0.565	0.560	0.570	3.949	0.683	0.000	0.000	0.082	0.000
CN17	4.500	3.090	1.199	0.505	0.621	0.632	4.480	0.708	0.113	0.154	0.052	0.039
CN18	9.250	6.116	1.942	0.721	0.829	0.843	8.820	0.876	0.049	0.027	0.132	0.051
CN7	5.500	3.494	1.398	0.669	0.707	0.719	5.261	0.694	0.000	0.000	0.225	0.000
CN14	5.750	3.708	1.300	0.422	0.613	0.624	5.502	0.695	0.103	0.065	0.000	0.307
CN11	10.000	6.079	1.973	0.736	0.835	0.849	9.381	0.872	0.066	0.003	0.085	0.114
CN9	2.750	2.181	0.844	0.180	0.539	0.548	2.734	0.454	0.276	0.310	0.290	0.328
CN8	11.500	6.150	2.035	0.790	0.828	0.842	10.700	0.902	0.000	0.000	0.285	0.032
P12	4.500	2.806	1.117	0.491	0.578	0.587	4.365	0.607	0.151	0.027	0.058	0.107
均值	6.417	4.029	1.427	0.564	0.679	0.690	6.132	0.721	—	—	—	—

21.2.2 顶生金花茶居群遗传多样性分析

顶生金花茶各个自然居群均表现出较高的多态性，其 PPB 皆为 100%；4 个居群的 N_a 的变化范围为 5.889 ~ 7.000；N_e 的变化范围为 3.373 ~ 4.828；检测到 4 个居群总共有 6 个特殊等位基因，分别是 1 号居群 1 个，2 号居群 2 个，4 号居群 3 个；H_o 的变化范围为 0.402 ~ 0.696；H_e 的变化范围为 0.597 ~ 0.766；Nei's 的 UH_e 的变化范围为 0.607 ~ 0.778；I 的变化幅度为 1.245 ~ 1.635；Wright 固定指数 F 的变化范围为 0.104 ~ 0.323（表 21-3）。根据 N_e、I、H_o、H_e 和 UH_e，顶生金花茶 4 个自然居群的遗传多样性大小依次为 2 号 > 1 号 > 4 号 > 3 号，其中，2 号居群的遗传多样性最高而 3 号居群的最低；2 号、3 号、4 号居群的 F 均为正值且偏离哈代 - 温伯格平衡，预示着这些居群杂合子不足。

表21-3 顶生金花茶4个自然居群遗传多样性指数

居群	PPB	N_a	N_e	N_p	I	H_o	H_e	UH_e	F
Pop1	100%	6.556	4.386	1	1.562	0.664	0.735	0.749	0.113
Pop2	100%	7.000	4.828	2	1.635	0.696	0.766	0.778	0.104*
Pop3	100%	6.222	3.531	—	1.245	0.402	0.597	0.607	0.323*
Pop4	100%	5.889	3.373	3	1.268	0.495	0.617	0.628	0.210*
均值	100%	6.417	4.030		1.428	0.564	0.679	0.691	0.188

注：*表示显著偏离哈代-温伯格平衡（$P<0.05$，经Bonferroni校正后）。

21.2.3 顶生金花茶遗传分化

顶生金花茶居群遗传变异的 F 统计结果见表 21-4，其中，属于 Wright's F 统计量的 F_{st} 在不同位点上的变化范围为 0.015 ~ 0.235，均值为 0.102，这表明有 10.2% 的遗传变异存在于居群间，而有 89.8% 的遗传变异存在于自然居群内。Nei's F 统计量也显示类似的结果，其 H_t 和 H_s 的变化范围分别为 0.551 ~ 0.913（均值为 0.759）和 0.554 ~ 0.851（均值为 0.693），居群内基因多样性均值（mean H_s）占总基因多样性均值（mean H_t）的大部分（91.3%），仅 8.7% 的遗传变异存在于居群间。顶生金花茶居群间的 N_m 均值为 4.575。AMOVA 的结果（见表 21-5）同样反映出相似的结论，在总的遗传变异中，17.0% 的变异发生在居群间，83.0% 的变异发生在居群内。

表21-4　顶生金花茶居群遗传变异的F统计量

引物	F_{is}	F_{st}	F_{it}	G_{st}	H_t	H_s	N_m
CN10	−0.009	0.235	0.229	0.225	0.735	0.570	0.812
CN17	0.188	0.169	0.325	0.255	0.751	0.635	1.229
CN18	0.129	0.065	0.186	0.051	0.891	0.848	3.582
CN7	0.053	0.028	0.080	0.015	0.731	0.720	8.617
CN14	0.311	0.157	0.419	0.142	0.730	0.627	1.347
CN11	0.119	0.054	0.166	0.040	0.887	0.851	4.374
CN9	0.665	0.015	0.670	−0.007	0.551	0.554	16.459
CN8	0.046	0.089	0.131	0.077	0.913	0.843	2.548
P12	0.151	0.102	0.237	0.088	0.646	0.589	2.207
均值	0.184	0.102	0.271	0.098	0.759	0.693	4.575

表21-5　顶生金花茶自然居群AMOVA结果

来源	df	SS	VC	PV（%）
居群间	3	170.084	1.595	17.0
居群内	119	920.436	7.735	83.0
总计	122	1090.520	9.330	100.0

注：df为自由度，SS为总方差，VC为变异组分，PV为变异百分比。

21.2.4 遗传结构

1.遗传距离及遗传一致性

表 21-6 显示，顶生金花茶 4 个自然居群间的 GD 为 0.099 ～ 0.475，GI 为 0.622 ～ 0.906。其中，最大 GD 在 3 号居群与 4 号居群群体之间（0.475），两居群间 GI 最低（为 0.622）；最小 GD 在 1 号居群与 2 号居群群体之间（0.099），两居群间 GI 最高（为 0.906）。Mantel 相关性检验结果显示，顶生金花茶 4 个自然居群间 GD 与其分布的地理距离没有显著相关性（R^2=0.494，P=0.240 > 0.05）。

表21-6　Nei's无偏差估算顶生金花茶自然居群的GD和GI

居群	Pop1	Pop2	Pop3	Pop4
Pop1	—	0.906	0.691	0.758

续表

居群	Pop1	Pop2	Pop3	Pop4
Pop2	0.099	—	0.741	0.668
Pop3	0.369	0.300	—	0.622
Pop4	0.277	0.404	0.475	—

注：对角线上方为 GI；对角线下方为 GD。

2. 聚类分析

从系统构建树（图21-1）可以看出，顶生金花茶4个自然居群清晰地分为3组，1号居群和2号居群首先聚在一起，然后二者再与3号居群聚在一起，最后才与4号居群相聚。

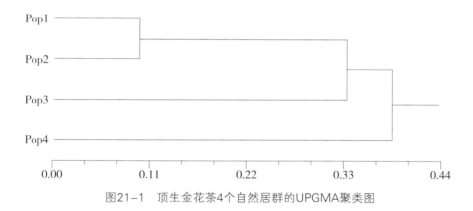

图21-1 顶生金花茶4个自然居群的UPGMA聚类图

3. Structure结构

图21-2显示，当最佳 $K=3$ 时，顶生金花茶4个自然居群被划分为3个组群，第一组群（红色）有1号、2号2个居群，它们主要分布于小山乡，地理距离最近，遗传相似性也最大（表21-6）；第二组群（蓝色）是3号居群；第三组群（绿色）是4号居群。4个自然居群内个体的基因型是混合型的，均不能与其他居群完全分离，结果与基于遗传距离的 UPGMA 聚类图一致。

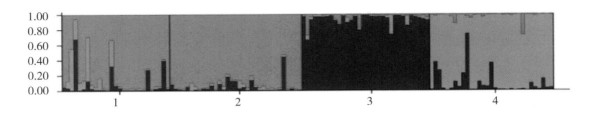

图21-2　顶生金花茶自然居群遗传结构（*K*=3）

4. PCA分析

PCA 分析结果见图 21-3。横轴 PC1 和纵轴 PC2 代表的差异分别是 29.77%、49.84%，其中，1 号、2 号居群重叠部分较多，3 号、4 号居群重叠部分较少。

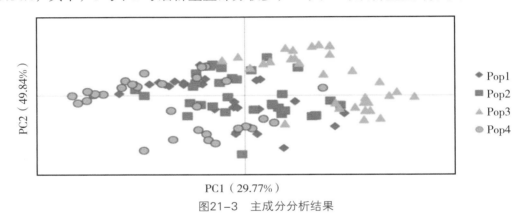

图21-3　主成分分析结果

21.3 结论与讨论

21.3.1 顶生金花茶遗传多样性

物种的进化潜力和适应环境的能力与其遗传多样性水平息息相关。一个居群（或物种）遗传多样性越高或遗传变异越丰富，其进化潜力和对环境变化的适应能力就越强。本研究发现，顶生金花茶种群的遗传多样性水平（mean H_o=0.564，mean H_e=0.679）高于特有种的平均遗传多样性水平（H_o=0.42，H_e=0.32），并略高于广布种（H_o=0.62，H_e=0.57）（Nybom，2004），与非濒危多年生植物（mean H_e=0.68）（Nybom，2004）的遗传多样性水平相近。与同属植物相比，顶生金花茶种群的遗传多样性水平高于两广地区茶树资源的平均遗传多样性水平（mean H_o=0.32，mean H_e=0.46）（乔小燕 等，2011），与东兴金花茶的遗传多样水平（mean H_o=0.83，mean H_e=0.681）（唐健民，2017）持平。由此，我们有理由认为，纵使顶生金花茶是广西特有的珍稀濒危植物，分布区域狭窄且生境曾受到过人为的破坏，但其自然居群仍保持着中等偏高的遗传多样性水平。类似的属于濒危和狭域种且生境受到过破坏却保持中等或中等偏高的遗传多样性水平的情况也出现在同为金花茶组植物的东兴金花茶（SSR 标记显示 mean H_e=0.681）（唐健民，2017）、金花茶（SSR 标记显示 mean H_e=0.620）（韦霄 等，2015）和毛瓣金花茶（ISSR 标记显示 I=0.323）（柴胜丰 等，2014）上。

遗传多样性受繁育系统、自然选择、基因突变、遗传漂变、花粉传播和种子散播等诸多因素的影响，Hamrick 等（1989）认为繁育系统是在居群水平上影响遗传多样性的主要因素。顶生金花茶在居群水平上保持中等偏高的多样性可能与其生活史和繁殖策略有着密切相关。有研究表明金花茶和毛瓣金花茶的交配系统主要为异交（韦霄 等，2015），其基因迁移主要依赖蜂类（蜜蜂）、小型鸟类（主要为太阳鸟）及其他昆虫传粉来进行，同为金花茶组植物的顶生金花茶的繁育系统很可能与之相类似，昆虫与鸟类传粉使居群间形成较强的基因流（mean N_m=4.575）。当 $N_m > 1$ 时，N_m 就足以抵制遗传漂变作用所带来的遗传多样性下降。另外，虽然顶生金花茶的生境曾受到过人为干扰导致生境破碎化，但其作为一种多年生、寿命长、在生境破碎化之前就已经存在的树种，对现自然居群的遗传变异有减缓作用（Young，1993），这可能是顶生金花茶自然居群仍具有中等偏高的遗传多样性水平的另一个原因。

4 个顶生金花茶自然居群中有 3 个居群出现杂合子不足。无效等位基因、近交和华伦德效应（Wahlund 效应）是造成杂合子不足的主要因素（Paxton，2000；Chapuis，2007）。Dakin 和 Avise（1965）及 Chapuis 和 Estoup（2004）认为，若 EM 高于 0.2，其将会对遗传多样性和遗传结构的分析造成更显著影响。在本研究中，EM 在大部分位点中低于 0.2，可判断其不影响顶生金花茶遗传参数（包括 F_{is}）的估算，无效等位基因造成杂合子不足的可能性不高。而顶生金花茶自然居群的固定系数均值（mean F_{is}=0.184）大于繁育系统为混合交配类型的物种的平均固定系数（F_{is}=0.15），F_{is}=1–H_o/H_e，其中，H_o 和 H_e 来自 Nybom（2004），这说明顶生金花茶居群内可能存在近交情况。另外，AMOVA 结果表明，17% 的遗传变异源于群体间差异，且居群 mean H_o 均低于 mean H_e，说明在顶生金花茶居群内出现 Wahlund 效应（Wright，1965）。因此，顶生金花茶的杂合子不足很有可能是由近交和 Wahlund 效应造成的。

21.3.2 顶生金花茶的遗传结构与分化

顶生金花茶居群内基因多样性（mean H_s）占总基因多样性（mean H_t）的大部分（91.3%），mean G_{st} 数值较小，仅 0.098，低于植物 G_{st} 的平均值 0.228 和濒危植物 G_{st} 的平均值 0.141（Tallmon，2004），可知顶生金花茶居群分化程度偏低。Structure 检测及 PCA 分析也得出相似的结果：Structure 检测结果显示，4 个居群之间基因型混合均不完全分离；PCA 分析结果显示，4 个居群间出现重叠部分。顶生金花茶自然分布区仅限于广西天等县境内，分布区域狭窄，个别居群间的地理距离不足 1 km，较短的地理距离有利于昆虫或鸟类传粉，从而有效促进居群间的基因交流。Slatkin（1987）认为，当 $N_m > 1$，基因流就足以抵制遗传漂变的作用，并能有效阻止不同居群间遗传分化的产生。顶生金花茶居群 N_m 为 4.575，居群间较高的基因交流足以防止遗传分化的产生。值得注意的是，虽然顶生金花茶居群间存在较大的基因流，但其 1 号、2 号、4 号居群均被检测出私有等位基因。私有等位基因的存在可能是环境选择压作用的结果，当然，这还有待进一步深入研究。

在本研究中，UPGMA 聚类图显示出 1 号、2 号、3 号自然居群在亲缘上聚为一支，而 4 号居群则单独成为一支。1 号、2 号居群分布在小山乡，3 号、4 号居群分布在福新乡，3 号居群在地理距离上与 4 号居群最近，远离 1 号、2 号居群，但该居群在亲缘关系上却远离 4 号居群，忽略地理的隔离反常地与 1 号、2 号居群集在一起。事实上，Mantel 检测显示，顶生金花茶自然居群的遗传距离与地理距离之间没有显著的相关性，低的相关系数（R^2=0.049，P=0.24 > 0.05）表明居群间 95.1%（1−0.049=0.951）的遗传距离的差异是非地理距离因素造成的。虽然 4 号居群与 3 号居群同分布于福新乡，但 4 号居群是一个比较特殊的居群，其分布于海拔 550 m 以上人迹罕至的险峰上部，高于其他 3 个居群分布区域（430～470 m）。海拔上的隔离可能阻碍了 4 号居群与其他居群间的基因交流，这可能是其在遗传分支上独为一支的原因。

21.3.3 顶生金花茶保护策略

顶生金花茶作为我国广西特有的濒危珍稀物种，其生长缓慢，结实率低，自然分布区域狭窄。又由于气候变化，人为砍伐、烧毁，种子发芽率低，种群幼苗更新慢且成活率低等因素，现存的顶生金花茶自然群体规模小、分布零散。虽然顶生金花茶目前仍然保留着中等偏高的遗传多样性水平，但在规模小、个体有限的自然居群内部，彼此之间容易发生近亲交配，从而出现遗传漂变、近交衰退等现象，导致一些等位基因的缺失和遗传多样性水平下降，使顶生金花茶存在较大的遗传风险和适应性进化障碍（Frankham，2002；Tallmon，2004）。

遗传多样性是保证物种长期生存和进化潜力的物质基础。保护顶生金花茶种质资源，其重要途径是维持其遗传多样性水平。首先，应加强就地保护，通过保护物种栖息地及其赖以生存的生态系统来实现对顶生金花茶的保护。将其自然分布区域圈出来，有目的地建立自然保护区，以减少人为干扰，使其自然生态系统得以逐步恢复，居群大小得以维持并能自然更新。顶生金花茶2号居群遗传多样性最高，因此该居群享有优先保护资格，而带私有等基因的居群应予以重点保护以防止私有等位基因出现不可逆转的丢失。其次，应考虑进行迁地保护。通过种子收集、扦插繁殖等方式从居群取尽可能多的样品用于迁地保护，使物种绝大部分的遗传多样性得到保存。最后，应进行引种回归。顶生金花茶的自然居群普遍较小，加上其结实率低，种子野外萌发率不佳等原因，在野外居群鲜见其小苗，说明其更新能力弱。有必要通过采集种子和枝条进行人工繁殖后再回归野外。

第二十二章
平果金花茶遗传多样性的 ISSR 分析

22.1 材料与方法

22.1.1 试验材料

试验材料于 2012 年 1 月采自广西百色市平果县（现平果市）的海城乡、太平镇、坡造乡、旧城镇以及田东县的思林镇，经广西植物研究所韦霄研究员鉴定为平果金花茶。各居群的自然环境状况参见表 22-1。采样时每个样品尽量取同一部位生长良好、无病虫害的新鲜叶片，同一居群不同个体之间的距离保持在 5 m 以上，合计 5 个居群，170 个个体。采集的平果金花茶样品装入密封袋置于 5 倍于其体积的硅胶中干燥，室温保存。

表22-1　平果金花茶采集地及其生境

居群编号	采集地点	纬度	经度	海拔（m）	生境状况	样本数
HC（H）	海城	23°39′37″N	107°34′34″E	219	石灰岩山地	30
TP（T）	太平	23°35′08″N	107°34′00″E	356	石灰岩山地	32
PZ（P）	坡造	23°28′30″N	107°39′50″E	366	石灰岩山地	37
TL（L）	田东思林	23°32′53″N	107°25′19″E	383	石灰岩山地	34
JC（J）	旧城	23°33′28″N	107°41′24″E	188	石灰岩山地	37

22.1.2 试验方法

1. DNA 提取与检测

取平果金花茶幼嫩叶片 0.8 g，去其中脉置于研钵中，用液氮研磨成粉末分装入 1.5 mL 离心管中，分别向各个离心管中加入 750 ～ 800 μL 65℃预热的 2×CTAB 提取缓冲液和 20 μL 的巯基乙醇，充分混匀，置于 65℃水浴锅中 1 h，其间不时地翻转 3 ～ 4 次使其充分受热。将离心管从水浴锅中取出后冷却至室温，以 12000 r/min 的速度离心 10 min，移取上清液至新离心管，弃去沉淀，分别向上清液中加入等体积按 24 ∶ 1 配

置的氯仿 / 异戊醇，轻轻混匀，以 12000 r/min 的速度离心 10 min。再次取上清液移入新离心管中，每个管中加入与所取上清液等体积配置比为 24 : 1 的氯仿 / 异戊醇，12000 r/min 离心 10 min。取上清液转移至新离心管中，分别加入等体积已冰冻的乙醇和 1/10 体积的 3 mol/L 乙酸钠（pH 值 =5.2），轻微上下颠倒 3 ～ 5 次，直至白色絮状沉淀出现，置于冰箱中 1 h，使 DNA 沉淀。1 h 后，以 12000 r/min 离心 10 min，弃上清液，收集沉淀。分别加入 70% 的乙醇溶液、无水乙醇适量洗涤沉淀 2 次，置于室温下自然干燥。分别加入适量的 TE 缓冲液使沉淀的 DNA 得到充分溶解，然后置于 –20℃冰箱中储存备用。用 1.2% 琼脂糖凝胶电泳法检验 DNA 质量，用紫外分光光度计检测 DNA 浓度，稀释至 20 ng/μL，置于 4℃冰箱中保存（宾晓芸 等，2005）。

2. ISSR-PCR 反应体系的正交试验

经初步试验筛选，选用引物（P843 序列 CTCTCTCTCTCTCTCTRA，R=A，T）作为优化试验用引物。采用 L_{16}（4^5）正交试验设计，试验因素及水平见表 22–2，具体方案见表 22–3。PCR 反应体系总体积是 20 μL。除表中所列因素外，每个体系还含有 2.0 μL 的 10×PCR buffer，超纯水补至 20 μL。每一组合设 2 次重复。

在 PCR 仪上进行扩增，预扩增程序为 94℃预变性 5 min，94℃变性 1 min，52℃退火 45 s，72℃延伸 1.5 min，35 个循环；72℃延伸 7 min，4℃保存。扩增产物用 1.5% 的琼脂糖凝胶电泳 1 h 左右，EB 液（0.5 μg/mL）染色 20 min，然后置于 UVP 凝胶成像系统中拍照。

表22–2　正交试验的因素与水平

等级	DNA（ng）	引物（μmol/L）	dNTP（mmol/L）	MgCl₂（mmol/L）	Taq DNA聚合酶（U/20 μL）
1	10	0.50	0.10	1.00	0.50
2	30	0.75	0.15	1.50	1.00
3	50	1.00	0.20	2.00	1.50
4	70	1.25	0.25	2.50	2.00

表22–3　ISSR-PCR 正交试验 L_{16}（4^5）

序号	因素				
	DNA（ng）	引物（μmol/L）	dNTP（mmol/L）	MgCl₂（mmol/L）	Taq DNA聚合酶（U/20 μL）
1	10	0.50	0.10	1.00	0.50
2	10	0.75	0.15	1.50	1.00

续表

序号	因素				
	DNA（ng）	引物（μmol/L）	dNTP（mmol/L）	MgCl₂（mmol/L）	Taq DNA聚合酶（U/20 μL）
3	10	1.00	0.20	2.00	1.50
4	10	1.25	0.25	2.50	2.00
5	30	0.50	0.15	2.00	2.00
6	30	0.75	0.10	2.50	1.50
7	30	1.00	0.25	1.00	1.00
8	30	1.25	0.20	1.50	0.50
9	50	0.50	0.20	2.50	1.00
10	50	0.75	0.25	2.00	0.50
11	50	1.00	0.10	1.50	2.00
12	50	1.25	0.15	1.00	1.50
13	70	0.50	0.25	1.50	1.50
14	70	0.75	0.20	1.00	2.00
15	70	1.00	0.15	2.50	0.50
16	70	1.25	0.10	2.00	1.00

3. ISSR-PCR 单因素试验

根据正交试验结果选择扩增效果较好的组合进行单因素试验，变化单一因素，其他因素不变，每一个条件确定后作为后续研究的一个条件。每因素设置 6 个水平，每个梯度设 2 次重复。模板 DNA 为 5 ng、10 ng、30 ng、50 ng、70 ng、90 ng，引物为 0.25 μmol/L、0.50 μmol/L、0.75 μmol/L、1.00 μmol/L、1.25 μmol/L、1.50 μmol/L，dNTP 为 0.05 mmol/L、0.10 mmol/L、0.15 mmol/L、0.20 mmol/L、0.25 mmol/L、0.30 mmol/L，Mg^{2+} 为 0.50 mmol/L、1.00 mmol/L、1.50 mmol/L、2.00 mmol/L、2.50 mmol/L、3.00 mmol/L，Taq DNA 聚合酶为 0.25 U/20 μL、0.50 U/20 μL、1.00 U/20 μL、1.50 U/20 μL、2.00 U/20 μL、2.50 U/20 μL。

4. ISSR-PCR 反应程序优化

确定反应体系后，对循环次数、退火温度进行优化。循环次数设 20 次、25 次、30 次、35 次、40 次、45 次。退火温度设为引物理论退火温度 54 ± 5℃（T_m ± 5℃），PCR 仪自动形成 12 个梯度：49.0℃、49.3℃、50.0℃、51.0℃、52.2℃、53.4℃、54.6℃、55.8℃、57.0℃、58.0℃、58.7℃、59.0℃。

5. ISSR引物筛选与扩增

ISSR 引物选用加拿大哥伦比亚大学公布的序列（University of British Columbia，Set No. 9，No. 801 ～ 900 ），由上海生工生物工程股份有限公司合成，从 100 个 ISSR 引物中筛选获得 10 个扩增条带清晰、反应稳定的引物用于全部 170 份 DNA 样品的扩增。

22.1.3 数据分析

1. 反应条带观察与统计

ISSR 是一种显性标记，可把同一引物扩增产物中电泳迁移率相同的条带认定为具有同源性，再按照相同迁移位上显示有扩增带的记为 1、无扩增带的记为 0 的方法记录电泳谱带，而仅有清晰、可重复并且长度在 250 ～ 2000 bp 范围内的扩增带才被记录。得到的 ISSR 表型数据矩阵采用 POPGENE 1.32 软件进行多态位点百分率、基因流和遗传距离等的计算。

2. 聚类分析

用 NTSYS 分析软件，采用 Dice 相似系数对 170 个平果金花茶种质材料的 ISSR 图谱进行计算，得到 Dice 相似系数矩阵。采用 UPGMA 进行聚类，得到平果金花茶亲缘关系树状图（孙淑英 等，2017；Hua et al.，2017 ）。

22.2 结果与分析

22.2.1 ISSR-PCR 反应体系的优化结果

1. 正交试验结果

正交试验结果见图 22-1。组合 4、组合 7、组合 14 的扩增效果最差，扩增不出谱带。组合 1、组合 2、组合 3、组合 8、组合 12、组合 13、组合 15 谱带较少，强度较低。组合 5、组合 6、组合 16 扩增效果一致，谱带较多，但背景模糊，谱带弥散难辨。组合 9、组合 10、组合 11 都扩增出效果较好的谱带，组合 10 的谱带虽然较弱，但背

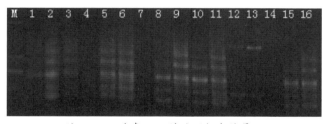

注：1～16为表22-3的处理组合编号。

图22-1 平果金花茶ISSR-PCR正交试验结果

景较小，主带清晰，副带明显。确定选用组合 10，即 20 μL 的反应体系中含有模板 DNA 50 ng，引物 0.75 μmol/L，dNTP 0.25 mmol/L，Mg^{2+} 2.00 mmol/L，Taq DNA 聚合酶 0.50 U/20 μL。

2. 模板DNA对ISSR-PCR的影响

如图 22-2 所示，在其他因素一致的情况下，模板 DNA 的量对 ISSR-PCR 扩增影响很小，模板 DNA 浓度在 5 ~ 90 ng 的范围内均能扩增出相近的带型。模板 DNA 浓度为 5 ~ 50 ng 时，谱带的数目和清晰度逐渐提高。50 ng、70 ng、90 ng 的模板 DNA 浓度扩增出的谱带基本一致，数目较多，强度较高，谱带较清晰。故选择 50 ng 为最佳模板 DNA 浓度。

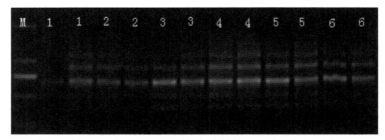

注：M为DNA标记；1~6谱带的模板DNA浓度分别为5 ng、10 ng、30 ng、50 ng、70 ng、90 ng。

图22-2 模板DNA对ISSR-PCR的影响

3. 引物对ISSR-PCR的影响

如图 22-3 所示，不同浓度的引物均可扩增出谱带。随着引物浓度的升高，谱带强度由低到高，再由高到低。当引物浓度为 0.75 μmol/L 时，谱带最为清晰，故选择 0.75 μmol/L 为最佳的引物浓度。

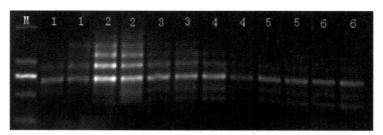

注：M为DNA标记；1~6谱带的引物浓度分别为0.25 μmol/L、0.50 μmol/L、0.75 μmol/L、1.00 μmol/L、1.25 μmol/L、1.50 μmol/L。

图22-3 引物对ISSR-PCR的影响

4. dNTP对ISSR-PCR的影响

图 22-4 表明，不同浓度的 dNTP 都可扩增出谱带。dNTP 浓度为 0.05 ~ 0.15 mmol/L

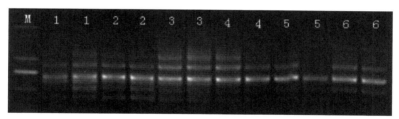

注：M为DNA标记；1～6谱带的dNTP浓度分别为0.05 mmol/L、
0.10 mmol/L、0.15 mmol/L、0.20 mmol/L、0.25 mmol/L、0.30 mmol/L。

图22-4　dNTP对ISSR-PCR的影响

时，随着 dNTP 浓度的提高，谱带的强度和清晰度提高，浓度为 0.15 mmol/L 时扩增效果最好。再提高 dNTP 浓度，谱带的强度和清晰度均逐渐降低。故选择 0.15 mmol/L 为 dNTP 的最佳浓度。

5. Mg^{2+}对ISSR-PCR的影响

图 22-5 表明，低浓度 Mg^{2+} 扩增不出谱带或谱带很少，不易区分。提高 Mg^{2+} 浓度，谱带数目增加且清晰明亮，趋于一致。Mg^{2+} 浓度在 1.50 mmol/L 和 2.00 mmol/L 时扩增结果基本一致，效果最好。考虑成本，选择 1.50 mmol/L 为最佳浓度。

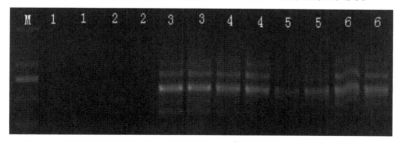

注：M为DNA标记；1～6谱带的Mg^{2+}浓度分别为0.50 mmol/L、
1.00 mmol/L、1.50 mmol/L、2.00 mmol/L、2.50 mmol/L、3.00 mmol/L。

图22-5　Mg^{2+}对ISSR-PCR的影响

6. Taq DNA聚合酶对ISSR-PCR的影响

如图 22-6 所示，不同的 Taq DNA 聚合酶浓度均能扩增出数目相同的谱带。浓度

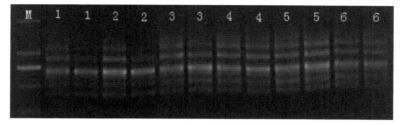

注：M为DNA标记；1～6谱带的Taq DNA聚合酶浓度分别为0.25 U、
0.50 U、1.00 U、1.50 U、2.00 U、2.50 U。

图22-6　Taq DNA聚合酶对ISSR-PCR的影响

在 0.25 U、0.50 U 时，谱带强度较低。提高 Taq DNA 聚合酶浓度，扩增出的谱带清晰度逐渐增强且趋于稳定。浓度在 1.00 U、1.50 U、2.00 U、2.50 U 时扩增效果基本一致，考虑成本，选择 1.00 U 为最佳 Taq DNA 聚合酶浓度。

7. 循环次数对ISSR-PCR的影响

图 22-7 表明，循环次数为 20 次、25 次时扩增不出谱带。随着循环次数的增加，谱带数目增多且清晰度提高，45 次循环扩增出的谱带数目多、清晰明亮，确定为最佳循环次数。

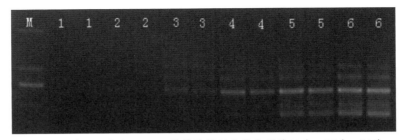

注：M为DNA标记；1～6谱带的循环次数分别为20次、25次、30次、35次、40次、45次。

图22-7　循环次数对ISSR-PCR的影响

8. 退火温度对 ISSR-PCR的影响

图 22-8 表明，退火温度对 ISSR-PCR 的影响明显，温度过低时，杂带多，背景模糊，特异性差；温度过高时，非特异性增强，引物与模板结合的特异性差，扩增出的条带数目少甚至没有。退火温度为 50.0℃、51.0℃、52.2℃时扩增效果基本一致，为提高反应特异性，确定选用 52.2℃为最佳退火温度。

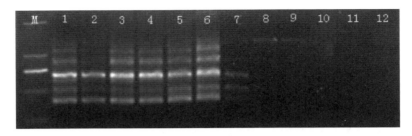

注：M为DNA标记；1～12谱带的退火温度分别为49.0℃、49.3℃、50.0℃、51.0℃、52.2℃、53.4℃、54.6℃、55.8℃、57.0℃、58.0℃、58.7℃、59.0℃。

图22-8　退火温度对ISSR-PCR的影响

9. ISSR-PCR反应体系的稳定性检测

图 22-9 为引物 843 对 8 份不同地点的平果金花茶进行的扩增结果。其条带清晰易辨，数目较多，多态性也较好，说明经正交和单因素试验确定建立的反应体系稳定、可靠，可检测能力较强。

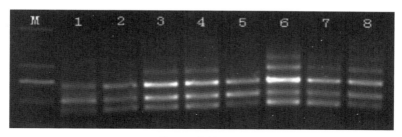

图22-9　8份平果金花茶样品扩增效果

10. 引物筛选结果

通过对 100 条引物的筛选，确定 10 条能扩增出清晰、重复性和稳定好的条带的引物进行下一步的试验。引物筛选结果见表 22-4。

表22-4　引物筛选结果

引物序号	引物序列（5′-3′）
815	CTCTCTCTCTCTCTCTG
825	ACACACACACACACACT
826	ACACACACACACACACC
827	ACACACACACACACACG
834	AGAGAGAGAGAGAGAGYT
836	AGAGAGAGAGAGAGAGYA
843	CTCTCTCTCTCTCTCTRA
848	CACACACACACACACARG
855	ACACACACACACACACYT
856	ACACACACACACACACYA

22.2.2 ISSR-PCR 扩增结果

1. ISSR-PCR引物扩增结果

共筛选出 10 条扩增产物条带清晰、稳定性和重复性好的引物用于 5 个居群共 170 份样品的 PCR 扩增。图 22-10 和图 22-11 分别为引物 825 和引物 826 对 H 和 P 2 个居群个体扩增结果的电泳谱图。

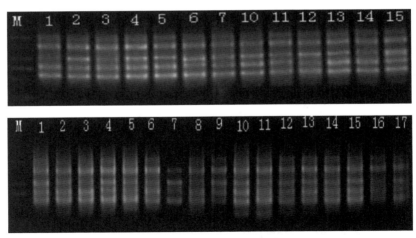

注：M为λDNA/HindⅢ+EcoRⅠ标记。

图22-10　引物826对平果金花茶H居群和P居群的ISSR扩增谱带

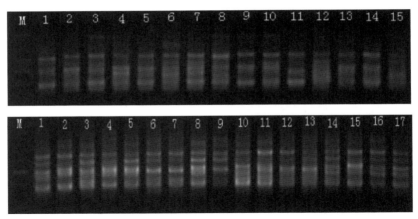

注：M为λDNA/HindⅢ+EcoRⅠ标记。

图22-11　引物827对平果金花茶H居群和P居群的ISSR扩增谱带

2. 扩增产物多态性

所选10条引物在170份样品中共扩增出条带129条，每种引物分别产生10～16条扩增条带，其中多态位点115个，多态位点个数占89.15%，有3条引物扩增出多态性位点为100%，占引物总数的30%。由此可见平果金花茶ISSR可检测到的遗传位点较多，PCR效果较好（表22-5）。

表22-5　ISSR引物扩增情况

引物序号	统计位点数	多态位点数	PPB（%）
815	15	11	73.33
825	12	9	75.00

续表

引物序号	统计位点数	多态位点数	PPB（%）
826	11	8	72.73
827	15	14	93.33
834	12	11	91.67
836	12	12	100.00
843	16	15	93.75
848	13	13	100.00
855	13	13	100.00
856	10	9	90.00
总计	129	115	89.15

22.2.3 平果金花茶居群遗传多样性

由表22-6可知，5个居群内部的 PPB 分布为55.04% ～ 65.12%，基因多样性指数（ H ）和 I 分别为0.196 ～ 0.238 和 0.292 ～ 0.350。这表明170份平果金花茶资源的遗传多样性和遗传资源的丰富性，同时可以看出，5个居群平果金花茶之间丰富的多态性和复杂的遗传背景。其中旧城居群和海城居群各相关遗传指数均明显高于其他居群，尤其是旧城居群表现出了较高的遗传多样性水平。

表22-6 平果金花茶居群遗传多样性参数

居群	N_a	N_e	H	I	PPB（%）
H	1.628（0.485）	1.420（0.397）	0.238（0.210）	0.350（0.297）	62.79
T	1.550（0.499）	1.334（0.370）	0.196（0.201）	0.292（0.289）	55.04
P	1.574（0.497）	1.354（0.378）	0.205（0.205）	0.305（0.293）	57.36
L	1.589（0.494）	1.337（0.359）	0.200（0.197）	0.301（0.283）	58.91
J	1.651（0.479）	1.405（0.390）	0.233（0.203）	0.347（0.286）	65.12
总计	1.892（0.312）	1.472（0.360）	0.278（0.178）	0.421（0.240）	89.15

注：括号内为标准差。

22.2.4 居群间遗传分化程度的比较分析

利用POPGENE 1.32软件分析平果金花茶居群间的遗传分化数据（表22-7），得到平果金花茶所有居群Nei's H_t 为0.279， H_s 为0.215。根据 H_t 和 H_s 计算的 G_{st} 为0.2297。上述结果表明，居群间的遗传变异占遗传变异的22.97%，77.03%的遗传变异分布在居群内的个体间。平果金花茶居群内遗传变异大于居群间遗传变异。根据公式

N_m＝（$1-G_{st}$）/2 G_{st} 计算居群的基因流值为 1.677 ＞ 1，反映出各居群之间的基因流动水平较高。

表22-7　不同居群间的遗传分化分析

居群	H_t	H_s	G_{st}	N_m
平均值	0.279	0.215	0.2297	1.677
标准差	0.032	0.025	——	——

22.2.5 平果金花茶居群遗传距离和遗传一致度

为了进一步分析居群之间的遗传分化程度，利用 POPGENE 1.32 软件计算了 Nei's 遗传距离（D）和遗传一致度（I）。从表22-8 可以看出，D 值的变化范围为 0.0886 ～ 0.1349，I 值的变化范围为 0.8738 ～ 0.9152，其中 H 居群和 L 居群的 D 值最高，H 居群和 P 居群的 D 值最低。用 NTSYSpc V2.10e 对 5 个居群进行 UPGMA 聚类分析的结果见图 22-12。从图 22-12 可以看出，H 居群和 P 居群的遗传距离较小，亲缘关系较近，首先聚在了一起，同时又与 T 居群聚为一大类；此外，L 居群和 J 居群与前三者的遗传距离相对较大，亲缘关系较远，独立聚为一类。

表22-8　Nei's I（对角线以上）和 D（对角线以下）

居群	H	T	P	L	J
H	——	0.9139	0.9152	0.8738	0.8849
T	0.0900	——	0.9028	0.8915	0.9030
P	0.0886	0.1022	——	0.8939	0.8996
L	0.1349	0.1149	0.1121	——	0.9048
J	0.1223	0.1020	0.1058	0.100	——

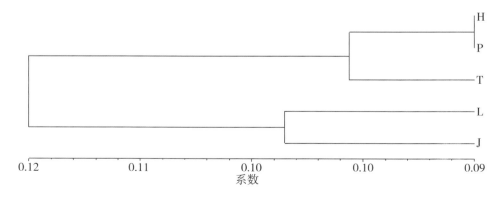

图22-12　平果金花茶居群间 Nei's D 的 UPGMA 聚类图

22.3 结论与讨论

目前，对 ISSR-PCR 反应体系的优化主要采用正交设计和单因素试验 2 种方法。正交试验既能考察各因素的交互作用，又可分析每一因素不同水平对扩增结果产生的影响，但设置的处理水平相对有限（宁静 等，2010）。单因素试验，可设计较多的水平梯度，直观快速地得到该因素对扩增程序的影响，但是忽略了各因素间的相互作用（王方 等，2009）。本试验先通过正交设计对 ISSR-PCR 反应体系进行初步筛选，再结合单因素试验进一步优化，既吸收了 2 种方法的优点又弥补它们的不足，因而可快速、准确地建立平果金花茶 ISSR-PCR 的最优反应体系。

ISSR 是基于 PCR 反应的一种新的分子标记技术，其扩增谱带较 RAPD 标记稳定，但同样受反应条件和扩增程序以及物种不同的影响，采用不同的体系组合其扩增结果也会有一定的差异，为保证扩增能得到清晰准确和重复性好的谱带，需要对 ISSR-PCR 反应体系进行优化（应站明 等，2009）。结果表明，试验对模板 DNA 浓度的要求较低；试验中要注意引物与模板的比例。引物少，扩增产物少，谱带弱；引物过多，会引起与模板错配、进行非特异性扩增以及增加引物二聚体形成（王方 等，2009）。dNTP 是 PCR 反应的基本原料，不仅影响 Mg^{2+} 浓度，而且对 Taq DNA 聚合酶也有一定的影响，浓度过高会产生错误渗入，过低会导致 PCR 扩增不完全，效率降低而影响扩增效果。Mg^{2+} 浓度是本试验中影响最为明显的一个因素，对 ISSR-PCR 扩增的特异性和产量有着显著的影响，过低会减弱 Taq DNA 聚合酶的活性，使扩增产物减少；过高反应特异性降低，出现非特异性扩增。Mg^{2+} 浓度还受到 dNTP 的影响。Taq DNA 聚合酶是 Mg^{2+} 依赖性酶，在 PCR 反应中不可缺少，浓度过低反应敏感性降低，谱带少，能提供的信息也少，产物合成效率下降；过高增加试验成本，易产生非特异性扩增（陈宗游 等，2011）。试验最终确定 20 μL 的体系中含模板 DNA 50 ng，引物 0.75 μmol/L，dNTP 0.15 mmol/L，Mg^{2+} 1.50 mmol/L，Taq DNA 聚合酶 1.00 U，10×Buffer 2.00 μL，超纯水补足 20 μL。本试验设计了 6 个循环次数，随着循环次数的增加，产物增多。退火温度过低，易出现背景深、弥散的谱带；过高则出现非特异性扩增带。只有在合适温度下才会产生特异的 PCR 谱带，且无弥散带。在选择最佳退火温度时，如扩增结果相近，宜选择较高退火温度以提高扩增的特异性。通过单因素试验，最后确定扩增程序为：94℃预变性 5 min，94℃变性 1 min，52.2℃退火 45 s，72℃延伸 1.5 min，45 个循环；72℃延伸 7 min，4℃保存。

平果金花茶总的遗传多样性水平较高，ISSR PPB 为 89.15%，Nei's H 为 0.278，I 为 0.421，G_{st} 为 0.2297，表明居群间具有一定程度上的遗传分化水平，总的遗传变异中 22.97% 的变异发生于居群内，居群间的遗传变异为 77.03%。这些都表明平果金花茶资源具有遗传变异大、遗传多样性高的特点。这可能与平果金花茶居群间遗传变异的产生主要因居群的基因交流受限制有关，如所研究的 5 个平果金花茶居群之间的地理位置虽不太远，但平果金花茶居群多呈零散分布以致分布地间断而不连续，说明了居群间所出现的一定程度遗传分化可能是由长期自然选择和地理隔离使得平果金花茶产生种内变异造成的。此外，平果金花茶自身的生殖特性也会导致平果金花茶的遗传多样性水平高和居群间形成一定程度的遗传分化。如平果金花茶后代向外传播的距离受限，与其繁殖方式主要是种子繁殖，果实成熟后主要依靠重力散播种子，且在石山生境下土壤资源有限、分布零散，加上人为采收和动物的破坏有关，以致平果金花茶自身很难繁衍更新。由此可见，平果金花茶的繁育方式在限制其后代远距离扩散能力的同时，也引起居群的分化。

在一定程度上物种的遗传多样性水平制约着该物种适应性进化的水平，从而体现了该物种适应环境的能力，同时物种的遗传多样性也可以准确地评估其现状和保护价值，为就地保护、迁地保护等保护措施的提出提供更为重要的信息保障。目前生境的破坏以及大量砍伐等已经对平果金花茶居群的生存造成了严重的威胁，因此进一步就地保护、野生抚育驯化与迁地保护等保护工作对平果金花茶的保护尤为重要。从研究结果所有参数分析来看，L 居群和 J 居群具有较高的遗传多样性水平和相对较丰富的遗传种质，因此建议将 L 居群和 J 居群纳入优先保护体系。平果金花茶居群间产生了一定的遗传变异，且遗传变异的分布具有一定的地域性，因此也要注意其他产区平果金花茶的保护与利用。同时因 77.03% 的变异来源于居群内，故在充分了解其遗传背景的基础上进行引种驯化和良种培育，特别是在其居群内进行优良单株的选育，提高其种质的繁殖力和适应性，也是很重要的保护策略之一。

第六部分

金花茶组植物的主要
化学成分

第二十三章
金花茶组植物叶主要化学成分的比较研究

23.1 材料与方法

23.1.1 试验材料

试验材料采自广西桂林市雁山区广西植物研究所金花茶组植物种质圃，由该所赵瑞峰副研究员鉴定，见表23-1。试验材料包含15种金花茶组植物的成熟叶和嫩叶（在多酚含量测定中未对东兴金花茶、顶生金花茶和弄岗金花茶嫩叶进行研究）。取上述15种金花茶组植物的新鲜叶置于烘箱中，105℃杀青15 min后55℃干燥，取出，粉碎，分别过40目筛，备用。

表23-1　金花茶组植物样品采集表

编号	种名	采集时间
XM	显脉金花茶	1年生叶：2010年9月；嫩叶：2011年1月
PG	平果金花茶	1年生叶：2010年9月；嫩叶：2011年1月
ZD	中东金花茶	1年生叶：2010年9月；嫩叶：2011年1月
XG	小果金花茶	1年生叶：2010年9月；嫩叶：2011年1月
DS	顶生金花茶	1年生叶：2010年9月；嫩叶：2011年4月
DX	东兴金花茶	1年生叶：2010年9月；嫩叶：2011年4月
PT	金花茶	1年生叶：2010年9月；嫩叶：2011年1月
AM	凹脉金花茶	1年生叶：2010年9月；嫩叶：2011年4月
LZ	中华五室金花茶	1年生叶：2010年9月；嫩叶：2011年4月
NG	弄岗金花茶	1年生叶：2010年9月；嫩叶：2011年1月
XB	小瓣金花茶	1年生叶：2010年9月；嫩叶：2011年1月
NM	柠檬金花茶	1年生叶：2010年9月；嫩叶：2011年1月
MZ	毛籽金花茶	1年生叶：2010年9月；嫩叶：2011年1月
ZM	直脉金花茶	1年生叶：2010年9月；嫩叶：2011年4月
MB	毛瓣金花茶	1年生叶：2010年9月；嫩叶：2011年1月

23.1.2 实验仪器与试剂

1. 仪器

101A-2B 型电热鼓风干燥箱（上海实验仪器厂有限公司）、XSI05DU 分析天平（梅特勒 – 托利多仪器上海有限公司）、UV-2450 型紫外可见分光光度计（日本岛津公司）、美国 UltiMate3000 戴安高效液相色谱仪（中国上海戴安有限公司）、KQ-250DE 型数显超声波清洗器（昆山市超声仪器有限公司）、Agilent C18 色谱柱（4.6 mm×250 mm，5 μm；美国安捷伦公司）、TU-1901 型双光束紫外可见分光光度计（北京普析通用仪器有限责任公司）

2. 试剂

溴化钾（KBr）为光谱纯（天津市光复精细化工研究所）。无水葡萄糖、蒽酮、浓硫酸、磷酸均为分析纯，水为蒸馏水，甲醇为高效液相色谱纯（成都科龙公司），乙腈为高效液相色谱纯（美国 TEDIA 天地试剂公司）。黄酮类物质的标准物质芦丁（批号：0861-9901）、曲克芦丁（批号：100416-20104）、槲皮素（批号：00081-200406）和山柰酚（批号：11042524）均购买于中国药品生物制品鉴定所。多酚类物质的标准物质除表没食子儿茶素没食子酸酯购于上海同田生物技术有限公司外，没食子酸（批号：110831-200803）、绿原酸（批号：0753-200111）、儿茶素（批号：110877-201102）、表儿茶素（批号：878-200102）均购买于中国药品生物制品检定所。

23.1.3 主要化学成分的测定方法

1. 多糖含量的测定

（1）多糖的提取。参考韦璐等（2008）测定多糖的方法。称取 40 目干燥金花茶组植物叶粉末 0.5 g，置于 100 mL 的三角烧瓶中，加入 25 mL 的蒸馏水，然后把三角烧瓶放到温度为 80℃、频率为 50 KHz 的超声波药品处理机中超声提取 1 h，趁热，用滤纸过滤，收集滤液；药渣加 25 mL 蒸馏水至相同条件的超声波中提取 1 h，过滤；药渣再加 25 mL 蒸馏水，提取 30 min。合并这 3 次滤液，加入蒸馏水定容至 100 mL 容量瓶中，得到粗茶多糖提取液，备用。

（2）标准曲线的绘制。精密称取 105℃干燥至恒重的无水葡萄糖对照品适量，加蒸馏水配成 1.008 mg·mL^{-1} 的标准溶液。精密移取对照品溶液 2 mL、4 mL、6 mL、8 mL、10 mL，分别置于 100 mL 容量瓶中，各加水至刻度，摇匀。分别精密移取上述标准溶液各 2.0 mL 置试管中，以 2.0 mL 蒸馏水作空白对照，每管再加 8 mL 蒽酮 – 硫酸试液（配制方法是将 1.5012 g 蒽酮溶于 450 mL 浓硫酸，置于棕色瓶中冷藏备用），立即摇匀，冰水浴冷却，沸水浴中加热 7 min，流动水冷却至室温，10 min 后在上述确定的 620 nm 波长处测定吸光度，以吸光度对葡萄糖浓度（μg·mL^{-1}）作回归处理，得标准曲线方程：Y=4.2956X+0.0063。其中 Y 为吸光度，X 为质量（mg）。

（3）重复性试验。取同一批药材样品按供试品溶液的制备方法平行制备供试品溶液 3 份，分别取供试品溶液 0.2 mL，按标准曲线的绘制操作，依法显色后测定吸收度，计算茶多糖平均含量，得出相对标准偏差（RSD）为 1.376%，表明试验重现性良好。

（4）稳定性试验。精确吸取按供试品溶液的制备方法制取的粗茶多糖提取液 0.2 mL 置于具塞试管中，按照（3）项中方法处理，每隔 1 h 测定吸光度，RSD 为 0.373%，显色在 5 h 内稳定。

（5）加样回收率。精确称取 3 份 40 目金花茶组植物老叶粉各 0.5 g，加入葡萄糖 20 mg，按（3）项中方法测定金花茶组植物茶多糖含量，计算回收率。结果见表 23–2。

表23-2　金花茶组植物多糖回收率

取样量（g）	原含量（mg）	加入量（mg）	测得量（mg）	回收率（%）	平均回收率（%）	RSD（%）
0.5003	50.249	20	70.120	99.354	—	—
0.5002	50.365	20	70.420	100.275	99.153	1.246
0.5000	51.529	20	71.095	97.829	—	—

2. 黄酮的含量测定

（1）色谱条件。色谱柱为 Agilent ZORBAX Eclipse XDB-C18 柱（4.6 mm × 250 mm，5 μm）；流动相为甲醇 – 0.1% 磷酸水溶液梯度洗脱（0 min，甲醇为 30%，0.1% 磷酸水溶液为 70%；20 min，甲醇为 55%，0.1% 磷酸水溶液为 45%；30 min，甲醇为 60%，0.1% 磷酸水溶液为 40%；40 min，甲醇为 30%，0.1% 磷酸水溶液为 70%）；流速 1 mL/min；柱温 30℃；检测波长 350 nm；进样量 20 μL。

（2）对照品的制备。精密称取芦丁、曲克芦丁、槲皮素和山奈酚对照品适量，加甲醇稀释至 10 mL 容量瓶中，分别配制成浓度为 0.5 mg·mL^{-1}、1 mg·mL^{-1}、0.25 mg·mL^{-1} 和 0.25 mg·mL^{-1} 的混合标准溶液，摇匀，备用。

（3）供试液的制备。精密称取金花茶组植物叶干燥粉末 0.5 g，置于 100 mL 三角烧瓶中，加甲醇 30 mL，冷浸 20 min 后，超声提取 35 min，取滤液；药渣加甲醇 30 mL，浸泡 20 min 后，继续超声提取 35 min，过滤，滤渣用适量甲醇洗涤；合并两次滤液，溶剂挥干，加甲醇转移到 25 mL 容量瓶中，用甲醇稀释至刻度，摇匀，接着用 0.45 μm 针头过滤器过滤，进样 20 μL 分析。

（4）系统适用性。分别吸取对照品溶液、供试品溶液各 20 μL，注入液相色谱仪，记录色谱图，可得芦丁、曲克芦丁、槲皮素和山奈酚的保留时间分别为 19.533 min、20.807 min、28.407 min 和 34.760 min，在此条件下芦丁、曲克芦丁、槲皮素和山奈酚达到基线分离，且与其他组分峰分离良好，理论塔板数不小于 4000。

（5）线性关系考察。分别精确吸取 5 μL、50 μL、100 μL、150 μL、200 μL、250 μL 混合标准溶液至 5 mL 容量瓶中，加甲醇稀释至刻度，得到 6 个浓度梯度，按（1）项中色谱条件，分别进样 20 μL，以 Y（AV，S）为峰面积，X（μg）为进样量，4 种黄酮类物质的标准曲线、线性范围和相关系数列于表 23-3，其中 X 表示黄酮类物质的质量，Y 表示黄酮类物质的峰面积。

表23-3　四种黄酮类物质的回归方程及线性范围

黄酮成分	线性方程	相关系数	线性范围（μg）
芦丁 Rutin	Y=48.542X+0.0851	0.9998	0.010～0.500
曲克芦丁 Troxerutin	Y=23.21X−0.1563	0.9997	0.020～1.000
槲皮素 Quercetin	Y=71.675X+0.1278	0.9999	0.005～0.250
山奈酚 Kaempferol	Y=123.67X+0.1008	0.9999	0.005～0.250

（6）精密度试验。取含芦丁、曲克芦丁、槲皮素和山奈酚的混合对照品溶液，进样 20 μL，按上述色谱条件，连续进样 5 次，记录芦丁、曲克芦丁、槲皮素和山奈酚的峰面积，计算出 RSD 分别为 0.6373%、0.5279%、0.5109% 和 0.4953%（n=5），表明精密度良好。

（7）稳定性试验。将金花茶组植物供试品溶液配置后 2 h、4 h、6 h、8 h、10 h 分别进样 20 μL，记录峰面积。计算出芦丁、曲克芦丁、槲皮素、山奈酚的峰面积 RSD 分别为 0.8472%、0.9321%、1.232% 和 1.437%，表明在 10 h 内稳定性良好。

（8）重复性试验。称取同一种类金花茶组植物粉末 5 份，测定芦丁、曲克芦丁、槲皮素和山奈酚的峰面积。计算出 RSD 分别为 0.647%、0.814%、0.789% 和 0.585%，表明重复性良好。

（9）加样回收试验。精密称取 0.5 g 其中已知含量的 3 种金花茶组植物样品 3 份，分别加入 0.2 mL 的混合标准溶液（即芦丁 100 μg、曲克芦丁 200 μg、槲皮素和山奈酚各 50 μg），按（2）项中供试液制备方法得到供试液，在上述色谱条件下测定，得出这 3 种金花茶组植物叶中的芦丁、曲克芦丁、槲皮素、山奈酚的平均回收率分别为 98.1%（RSD 为 2.22%）（$n=3$）、99.0%（RSD 为 2.66%）（$n=3$）、100.87%（RSD 为 1.515%）（$n=3$）、98.3%（RSD 为 1.762%）（$n=3$）。

3. 多酚的含量测定

（1）色谱条件。色谱柱为 Agilent ZORBAX Eclipse XDB-C18 柱（4.6 mm × 250 mm，5 μm）；流动相为乙腈 – 0.2% 磷酸水溶液梯度洗脱（0 ～ 3 min，乙腈为 20%，0.2% 磷酸水为 80%；3.01 ～ 12 min，乙腈由 42% 提高到 58%，0.2% 磷酸水溶液由 58% 下降为 42%；12.01 ～ 15 min，乙腈为 20%，0.2% 磷酸水溶液为 80%）；流速 1 mL/min；柱温 25℃；检测波长 280 nm；进样量 25 μL。

（2）对照品的制备。精密称取各标样 5 mg，用 30% 乙醇水溶液定容于 25 mL 容量瓶中，配制成浓度为 0.2 mg/ mL 的标准母液，接着精确吸取 2.5 μL、0.5 mL、1 mL、1.5 mL、2 mL、2.5 mL 的标准母液至 5 mL 容量瓶中并加 30% 乙醇水溶液稀释至刻度，摇匀，备用。

（3）供试品溶液的制备。精密称取 0.5 g 样品，加入 20 mL 的 30% 乙醇水溶液，放置于 80℃ 的水浴锅中浸提 3 次，每次浸提 1 h，合并 3 次滤液，加入 30% 乙醇水溶液定容于 100 mL 容量瓶，摇匀，用 0.45 μm 针头过滤器过滤，按测定条件进行高压液相色谱法（HPLC）分析，进样量为 25 μL。

（4）系统适用性试验。分别吸取对照品溶液、供试品溶液各 25 μL，注入液相色谱仪，记录色谱图，没食子酸、绿原酸、儿茶素、表儿茶素和表没食子儿茶素没食子酸酯的保留时间分别为 5.16 min、5.593 min、6.287 min、7.187 min 和 7.547 min，在此条件下没食子酸、绿原酸、儿茶素、表儿茶素和表没食子儿茶素没食子酸酯达到基线分离，且与其他组分峰分离良好。

（5）线性关系考察。按（1）项中色谱条件分析，分别进样 25 μL，以 Y（AV，S）为峰面积，X（μg）为进样量，5 种多酚类物质的标准曲线、线性范围和相关系数列于

表23-4，其中 X 表示多酚类物质的质量，Y 表示多酚类物质的峰面积。

表23-4 5种多酚类物质的回归方程及线性范围

多酚成分	线性方程	相关系数	线性范围（mg）
没食子酸 Gallic acid	Y=41.338X+0.8331	0.9997	
绿原酸Chlorogenic acid	Y=31.37X−0.2435	0.9993	
儿茶素Catechin	Y=13.986X−0.3079	0.9997	0.0025～2.5000
表儿茶素Epicatechin	Y=14.385X−0.2329	0.9997	
表没食子儿茶素没食子酸酯 Epigallocatechin gallate	Y=11.638X−0.2375	0.9992	

（6）精密度试验。取按（2）项中方法制备的混合对照品溶液，进样 25 μL，按上述色谱条件，连续进样 5 次，记录没食子酸、绿原酸、儿茶素、表儿茶素和表没食子儿茶素没食子酸酯的峰面积，计算出 RSD 分别为 0.2125%、0.2348%、0.3131% 和 0.3338%（n=5），表明精密度良好。

（7）稳定性试验。精密吸取按（3）项中方法制备的供试品溶液，在上述色谱条件下，于 0 h、2 h、4 h、6 h、8 h、10 h、12 h 分别进样，测定各组分的峰面积值，计算出没食子酸、绿原酸、儿茶素、表儿茶素和表没食子儿茶素没食子酸酯峰面积的 RSD 分别为 1.6125%、1.4831%、3.6305%、1.7013% 和 1.1831%，表明 12 h 内基本稳定。

（8）重复性试验。取同一种类金花茶组植物粉末，按（3）项中方法制备 3 份供试品溶液，在上述色谱条件下测定，计算出没食子酸平均含量为 4.186 mg/g，RSD 为 1.751%；绿原酸平均含量为 0.188 mg/g，RSD 为 1.042%；儿茶素平均含量为 0.471 mg/g，RSD 为 1.346%；表儿茶素平均含量为 6.855 mg/g，RSD 为 0.964%；表没食子儿茶素没食子酸酯平均含量为 11.390 mg/g，RSD 为 1.380%。

（9）加样回收率试验。精密称取 0.25 g 其中已知含量的 5 种金花茶组植物样品 3 份，分别加入 2 mL 的混合标准溶液（即含量为 0.4 mg 的没食子酸、绿原酸、儿茶素、表儿茶素和表没食子儿茶素没食子酸酯），按（3）项中方法得到供试液，在上述色谱条件下测定，得出金花茶组植物叶中的没食子酸、绿原酸、儿茶素、表儿茶素、表没食子儿茶素没食子酸酯的平均回收率分别为 98.58%（RSD 为 1.001%）（n=3）、97.78%（RSD 为 0.895%）（n=3）、98.91%（RSD 为 1.676%）（n=3）、98.86%（RSD 为 0.776%）（n=3）、98.923%（RSD 为 1.245%）（n=3）。

23.2 结果与分析

23.2.1 15 种金花茶组植物叶多糖含量

分别吸取多糖含量测定操作得到的粗多糖提取液 0.2 mL，用蒽酮 – 硫酸分光光度法测定其吸光度，得到吸光度后代入标准曲线，然后根据公式计算多糖得率（%）=（多糖的含量／样品的质量）×100%，结果见表 23–5。

由表 23–5 可知，从成熟叶来看，金花茶组植物的多糖含量范围为 3.844 ～ 10.594 mg/g，其中中华五室金花茶多糖含量最高（10.594 mg/g），其次是中东金花茶，这两者与其他 13 种金花茶组植物的多糖含量差异均达到极显著水平；含量最低的是凹脉金花茶（3.844 mg/g），与顶生金花茶多糖含量差异达到显著水平，与其余 13 种金花茶组植物多糖含量差异达到极显著水平。从嫩叶来看，金花茶组植物的多糖含量范围为 4.018 ～ 11.093 mg/g，其中平果金花茶样品含量最高（11.093 mg/g），其次是小果金花茶（10.359 mg/g），这两者也分别与其余 13 种金花茶组植物差异达到极显著水平；最低为中华五室金花茶（4.018 mg/g），与毛瓣金花茶、凹脉金花茶的多糖含量无显著差异，与其余 12 种金花茶组植物多糖含量差异达到极显著水平。从总体上来看，金花茶组植物嫩叶的平均多糖含量（6.693 mg/g）略高于 1 年生叶的平均多糖含量（6.384 mg/g）。

表23–5　15种金花茶组植物多糖的含量

种类	含量（mg/g）	
	1年生叶	嫩叶
毛籽金花茶	6.522 ± 0.007dD	6.274 ± 0.126gF
毛瓣金花茶	8.682 ± 0.060cC	4.205 ± 0.069kI
平果金花茶	5.763 ± 0.101fgF	11.093 ± 0.066aA
金花茶	6.284 ± 0.119deE	6.626 ± 0.095fE
柠檬金花茶	6.474 ± 0.087dD	4.817 ± 0.109jH
中东金花茶	10.140 ± 0.084bB	5.445 ± 0.168iG
中华五室金花茶	10.594 ± 0.062aA	4.018 ± 0.067kI
东兴金花茶	6.538 ± 0.195dD	5.788 ± 0.104hG
顶生金花茶	4.445 ± 0.039hH	7.021 ± 0.122eG
直脉金花茶	4.635 ± 0.087hG	8.485 ± 0.094dC
凹脉金花茶	3.844 ± 0.047iH	4.228 ± 0.040kI
小瓣金花茶	5.647 ± 0.189gF	6.624 ± 0.027fEF

续表

种类	含量（mg/g）	
	1年生叶	嫩叶
弄岗金花茶	5.689 ± 0.165fgF	8.787 ± 0.094cC
小果金花茶	5.983 ± 0.046efEF	10.359 ± 0.033bB
显脉金花茶	4.520 ± 0.101hG	6.624 ± 0.027fEF
平均值	6.384	6.693

注：同一列不同小写、大写字母分别表示为在0.05和0.01水平存在显著差异，下同。

23.2.2 15 种金花茶组植物叶黄酮类物质含量

将不同种金花茶组植物的不同叶龄叶按黄酮含量测定方法制备供试品溶液，按黄酮含量测定方法下色谱条件进样测定，每个样品重复 3 次，取平均值。采用外标法计算出各样品中芦丁、曲克芦丁、槲皮素和山奈酚的含量，结果见表 23–6 和表 23–7。

由该两表可知，70% 以上金花茶组植物含有芦丁，1 年生叶中此组分的含量为 2.86 ～ 367.71 μg/g，15 种金花茶组植物 1 年生叶中芦丁含量最高的是柠檬金花茶（367.71 μg/g），其次是金花茶（302.77 μg/g），直脉金花茶中未检出该组分；嫩叶中芦丁的含量为 26.17 ～ 1237.36 μg/g，直脉金花茶芦丁含量最高（1237.36 μg/g），其次是显脉金花茶（597.84 μg/g），金花茶、柠檬金花茶、小瓣金花茶和小果金花茶中均未检出此组分。绝大部分金花茶组植物叶中含有曲克芦丁，在 1 年生叶中此组分含量为 20.3 ～ 456.21 μg/g，显脉金花茶和小果金花茶中此组分含量较高，分别为 456.21 μg/g 和 428.93 μg/g，仅柠檬金花茶中未检出此组分；在嫩叶中此组分含量为 72.87 ～ 3150.47 μg/g，中华五室金花茶、弄岗金花茶和毛籽金花茶中此组分含量相对较高，分别为 3150.47 μg/g、1810.63 μg/g 和 1676.39 μg/g，仅凹脉金花茶中未检出此组分。60% 左右的金花茶组植物叶中含有槲皮素，在 1 年生叶中此组分含量为 0.62 ～ 615.44 μg/g，柠檬金花茶、金花茶和中东金花茶中此组分含量较高，分别为 615.44 μg/g、190.5 μg/g 和 19.12 μg/g，毛籽金花茶、毛瓣金花茶、东兴金花茶、顶生金花茶、弄岗金花茶和小果金花茶中均未检出此组分；在嫩叶中此组分含量为 1.73 ～ 89.41 μg/g，毛瓣金花茶、小瓣金花茶和中东金花茶此组分含量较高，分别为 89.41 μg/g、41.78 μg/g 和 36.61 μg/g，金花茶、柠檬金花茶、凹脉金花茶、小果金花茶和显脉金花茶中均未检出此组分。80% 以上的金花茶组植物叶中含有山奈酚，1 年生叶中此组分含量为 1.61 ～ 123.2 μg/g，弄岗金花茶和中东金花茶中此组分含量相对较高，分别为 123.2 μg/g 和 67.94 μg/g，毛籽金花茶和凹脉金花茶中均未检出此组分；嫩叶中此组分含量为 3.16 ～ 450.24 μg/g，平果金花茶、毛籽金花茶和顶生金花茶中此组分含量较高，分别为 450.24 μg/g、235.91 μg/g 和 124.53 μg/g，金花茶和凹脉金花茶中均未检出此组分。

表23-6　15种金花茶组植物1年生叶的黄酮含量

种类	芦丁（μg/g）	曲克芦丁（μg/g）	槲皮素（μg/g）	山奈酚（μg/g）	总黄酮（μg/g）
毛籽金花茶	19.59 ± 0.034jJ	20.30 ± 0.101nN	—	—	39.89
毛瓣金花茶	9.28 ± 0.106lL	26.17 ± 0.113mM	—	1.61 ± 0.129kK	37.16
平果金花茶	26.74 ± 0.142gG	361.24 ± 0.226gG	3.38 ± 0.072gG	14.23 ± 0.156gG	405.59
金花茶	302.77 ± 0.138bB	404.30 ± 0.235eE	190.50 ± 0.276bB	18.16 ± 0.077eE	915.73
柠檬金花茶	367.71 ± 0.108aA	—	615.44 ± 0.194aA	22.17 ± 0.256cC	1005.32
中东金花茶	255.39 ± 0.079cC	416.77 ± 0.066cC	19.12 ± 0.107cC	67.94 ± 0.051eE	776.71
中华五室金花茶	144.45 ± 0.100eE	44.23 ± 0.178lL	8.79 ± 0.168dD	5.10 ± 0.121jJ	202.57
东兴金花茶	90.53 ± 0.041fF	47.15 ± 0.212kK	—	3.16 ± 0.176hH	140.84
顶生金花茶	9.03 ± 0.110mM	136.68 ± 0.151iI	—	15.28 ± 0.194fF	160.99
直脉金花茶	—	137.76 ± 0.195hH	0.62 ± 0.006hH	12.13 ± 0.186hH	160.51
凹脉金花茶	20.04 ± 0.098iI	55.66 ± 0.189jJ	4.01 ± 0.031fF	—	80.71
小瓣金花茶	2.86 ± 0.110nN	370.63 ± 0.011fF	4.85 ± 0.133eE	21.25 ± 0.128dD	399.59
弄岗金花茶	174.46 ± 0.183dD	410.65 ± 0.219dD	—	123.20 ± 0.023aA	708.31
小果金花茶	22.73 ± 0.138hH	428.93 ± 0.254bB	—	10.84 ± 0.204iI	462.50
显脉金花茶	14.45 ± 0.140kK	456.21 ± 0.066aA	3.25 ± 0.105gG	39.56 ± 0.161bB	513.47
平均值	97.34	221.11	56.66	23.64	400.66

注："—"表示含量很低或几乎没有。

表23-7　15种金花茶组植物嫩叶的黄酮含量

种类	芦丁（μg/g）	曲克芦丁（μg/g）	槲皮素（μg/g）	山奈酚（μg/g）	总黄酮（μg/g）
毛籽金花茶	48.33 ± 0.1004jJ	1676.39 ± 0.084cC	29.94 ± 0.101dD	235.91 ± 0.180bB	1990.57
毛瓣金花茶	494.67 ± 0.1010cC	197.94 ± 0.130mM	89.41 ± 0.089aA	15.99 ± 0.076jJ	799.09
平果金花茶	59.66 ± 0.2960hH	381.81 ± 0.132iI	12.30 ± 0.174gG	450.24 ± 0.084aA	904.01
金花茶	—	576.22 ± 0.228gG	—	—	576.22

续表

种类	芦丁（µg/g）	曲克芦丁（µg/g）	槲皮素（µg/g）	山柰酚（µg/g）	总黄酮（µg/g）
柠檬金花茶	—	275.16 ± 0.142jJ	—	14.47 ± 0.135kK	289.60
中东金花茶	460.71 ± 0.1150dD	209.57 ± 0.285lL	36.61 ± 0.153cC	67.94 ± 0.114fF	775.00
中华五室金花茶	50.68 ± 0.1840iI	3150.47 ± 0.181aA	18.24 ± 0.077fF	60.73 ± 0.212gG	3280.12
东兴金花茶	147.42 ± 0.0890fF	259.08 ± 0.111kK	26.51 ± 0.142eE	3.16 ± 0.040mM	448.29
顶生金花茶	84.22 ± 0.2440gG	888.91 ± 0.030dD	8.90 ± 0.005hH	124.53 ± 0.097cC	1106.56
直脉金花茶	1237.36 ± 0.0940aA	72.87 ± 0.034nN	1.73 ± 0.065jJ	57.63 ± 0.087hH	1369.59
凹脉金花茶	226.59 ± 0.0470eE	—	—	—	226.59
小瓣金花茶	—	535.11 ± 0.070hH	41.78 ± 0.094bB	7.97 ± 0.036lL	584.86
弄岗金花茶	26.17 ± 0.0370kK	1810.63 ± 0.0770bB	7.22 ± 0.077iI	108.01 ± 0.129dD	1952.03
小果金花茶	—	680.19 ± 0.189fF	—	21.60 ± 0.116iI	701.79
显脉金花茶	597.84 ± 0.0850bB	750.34 ± 0.189eE	—	82.54 ± 0.072eE	1430.72
平均值	228.91	764.31	18.18	83.38	1095.67

注："—"表示含量很低或几乎没有。

23.2.3　15 种金花茶组植物叶多酚类物质含量

将不同种金花茶组植物的不同叶龄叶按多酚含量测定方法制备供试品溶液，按多酚含量测定方法下色谱条件进样测定，计算得各样品中没食子酸、绿原酸、儿茶素、表儿茶素和表没食子儿茶素没食子酸酯的量，结果见表 23-8 和表 23-9。

由该两表可知，无论是 1 年生叶还是嫩叶，每一种金花茶组植物均含有没食子酸，1 年生叶中此组分的含量为 0.57 ～ 5.67 mg/g，其中含量最高的为中东金花茶（5.67 mg/g），其次是东兴金花茶（3.554 mg/g），最低的为弄岗金花茶（0.57 mg/g）；嫩叶中此组分的含量为 0.57 ～ 9.443 mg/g，显脉金花茶此组分的含量最高（9.443 mg/g），其次是金花茶（7.954 mg/g），最低的是毛籽金花茶（0.57 mg/g）。85% 以上的金花茶组植物含有绿原酸，1 年生叶中此组分含量均偏低，仅为 0.025 ～ 0.292 mg/g，中华五室金花茶和顶生金花茶中不含此组分；嫩叶中此组分的含量为 0.045 ～ 5.862 mg/g，凹脉金花茶此组分的含量最高（5.862 mg/g），其次是毛籽金花茶（2.908 mg/g），中东金花茶中未检出此组分。70% ～ 80% 的金花茶组植物含有儿茶素，但含量均偏低，1 年生叶和嫩叶中此组分平均含量分别为 0.118 mg/g 和 0.184 mg/g。90% 左右金花茶组植物的 1 年生叶含有表儿茶素，此组分在 1 年生叶中的含量为 0.212 ~ 3.123 mg/g，小果金花茶中此组分含量最高（3.123 mg/g），其次是金花茶（1.409 mg/g），直脉金花茶中未检出此组分；大部分金花茶组植物的嫩叶中含有此组分，含量为 0.19 ~ 6.755 mg/g，小果金花茶中此组分含量最高（6.755 mg/g），其次是毛瓣金花茶（3.547 mg/g），毛籽金花茶、平果金花茶、中东金花茶和直脉金花茶中均未检出此组分。50% 左右的金花茶组植物含有表没食子儿茶素没食子酸酯，1 年生叶中此组分的含量为 0.25 ~ 4.475 mg/g，小果金花茶中此组分含量最高（4.475 mg/g），其次是金花茶（1.994 mg/g），毛籽金花茶、平果金花茶、中华五室金花茶、顶生金花茶、直脉金花茶、小瓣金花茶和弄岗金花茶中均未检出此组分；嫩叶中此组分的含量为 0.427 ~ 11.39 mg/g，小果金花茶中此组分含量最高（11.39 mg/g），其次是凹脉金花茶（6.408 mg/g），毛瓣金花茶、柠檬金花茶、中华五室金花茶、直脉金花茶和显脉金花茶中均未检出此组分。

表23-8　15种金花茶组植物1年生叶的多酚含量

种类	没食子酸 （mg/g）	绿原酸 （mg/g）	儿茶素 （mg/g）	表儿茶素 （mg/g）	表没食子儿茶素没食子酸酯 （mg/g）	总多酚 （mg/g）
毛籽金花茶	1.056 ± 0.0004kK	0.031 ± 0.0001hH	0.110 ± 0.0002fF	0.291 ± 0.0001kK	—	1.486
毛瓣金花茶	1.712 ± 0.0002hH	0.060 ± 0.0001	0.345 ± 0.0001aA	0.698 ± 0.0002eE	0.707 ± 0.0001cC	3.521
平果金花茶	3.339 ± 0.0003cC	0.027 ± 0.0003jJ	0.094 ± 0.0002hH	0.542 ± 0.0001fF	—	4.002
金花茶	0.662 ± 0.0000nN	0.027 ± 0.0001iI	0.069 ± 0.0001jJ	1.409 ± 0.0001bB	1.994 ± 0.0001bB	4.160
柠檬金花茶	1.086 ± 0.0001jJ	0.060 ± 0.0001dD	0.247 ± 0.0001cC	0.513 ± 0.0005gG	0.554 ± 0.0001eE	3.000
中东金花茶	5.670 ± 0.0002aA	0.034 ± 0.0003fF	0.068 ± 0.0001kK	0.221 ± 0.0002mM	0.707 ± 0.0003dD	6.702
中华五室金花茶	3.176 ± 0.0003dD		0.085 ± 0.0001iI	0.467 ± 0.0001hH		3.728
东兴金花茶	3.554 ± 0.0002bB	0.031 ± 0.0001hH	0.100 ± 0.0001gG	0.325 ± 0.0002iI	0.250 ± 0.0001hH	4.460
顶生金花茶	2.485 ± 0.0001gG	—	0.190 ± 0.0004dD	0.303 ± 0.0001jJ		2.978
直脉金花茶	0.926 ± 0.0002lL	0.032 ± 0.0001gG	—	—		0.959
凹脉金花茶	0.790 ± 0.0002mM	0.292 ± 0.0000aA		0.795 ± 0.0001dD	0.543 ± 0.0002fF	2.419
小瓣金花茶	2.790 ± 0.0001eE	0.186 ± 0.0002bB		0.230 ± 0.0001lL	—	3.206
弄岗金花茶	0.570 ± 0.0001oO	0.152 ± 0.0002cC		0.974 ± 0.0001cC	—	1.696
小果金花茶	1.191 ± 0.0002iI	0.042 ± 0.0002	0.172 ± 0.0001eE	3.123 ± 0.0002aA	4.475 ± 0.0002aA	9.003
显脉金花茶	2.717 ± 0.0002fF	0.025 ± 0.0001kK	0.288 ± 0.0001bB	0.212 ± 0.0001nN	0.291 ± 0.0003gG	3.532
平均值	2.115	0.067	0.118	0.674	0.635	3.657

注："—"表示含量很低或几乎没有。

表23-9 15种金花茶组植物嫩叶的多酚含量

种类	没食子酸 （mg/g）	绿原酸 （mg/g）	儿茶素 （mg/g）	表儿茶素 （mg/g）	表没食子儿茶 素没食子酸酯 （mg/g）	总多酚 (mg/g)
毛籽金花茶	0.570 ± 0.0002lL	2.908 ± 0.0001bB	—	—	4.042 ± 0.0003cC	7.520
毛瓣金花茶	0.722 ± 0.0003kK	1.760 ± 0.0002cC	—	3.547 ± 0.0002bB	—	6.029
平果金花茶	3.082 ± 0.0002iI	0.078 ± 0.0002hH	0.133 ± 0.0002eE	—	0.818 ± 0.0000fF	4.111
金花茶	7.954 ± 0.0002bB	0.060 ± 0.0002jJ	0.149 ± 0.0002dD	2.748 ± 0.0001cC	3.748 ± 0.0002dD	14.659
柠檬金花茶	4.997 ± 0.0002eE	0.364 ± 0.0001eE	0.152 ± 0.0003cC	0.409 ± 0.0002eE	—	5.922
中东金花茶	4.189 ± 0.0001gG	—	0.119 ± 0.0002gG	—	1.609 ± 0.0002eE	5.988
中华五室 金花茶	5.350 ± 0.0002dD	0.064 ± 0.0002iI	0.080 ± 0.0002iI	0.190 ± 0.0001hH	—	5.683
东兴金花茶*						
顶生金花茶*						
直脉金花茶	3.364 ± 0.0002hH	0.091 ± 0.0001gG	0.110 ± 0.0001hH	—	—	3.565
凹脉金花茶	0.917 ± 0.0001jJ	5.862 ± 0.0001aA	0.155 ± 0.0001bB	2.310 ± 0.0001dD	6.408 ± 0.0001bB	15.651
小瓣金花茶	7.290 ± 0.0003cC	0.796 ± 0.0003dD	1.037 ± 0.0004aA	0.249 ± 0.0003gG	0.427 ± 0.0001gG	9.799
弄岗金花茶*						
小果金花茶	4.197 ± 0.0002fF	0.045 ± 0.0001kK	0.119 ± 0.0006fF	6.755 ± 0.0001aA	11.390 ± 0.0005aA	22.505
显脉金花茶	9.443 ± 0.0003aA	0.176 ± 0.0001fF	0.149 ± 0.0002dD	0.349 ± 0.0005fF	—	10.117
平均值	4.340	1.017	0.184	1.380	2.370	9.296

注："—"表示含量很低或几乎没有；*表示无样品，未做测定。

23.2.4 金花茶组植物的总多糖、总黄酮和总多酚

由表23-10可知，从1年生叶来看，中东金花茶所含的总多糖、总黄酮和总多酚这3种主要化学成分总量最高（17.536 mg/g），其次是小果金花茶（15.449 mg/g），最低的是直脉金花茶（5.755 mg/g）；不同种金花茶组植物1年生叶主要化学成分含量差异很大，其中中东金花茶与直脉金花茶的差异最显著。

由表23-11可知，从嫩叶来看，小果金花茶所含的总多糖、总黄酮和总多酚这3种主要化学成分的总量最高（33.566 mg/g），其次是金花茶（21.861 mg/g），最低的是东兴金花茶（6.224 mg/g）。与金花茶组植物1年生叶比较，大多数金花茶组植物嫩叶主要化学成分含量的变化很大，如小果金花茶叶3种主要化学成分的总量，从15.449 mg/g增加至33.566 mg/g。

总之，除毛瓣金花茶、中东金花茶、中华五室金花茶和东兴金花茶的 1 年生叶中 3 种主要化学成分的含量高于嫩叶中的含量外，其他金花茶组植物嫩叶中 3 种主要化学成分含量均高于 1 年生叶中的含量。这或许与嫩叶的生理特性有关，如嫩叶新长，还未进行光合作用消耗物质，所以比 1 年生叶储藏有更多的营养物质。

表23-10　15种金花茶组植物1年生叶主要化学成分的含量

种类	总多糖（mg/g）	总黄酮（mg/g）	总多酚（mg/g）	3类物质总量（mg/g）
毛籽金花茶	6.522	0.040	1.486	8.048
毛瓣金花茶	8.682	0.037	3.521	12.240
平果金花茶	5.763	0.406	4.002	10.171
金花茶	6.284	0.916	4.160	11.360
柠檬金花茶	6.474	1.005	3.000	10.479
中东金花茶	10.140	0.777	6.702	17.619
中华五室金花茶	10.594	0.203	3.728	14.525
东兴金花茶	6.538	0.141	4.460	11.139
顶生金花茶	4.445	0.161	2.978	7.584
直脉金花茶	4.635	0.161	0.959	5.755
凹脉金花茶	3.844	0.081	2.419	6.344
小瓣金花茶	5.647	0.400	3.206	9.253
弄岗金花茶	5.689	0.708	1.696	8.093
小果金花茶	5.983	0.463	9.003	15.449
显脉金花茶	4.520	0.513	3.532	8.565
平均值	6.384	0.401	3.657	10.442

表23-11　15种金花茶组植物嫩叶主要化学成分的含量

种类	总多糖（mg/g）	总黄酮（mg/g）	总多酚（mg/g）	3类物质总量（mg/g）
毛籽金花茶	6.274	1.991	7.520	15.785
毛瓣金花茶	4.205	0.799	6.029	11.033
平果金花茶	11.093	0.904	4.111	16.108
金花茶	6.626	0.576	14.659	21.861
柠檬金花茶	4.817	0.290	5.922	11.029
中东金花茶	5.445	0.775	5.988	12.208

续表

种类	总多糖（mg/g）	总黄酮（mg/g）	总多酚（mg/g）	3类物质总量（mg/g）
中华五室金花茶	4.018	3.280	5.683	12.981
东兴金花茶	5.788	0.448	无	6.236
顶生金花茶	7.021	1.107	无	8.128
直脉金花茶	8.485	1.370	3.565	13.420
凹脉金花茶	4.228	0.227	15.651	20.106
小瓣金花茶	6.624	0.585	9.799	17.008
弄岗金花茶	8.787	1.952	无	10.739
小果金花茶	10.359	0.702	22.505	33.566
显脉金花茶	6.624	1.431	10.117	18.172
平均值	6.693	1.096	9.296	15.225

注："无"表示未做测定。

23.3 结论与讨论

23.3.1 15 种金花茶组植物叶多糖含量的比较

从 1 年生叶来看，中华五室金花茶的多糖含量最高（10.594 mg/g），其次为中东金花茶（10.140 mg/g），最低为凹脉金花茶，仅为 3.844 mg/g；不同种金花茶组植物 1 年生叶多糖含量差异很大，其中中华五室金花茶与凹脉金花茶多糖含量的差异最显著。从嫩叶来看，平果金花茶的多糖含量最高，达 11.093 mg/g；平果金花茶与中华五室金花茶多糖含量的差异最显著。与 1 年生叶相比较，大多数金花茶组植物嫩叶多糖含量的变化很大，如中华五室金花茶叶多糖的含量，从 10.594 mg/g 减少到 4.018 mg/g。总的来看，除毛籽金花茶、毛瓣金花茶、柠檬金花茶、中东金花茶、中华五室金花茶和东兴金花茶的 1 年生叶中多糖含量高于嫩叶中多糖含量外，其他金花茶组植物均为嫩叶多糖含量高于其 1 年生叶的多糖含量。

23.3.2 15 种金花茶组植物叶黄酮类物质含量的比较

从 HPLC 测定数值及其色谱图来看，40% 左右金花茶组植物的 1 年生叶和 60% 左右金花茶组植物的嫩叶均含有芦丁、曲克芦丁、槲皮素和山奈酚，它们的含量变化幅度很大，含量相差 500 倍以上。且此 4 种黄酮类物质在金花茶组植物的 1 年生叶和嫩叶中的分布情况也有很大的差异，在 1 年生叶和嫩叶中曲克芦丁的含量均明显高于其他 3 种物质；在 1 年生叶中此 4 种物质含量平均相差 2 ～ 8 倍，而在嫩叶中此 4 种物质则相差 7 ～ 40 多倍；除槲皮素外，其他 3 种物质在嫩叶中的含量均高于 1 年生叶。初步推断，此结果可能与黄酮类物质的分布情况及金花茶组植物的种质和叶龄有关。

计算 15 种金花茶组植物中的芦丁、曲克芦丁、槲皮素和山柰酚含量总和，分别得到它们含此 4 种组分的总黄酮含量。在 1 年生叶中，柠檬金花茶的含量最高（1005.32 μg/g），其次是金花茶（915.73 μg/g），而毛瓣金花茶最低（37.16 μg/g）；在嫩叶中，中华五室金花茶的总黄酮含量最高（3280.12 μg/g），其次是毛籽金花茶（1990.57 μg/g），最低的是凹脉金花茶（226.59 μg/g）。除金花茶、柠檬金花茶和中东金花茶外，其他金花茶组植物在嫩叶中包含此 4 种组分的总黄酮含量远远高于在 1 年生叶中的含量。但本试验所测定得到的数值与黄兴贤等（2011）的研究结果不完全一致，可能是所采用的方法、测定指标或采集时间不同所致。有研究也表明，紫外分光光度法与高效液相色谱法的测定结果有差异，可能主要源自各黄酮类成分紫外响应的差别（李满秀 等，2005）。因此，采用芦丁、曲克芦丁、槲皮素和山柰酚这 4 个指标更能科学可靠地考察黄酮类物质含量，同时也说明金花茶组植物中的黄酮类物质除芦丁、曲克芦丁、槲皮素、山柰酚外，或许还有一些我们至今尚未发现的成分，有待于我们进一步的探索。柠檬金花茶和中华五室金花茶的总黄酮含量最高，具有潜在的研究意义。

23.3.3 15 种金花茶组植物叶多酚类物质含量的比较

从 HPLC 测定数值及其色谱图来看，不足 50% 的金花茶组植物的 1 年生叶和 20% 左右的金花茶组植物的嫩叶含没食子酸、绿原酸、儿茶素、表儿茶素和表没食子儿茶素没食子酸酯，而它们在金花茶组植物嫩叶中的含量几乎均远高于其在 1 年生叶中的含量。原因可能与这 5 种多酚类物质的分布情况及金花茶组植物的种质和叶龄有很大关系。

计算 15 种金花茶组植物中的没食子酸、绿原酸、儿茶素、表儿茶素和表没食子儿茶素没食子酸酯的含量总和，分别得到它们含此 5 种组分的总多酚含量。在 1 年生叶中，小果金花茶的含量最高（9.003 mg/g），其次是中东金花茶（6.702 mg/g），直脉金花茶的含量最低（0.959 mg/g）；在嫩叶中，小果金花茶的含量最高（22.505 mg/g），其次是凹脉金花茶（15.651 mg/g），直脉金花茶的含量最低（3.565 mg/g）。除中东金花茶外，其他金花茶组植物在嫩叶中包含此 5 种组分的总多酚含量均远高于在 1 年生叶中的含量。这些可能是二者的结构差异和生理活性不同的缘故。

23.3.4　15 种金花茶组植物叶主要化学成分的比较

从 1 年生叶来看，金花茶组植物中多糖、黄酮和多酚类物质这 3 种主要化学成分含量最高的是中东金花茶，其次是小果金花茶；从嫩叶来看，其含量最高的是小果金花茶，其次是金花茶。从化学组分来看，金花茶组植物 1 年生叶中含量由高到低的顺序为多糖＞多酚＞黄酮；而嫩叶中含量由高到低的顺序为多酚＞多糖＞黄酮。说明试验结果与大多研究者提出的茶叶越粗老多糖含量越高以及茶叶越嫩多酚含量越高的结论相符合（黄杰 等，2006）。

第二十四章
9 种金花茶组植物花抗氧化活性及其主要活性物质含量的研究

24.1 材料与方法

24.1.1 材料

1. 试验样品与试剂

样品：9 种不同种类的金花茶组植物花（经广西植物研究所韦霄研究员鉴定，样品保存在广西植物研究所特色经济植物研究中心）。

试剂：邻二氮菲、磷酸氢二钠、磷酸二氢钠、无水乙醇、$FeSO_4$、邻苯三酚、H_2O_2、DPPH、Tris-HCl、铁氰化钾、HCl、$NaNO_2$、三氯乙酸、NaOH、Fe（Cl）$_3$、Al（NO_3）$_3$、福林酚试剂、Na_2CO_3、香草醛、冰醋、硫酸均为分析纯，芦丁对照品（MUST-12040302，中国药品生物制品检定所）、没食子酸对照品（B20851-20mg，上海源叶生物有限公司）、人参皂苷 Rg1 对照品（B21057-20mg，上海源叶生物有限公司）。

2. 主要仪器设备

TU-1901 双光束紫外可见分光光度计（北京普析通用仪器有限责任公司）、万分之一电子分析天平（梅特勒－托利多仪器有限公司）、HH-S4 数显恒温水浴锅（金坛双捷实验仪器厂）、DL-720E 智能超声波清洗器（上海五相仪器仪表有限公司）。

24.1.2 方法

1. 样品处理

在开花期采集不同种类的金花茶组植物花（表 24-1），将采集的金花茶组植物花洗净，置于微波炉里杀青 5 min，然后在烘箱内 60℃烘 24 h，粉碎，过 60 目筛，备用。精密称取 0.1 g 花朵粉末，置于 10 mL 离心管中。按原料：提取剂 =1 : 45（g·mL^{-1}）的比例在试管中加入 20% 乙醇溶液，然后在 300 W 超声条件下提取，提取温度为 70℃，提取 53 min。过滤得上清液（李石容，2012），再用 20% 乙醇溶液定容到 100 mL，摇匀，得 1 mg·mL^{-1} 样品提取液，备用，每个样品做 3 个重复试验。

表24-1 9种金花茶组植物花样品采集记录

序号	种类	采集地	采集时间
1	中东金花茶	桂林植物园	2019年3月
2	中华五室金花茶	桂林植物园	2019年2月
3	凹脉金花茶	桂林植物园	2019年3月
4	毛瓣金花茶	广西大新县	2019年3月
5	四季花金花茶	桂林植物园	2019年7月
6	金花茶	桂林植物园	2019年2月
7	天峨金花茶	广西天峨县	2019年3月
8	武鸣金花茶	广西武鸣区	2019年1月
9	东兴金花茶	桂林植物园	2019年3月

2. 金花茶组植物花对羟基自由基（·OH）去除能力测定

取 11 组干燥洁净的试管（每组 3 支试管做平行）编号为 A ～ K，分别加入 2 mL pH 值为 7.45 的 PBS 溶液、1 mL 0.75 mmol·L^{-1} 邻二氮菲溶液和 1 mL 0.75 mmol·L^{-1} FeSO$_4$ 溶液，充分混匀。往 A 组 3 支试管中各加入 2 mL 无菌蒸馏水，B 组 3 支试管中各加入 1 mL 0.01% H$_2$O$_2$ 溶液和 1 mL 无菌蒸馏水，剩下的 9 组试管分别添加 1 mL 0.01% H$_2$O$_2$ 溶液和 9 种不同种类金花茶组植物花的样品提取液 1 mL。将各组试管内溶液充分混匀后于恒温 37℃ 的条件下水浴 60 min，取出冷却后采用紫外可见分光光度计在 536 nm 波长处测定溶液的吸光度。A 组试管的吸光度记为 A_b，B 组试管的吸光度记为 A_p，剩余 9 组试管的吸光度则记为 A_s，按公式（1）计算 9 种不同种类的金花茶组植物花对·OH 的清除率。

$$·OH 清除率（\%）=（A_s-A_p）/（A_b-A_p）\times 100\% \tag{1}$$

3. 金花茶组植物花对二苯代苦味肼基自由基（DPPH·）去除能力测定

精密称取 0.004 g 的 DPPH 结晶，加入 100 mL 无水乙醇，配成浓度为 0.04 mg·mL^{-1} 的溶液，避光保存。取 2 mL 不同种类的金花茶组植物花样品提取液分别与 2 mL 0.04 mg·mL^{-1} DPPH 溶液进行等体积混合，在暗处静置 30 min（朱会霞，2012），然后采用紫外可见分光光度计在 517 nm 波长处测定吸光度，记为 A_1。取 2 mL 不同种类的金花茶组植物花样品提取液与 2 mL 无水乙醇溶液进行等体积混合，在暗处静置 30 min 后在 517 nm 波长处测定吸光度，记为 A_2。取 2 mL 0.04 mg·mL^{-1} DPPH 溶液与 2 mL 无水乙醇溶液混合，在暗处静置 30 min 后在 517 nm 波长处测定吸光度，记为 A_0，按公式（2）计算 9 种金花茶组植物花对 DPPH· 的清除率。

$$DPPH·清除率（\%）=\left[A_0-\left(A_1-A_2\right)\right]/A_0×100\% \tag{2}$$

4. 金花茶组植物花对超氧阴离子自由基（$O_2^-·$）去除能力测定

将 0.05 mol·L^{-1} Tris-HCl 缓冲液（pH 值 =8.2）在 25℃的恒温水浴锅中放置 20 min 进行预热，用移液枪吸取 5 mL Tris-HCl 缓冲液置于各组试管中，然后加入 0.5 mL 25 mmol·L^{-1} 邻苯三酚溶液，混匀后再分别加入 1 mL 9 种金花茶组植物花的样品提取液，充分混匀，放入 25℃恒温水浴锅中反应 4 min。反应后立即往各试管添加 2 滴 8 mol·L^{-1} HCl 溶液来阻断反应的进行（吴玉兰，2012），用紫外可见分光光度计在 299 nm 波长处测定吸光度，记为 B_1。用 1 mL 无菌蒸馏水取代上述的 1 mL 金花茶组植物花样品提取液，测定其吸光度，记为 B_0；用 0.5 mL 无菌蒸馏水取代反应体系中的 0.5 mL 邻苯三酚溶液，测定其吸光度，记为 B_2。按公式（3）计算 9 种金花茶组植物花对 $O_2^-·$ 的清除率。

$$O_2^-·清除率（\%）=\left[B_0-\left(B_1-B_2\right)\right]/B_0×100\% \tag{3}$$

5. 金花茶组植物花总还原力测定

取 9 组试管分别编号为 1 ～ 9（每组有 3 支试管做重复试验），用移液枪分别取 9 种金花茶组植物花的样品提取液 2.5 mL 置于各组试管中，加入 2.5 mL 1% 铁氰化钾溶液，混匀；再加入 2.5 mL 0.2 mol·L^{-1} PBS 溶液，充分振荡后在 50℃恒温水浴锅中反应 0.5 h。反应完毕后取出，迅速冷却后加入 2.5 mL 10% 三氯乙酸溶液，随后 3000 r·min^{-1} 离心 0.1 h。用移液枪取 5 mL 上清液置于干净试管中，加入 4 mL 无菌蒸馏水和 1 mL 0.1% 三氯化铁溶液，充分混匀，静置反应 6 min，然后用紫外可见分光光度计测定其在 700 nm 处的吸光度 A_{700}（汪海波 等，2004）。溶液的 A_{700} 越大，表示其还原能力越强，即抗氧化活性越强。

6. 总黄酮含量测定

总黄酮含量测定参照文献（王坤 等，2018）的方法，分别取 9 种不同种类的金花茶组植物花样品提取液 1 mL 进行试验，计算样品中总黄酮含量。

7. 茶多酚含量测定

茶多酚含量测定参照《茶叶中茶多酚和儿茶素类含量的检测方法》（GB/T 8313—2018）（国家市场监督管理总局，2018）进行，分别取 9 种不同种类的金花茶组植物花样品提取液 1 mL 进行试验，计算样品中茶多酚含量。

24.1.3 数据处理

结合功效系数法及距离法（吕效国 等，2009）综合性地评价 9 种不同种类金花茶组植物花抗氧化活性的强弱，功效系数的计算方法如公式（4）所示，距离法的计算公式如公式（5）所示。

$$d_i = \frac{x_i - x_{\text{si}}}{x_{\text{hi}} - x_{\text{si}}} \times 40 + 60 \ (\ i = 1, \ 2, \ \cdots, \ n\ ) \tag{4}$$

式中，d_i 表示第 i 个参评指标的功效系数，x_i 表示第 i 个参评指标的值，x_{hi} 表示参评指标的上限阈值，x_{si} 表示参评指标的下限阈值。

$$S_j = \sum_{i=1}^{n} |\ 100 - d_{ij}\ | \tag{5}$$

式中，S_j 表示第 j 个参评金花茶组植物的综合评分值，d_{ij} 表示第 j 个参评金花茶组植物花第 i 个参评指标的功效系数。

采用 SPSS 23.0 软件对 9 种不同种类的金花茶组植物花抗氧化活性及其总黄酮和茶多酚含量进行方差分析和多重比较（Duncan 法），并进行相关性分析。

24.2 结果与分析

24.2.1 抗氧化活性测定结果

1. 对·OH去除能力

由图 24-1 可知，9 种金花茶组植物花对·OH 去除能力差异显著（$P < 0.05$），其中中东金花茶花对·OH 去除能力最强，为（92.89 ± 0.35）%；东兴金花茶花对·OH 去除能力最弱，为（16.26 ± 0.70）%；中华五室金花茶花与毛瓣金花茶花对·OH 去除能力无显著差异（$P > 0.05$），四季花金花茶花与金花茶花对·OH 去除能力也无显著差异（$P > 0.05$）。

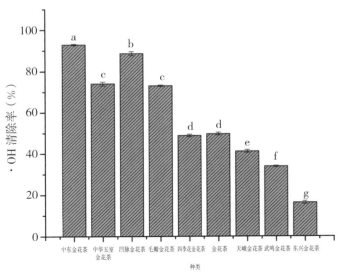

注：字母不同表示差异显著P＜0.05，下同。

图24-1　不同种类金花茶组植物花提取液对·OH清除能力

2. 对DPPH·去除能力

由图 24-2 可知，9 种金花茶组植物花对 DPPH·去除能力几乎都为 90% 以上，可见金花茶组植物花对 DPPH·的去除效果都比较好，但是不同种类的金花茶组植物花之间对 DPPH·去除能力有显著差异（$P < 0.05$）。其中四季花金花茶花对 DPPH·去除作用最强，清除率为（94.70 ± 0.10）%；天峨金花茶花对 DPPH·去除作用最弱，清除率为（89.52 ± 0.21）%。

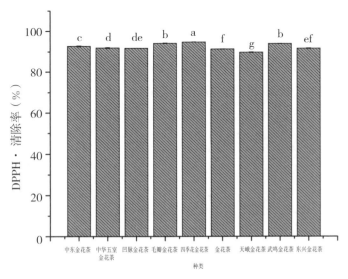

图24-2　不同种类金花茶组植物花提取液对DPPH·清除能力

3. 对O_2^-·去除能力

由图24-3可知，9种金花茶组植物花对O_2^-·去除能力差异显著（$P < 0.05$）。武鸣金花茶花对O_2^-·清除率最高，为（11.88 ± 0.34）%；中东金花茶花对O_2^-·清除率最低，为（6.20 ± 0.42）%。东兴金花茶花与凹脉金花茶花、东兴金花茶花与天峨金花茶花对O_2^-·去除能力的强弱差异均不显著（$P > 0.05$）。

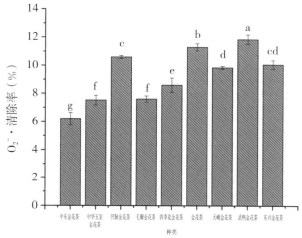

图24-3 不同种类金花茶组植物花提取液对O_2^-·清除能力

4. 总还原力测定结果

由图24-4可知，9种金花茶组植物花总还原力差异显著（$P < 0.05$），其中中东金花茶花吸光值最大（1.55），说明其总还原能力最强；东兴金花茶花吸光值最小（0.57），说明其总还原能力最弱。中华五室金花茶花和凹脉金花茶花的总还原力无显

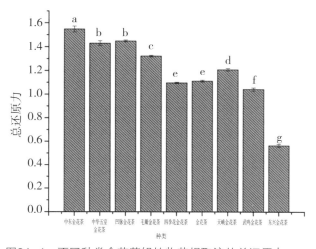

图24-4 不同种类金花茶组植物花提取液的总还原力

著差异（$P > 0.05$），四季花金花茶花和金花茶花的总还原力也无显著差异（$P > 0.05$）。

5. 抗氧化活性综合评价结果

不同抗氧化活性测定方法得到的结果有一定的差异，所以不能用单一的指标来进行评判。本文结合了功效系数法和距离法计算出不同金花茶组植物花抗氧化活性的综合评分值（总距离），距离值越小，代表抗氧化活性越强。9种金花茶组植物花抗氧化活性由强到弱依次为凹脉金花茶＞毛瓣金花茶＞中东金花茶＞武鸣金花茶＞四季花金花茶＞中华五室金花茶＞金花茶＞天峨金花茶＞东兴金花茶（表24-2）。

表24-2　不同种类金花茶组植物花抗氧化活性的综合评价

种类	·OH去除能力（%）	DPPH·去除能力（%）	O_2^-·去除能力（%）	总还原力	总距离	综合排名
中东金花茶	92.89	92.74	6.20	1.55	55.17	3
中华五室金花茶	73.98	91.90	7.52	1.43	66.96	6
凹脉金花茶	88.62	91.67	10.61	1.45	38.66	1
毛瓣金花茶	72.97	94.11	7.61	1.32	54.21	2
四季花金花茶	48.78	94.70	8.61	1.10	64.41	5
金花茶	49.59	91.19	11.32	1.11	71.40	7
天峨金花茶	41.06	89.52	9.86	1.21	95.08	8
武鸣金花茶	33.74	93.81	11.88	1.04	58.35	4
东兴金花茶	16.26	91.43	10.10	0.57	117.83	9

24.2.2 主要活性物质含量

1. 总黄酮含量

由图24-5可知，9种金花茶组植物花总黄酮含量差异显著（$P < 0.05$）。中东金花茶花总黄酮含量（24.71%）最高，其次是中华五室金花茶花（21.60%），而东兴金花茶花最低（2.42%）。凹脉金花茶花与毛瓣金花茶花、金花茶花与四季花金花茶花、金花茶花与天峨金花茶花的总黄酮含量都无显著差异（$P > 0.05$）。

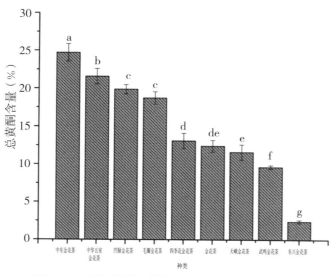

图24-5 不同种类金花茶组植物花的总黄酮含量

2. 茶多酚含量

如图 24-6 所示，9 种金花茶组植物花茶多酚含量差异显著（$P < 0.05$）。中东金花茶花茶多酚含量最高（10.21%），其次是中华五室金花茶花（8.74%），东兴金花茶花最低（1.03%）。中华五室金花茶花、凹脉金花茶花和毛瓣金花茶花三者间茶多酚含量无显著差异（$P > 0.05$），天峨金花茶花与武鸣金花茶花也无显著差异（$P > 0.05$）。

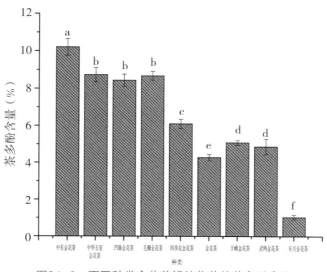

图24-6 不同种类金花茶组植物花的茶多酚含量

24.2.3 抗氧化活性与主要活性物质含量相关性分析

表 24-3 列出金花茶组植物花抗氧化活性与总黄酮含量、茶多酚含量之间的相关性，结果表明：金花茶组植物花对·OH 的去除能力和总还原力均与总黄酮含量、茶多酚含量呈极显著正相关关系（$P < 0.01$），对 O_2^-·的去除能力与总黄酮含量、茶多酚含量呈极显著负相关关系（$P < 0.01$），对 DPPH·的去除能力与总黄酮含量、茶多酚含量均无显著相关关系（$P > 0.05$）。

表24-3 金花茶组植物花抗氧化活性与总黄酮含量和茶多酚含量相关性分析

项目	·OH去除能力	DPPH·去除能力	O_2^-·去除能力	总还原力	总黄酮含量	茶多酚含量
·OH 去除能力	1					
DPPH·去除能力	0.147	1				
O_2^-·去除能力	−0.590**	−0.268	1			
总还原力	0.929**	0.070	−0.521**	1		
总黄酮含量	0.968**	0.173	−0.663**	0.958**	1	
茶多酚含量	0.947**	0.294	−0.671**	0.948**	0.977**	1

注：**表示在 $P = 0.01$ 水平差异显著。

24.3 讨论

金花茶组植物花抗氧化活性的强弱及主要活性物质含量的高低是衡量其开发利用价值的重要指标。不同种类的金花茶组植物花抗氧化活性存在显著差异（$P < 0.05$）。本研究中的 9 种金花茶组植物花去除 DPPH·的效果均较好，几乎都在 90% 以上，原因可能是本试验样品溶液的浓度为 $1 \ mg \cdot mL^{-1}$，处于对 DPPH·去除效果较为理想的浓度范围内（韦霄 等，2011），对 DPPH·的去除率均较高，总黄酮含量和茶多酚含量的高低与其对 DPPH·的清除能力无显著相关关系。

不同金花茶组植物花去除 O_2^-·的能力均较弱，武鸣金花茶花对 O_2^-·的去除率最高，仅为（11.88 ± 0.34）%。宁恩创（2010）研究金花茶多酚抗氧化活性，认为茶多酚分子中都含有羟基结构，而该结构与邻苯三酚结构相似（张燕平 等，2003），O_2^-·在氧化邻苯三酚时也会使茶多酚快速氧化，产生更多 O_2^-·。而金花茶组植物花总黄酮、茶多酚等活性物质都含有羟基结构，推测其可能在反应中被氧化，无法较好地发挥抗氧化作用。本研究中金花茶组植物花对 O_2^-·去除能力与总黄酮含量和茶多酚含量均呈极显著负相关关系可能与反应体系不稳定有关（李石容，2012）。

金花茶组植物花对·OH 去除能力和总还原力均与活性物质总黄酮、茶多酚的含量呈极显著的正相关关系，总黄酮和茶多酚这两种活性物质是金花茶组植物花抗氧化能力的部分物质基础，但是金花茶组植物花中还含有其他的一些重要的生理保健物质（秦小明 等，2008）和营养成分如总多糖、总皂苷等，再加上微量的矿物质元素铁、锰、锌等，它们可能相互协调，对金花茶组植物花的抗氧化能力起到一定的促进作用。为更好地深入探讨金花茶组植物花抗氧化活性的强弱，后期还需要对这些生理活性物质、营养成分以及微量矿质元素等做进一步的试验研究。

24.4 结论

通过对 9 种不同种类的金花茶组植物花抗氧化活性及总黄酮含量和茶多酚含量进行测定与分析，结果表明金花茶组植物花抗氧化活性由强到弱依次为凹脉金花茶＞毛瓣金花茶＞中东金花茶＞武鸣金花茶＞四季花金花茶＞中华五室金花茶＞金花茶＞天峨金花茶＞东兴金花茶；金花茶组植物花对·OH 的去除能力和总还原力与其总黄酮含量、茶多酚含量呈极显著正相关关系。本研究对开展金花茶组植物药用价值和生理保健功能的进一步研究具有积极意义，亦可为开发优质金花茶产品提供参考。

第七部分

金花茶组植物迁地
保护研究

第二十五章
6种金花茶组植物的繁殖技术研究

25.1 材料与方法

25.1.1 扦插试验

供试的弄岗金花茶、柠檬金花茶、凹脉金花茶、平果金花茶、顶生金花茶和毛籽金花茶插穗分别采自广西弄岗国家级自然保护区、平果市、天等县、凭祥市和桂林市雁山区广西植物研究所金花茶组植物种质圃。插床设于50% 透光度的高荫棚下，床面上方约30 cm 处再覆一层竹帘。扦插后按常规管理，一定时间后检查生根成活情况。

1. 激素处理试验

采用不同浓度的萘乙酸、ABT 生根粉和 802 广增素溶液对插穗进行不同时间浸泡，处理后扦插。以不处理作对照。

2. 扦插基质试验

相同处理的插穗分别插于以下6 种基质中:（1）沙 + 火土;（2）沙 + 火土 + 谷壳灰;（3）沙 + 蛭石;（4）黄泥土;（5）沙;（6）沙 + 火土 + 蛭石。

3. 插穗叶片试验

采用留2 全叶、1 全叶、2 半叶、1 半叶和不留叶5 种穗条进行对比扦插。

4. 插穗枝龄试验

分别采用1 年生、2 年生枝作穗条进行对比扦插。

5. 插床保湿试验

采用苔藓覆盖保湿和塑料膜拱棚保湿2 个处理。

6. 繁殖时期试验

分别于每年的3 月、5 月进行扦插繁殖。

25.1.2 嫁接试验

供试的1 年生接穗来自广西桂林市雁山区广西植物研究所金花茶组植物种质圃，

采用单芽切接嫁接。嫁接后按常规管理,观察抽梢情况,统计嫁接半年后的成活率。

1. 多因素综合试验

以弄岗金花茶为接穗,按 L₉(3⁴) 正交表进行不同砧木、嫁接时期、接穗留叶程度和保湿措施四因素三水平或二水平的正交试验,处理组合如下:(1)金花茶—春接—1 全叶—套袋;(2)金花茶—夏接—2/3 叶—不套袋;(3)金花茶—秋接—1/3 叶—不套袋;(4)宛田红花油茶—春接—2/3 叶—不套袋;(5)宛田红花油茶—夏接—1/3 叶—套袋;(6)宛田红花油茶—秋接—1 全叶—不套袋;(7)小叶油茶—春接—1/3 叶—不套袋;(8)小叶油茶—夏接—1 全叶—不套袋;(9)小叶油茶—秋接—2/3 叶—套袋。每个处理供试 30 株。

2. 繁殖时期试验

以平果金花茶、顶生金花茶、毛籽金花茶为接穗,金花茶作砧木,分别在春、夏、秋季各嫁接 1 次,接后套袋保湿。

25.2 结果与分析

25.2.1 各因素对 6 种金花茶组植物扦插繁殖的影响

1. 激素处理对6种金花茶组植物扦插生根成活的影响

表 25-1 表明,30 ～ 200 mg/L 萘乙酸溶液处理对毛籽金花茶,50 ～ 150 mg/L 萘乙酸溶液处理对凹脉金花茶,50 ～ 100 mg/L 萘乙酸、ABT 溶液、802 溶液处理对平果金花茶,75 ～ 100 mg/L ABT 溶液处理对顶生金花茶的扦插成活均有一定程度的促进作用。其中,毛籽金花茶、凹脉金花茶分别以 100 mg/L 和 150 mg/L 萘乙酸溶液处理为最佳,扦插成活率分别达到 90% 和 82.5%,比对照组分别提高 48% 和 32.5%;平果金花茶除 10 mg/L 萘乙酸溶液处理外,其他处理的成活率为 85% ～ 88%,比对照组提高 24% ～ 27%;顶生金花茶以 100 mg/L ABT 溶液处理为最佳,成活率达 90%,比对照组提高 16%。3 种激素 10 ～ 100 mg/L 溶液处理对弄岗金花茶的扦插成活产生不同程度的抑制作用。

从生根条数来看,50 ～ 250 mg/L 萘乙酸溶液处理对凹脉金花茶、50 ～ 200 mg/L 萘乙酸溶液处理对毛籽金花茶均有促进根系增长作用。其中,凹脉金花茶以 150 mg/L 萘乙酸溶液处理 24 h 为最佳,平均生根条数为 43.5 条,比对照组提高 149%;毛籽金花茶以 200 mg/L 萘乙酸溶液处理 24 h 为最佳，生根条数高达 59.9 条，比对照组提高 387%；10～100 mg/L 萘乙酸溶液处理对弄岗金花茶与平果金花茶、50～100 mg/L 萘乙酸溶液处理对柠檬金花茶的根系增长也有一定的促进作用，但均以 100 mg/L 萘乙酸溶液处理效果为最佳，生根条数分别达到 20.8 条、36.3 条和 9.7 条，比对照分别提高 91%、124% 和 20%。

从根总长度来看，所有处理对弄岗金花茶、50～150 mg/L 萘乙酸溶液处理对凹脉金花茶、10～100 mg/L 萘乙酸溶液处理对柠檬金花茶和平果金花茶扦插苗根生长都有不同程度的促进作用。其中，弄岗金花茶、柠檬金花茶均以 10 mg/L 萘乙酸溶液处理为最佳，平均单株根总长度分别为 54.3 cm 和 30.1 cm，比对照组分别增长 299% 和 143%；毛籽金花茶以 200 mg/L 萘乙酸溶液处理为最佳，平均单株根总长度达 65.6 cm，比对照组增长 176%；凹脉金花茶以 150 mg/L 萘乙酸溶液处理为最佳，平均单株根总长度为 75.3 cm，比对照增长 87%；平果金花茶以 100 mg/L 萘乙酸溶液处理为最佳，平均单株根总长度为 64.4 cm，比对照增长 1641%；50 mg/L ABT 溶液处理对顶生金花茶苗根生长也有促进作用，平均单株根总长度为 5.6 cm，比对照增长 44%。

从生根部位来看，10～100 mg/L 萘乙酸溶液处理对弄岗金花茶与柠檬金花茶、50～100 mg/L 萘乙酸溶液处理对平果金花茶、30～200 mg/L 萘乙酸溶液处理对毛籽金花茶、50～250 mg/L 萘乙酸溶液处理对凹脉金花茶均有刺激其皮孔生根的作用。

综上所述，不同激素溶液对 6 种金花茶组植物生根成活的影响不同，成活率高低与根系生长不一定呈正相关，如 50～100 mg/L 萘乙酸溶液处理虽能促进弄岗金花茶、柠檬金花茶根条数增长，刺激皮孔生根，但却抑制了根总长度的增长，降低了成活率。不同激素浓度对各种金花茶组植物生根成活作用不一样，弄岗金花茶、柠檬金花茶以 10 mg/L 萘乙酸溶液处理效果为较好，既可促进根条数和根总长度增长，又能获得较高成活率。而平果金花茶、凹脉金花茶则分别以 100 mg/L、150 mg/L 萘乙酸溶液处理效果为最显著，不但成活率高，根条增长数也最大。而毛籽金花茶则以 100～200 mg/L 萘乙酸溶液处理效果为最佳，与对照组相比，成活率提高 42%～48%，平均单株根条数与根总长度分别增长 39.3～47.6 条、39.0～41.8 cm。

表25-1　激素处理对6种金花茶组植物扦插生根成活的影响

种类	处理	扦插数（条）	成活数（株）	成活率（%）	平均单株根		生根部位（%）		
					条数	总长度（cm）	皮孔	切口	皮孔切口
弄岗金花茶	50 mg/L ABT泡1 h	50	44	88.0	9.2	22.5		100	
	75 mg/L ABT泡1 h	50	44	88.0	8.8	27.1			100
	50 mg/L 802泡24 h	50	43	86.0	10.3	18.4		100	
	100 mg/L 802泡24 h	50	45	90.0	7.4	21.0			100
	10 mg/L 萘乙酸泡24 h	50	45	90.0	17.3	54.3			100
	50 mg/L 萘乙酸泡24 h	50	39	78.0	18.5	27.1	100		
	100 mg/L萘乙酸泡24 h	50	34	68.0	20.8	24.9	100		
	对照组	50	48	96.0	10.9	13.6		100	
柠檬金花茶	50 mg/L ABT泡1 h	50	49	98.0	5.4	10.0		100	
	75 mg/L ABT泡1 h	50	46	92.0	6.2	10.9		100	
	50 mg/L 802泡24 h	50	49	98.0	4.8	10.8		100	
	100 mg/L 802泡24 h	50	49	98.0	2.1	4.0		100	
	10 mg/L 萘乙酸泡24 h	50	46	92.0	7.4	30.1			100
	50 mg/L 萘乙酸泡24 h	50	41	82.0	8.9	27.8			100
	100 mg/L萘乙酸泡24 h	50	37	74.0	9.7	14.5			100
	对照组	50	48	96.0	8.1	12.4			100
平果金花茶	50 mg/L ABT泡1 h	100	87	87.0	1.7	4.2		100	
	100 mg/L ABT泡1 h	100	87	87.0	2.0	6.4		100	
	50 mg/L 802泡24 h	100	88	88.0	1.5	3.8		100	
	100 mg/L 802泡24 h	100	88	88.0	1.9	3.3		100	
	10 mg/L 萘乙酸泡24 h	100	60	60.0	3.3	10.3		100	
	50 mg/L 萘乙酸泡24 h	100	85	85.0	24.3	30.3			100
	100 mg/L 萘乙酸泡24 h	100	85	85.0	36.3	64.4			100
	对照组	100	61	61.0	2.7	3.7		100	
顶生金花茶	50 mg/L ABT泡1 h	50	37	74.0	2.7	5.6			100
	75 mg/L ABT泡1 h	50	43	86.0	0.8	0.9			100
	100 mg/L ABT泡1 h	50	45	90.0	2.2	3.8			100
	对照组	50	37	74.0	3.2	3.9			100
毛籽金花茶	30 mg/L 萘乙酸泡24 h	50	23	46.0	12.4	21.0		30	70
	50 mg/L 萘乙酸泡24 h	50	35	70.0	18.3	28.2			100
	80 mg/L 萘乙酸泡24 h	50	40	80.0	28.8	33.8	10		90
	100 mg/L 萘乙酸泡24 h	50	45	90.0	51.6	62.8	10		90
	200 mg/L 萘乙酸泡24 h	50	42	84.0	59.9	65.6	30		70
	对照组	50	21	42.0	12.3	23.8		100	
凹脉金花茶	50 mg/L 萘乙酸泡24 h	40	27	67.5	38.7	59.3			100
	150 mg/L 萘乙酸泡24 h	40	33	82.5	43.5	75.3	10		90
	250 mg/L 萘乙酸泡24 h	40	16	40.0	43.5	41.1	60		40
	对照组	40	20	50.0	17.5	40.3		100	

2. 基质对6种金花茶组植物扦插生根成活的影响

6种金花茶组植物在不同基质上扦插，其生根成活情况具有一定的差异。从表25-2看出，弄岗金花茶以基质（1）和基质（2）扦插成活率为最高，生根条数增长则以基质（3）为最多，根总长度以基质（5）为最长；柠檬金花茶除基质（6）稍差外，其他基质的扦插成活率都较高，根条数和总长度则以基质（1）、基质（2）、基质（5）为最佳；平果金花茶与毛籽金花茶均以基质（2），顶生金花茶、凹脉金花茶分别以基质（5）和基质（3）成活率为最高，根系增长量亦最大。由此可见，同种基质对不同金花茶组植物的扦插生根成活有不同效果，如基质（2）对平果金花茶效果最好，但对顶生金花茶则效果最差。不同基质中6种金花茶组植物的扦插成活率与根系增长量有的呈正相关，有的则不然，如弄岗金花茶以基质（1）扦插成活率为最高，但根条数增长则以基质（3）为最多，根总长度以基质（5）为最长。凡扦插成活率低的基质，其成活率与根系增长都呈正相关，即成活率低，根系不多。

表25-2　基质对6种金花茶组植物扦插生根成活的影响

种类	处理	扦插数（条）	成活数（株）	成活率（％）	平均单株根系	
					条数	总长度（cm）
弄岗金花茶	（1）沙+火土	50	48	96.0	8.2	13.7
	（2）沙+火土+谷壳灰	50	48	96.0	10.9	13.6
	（3）沙+蛭石	50	43	86.0	15.8	13.6
	（4）黄泥土	50	43	86.0	13.2	14.3
	（5）沙	50	42	84.0	10.8	17.7
	（6）沙+火土+蛭石	50	38	76.0	4.7	7.6
柠檬金花茶	（1）沙+火土	50	49	98.0	5.4	14.8
	（2）沙+火土+谷壳灰	50	48	96.0	8.1	12.4
	（3）沙+蛭石	50	48	96.0	2.8	6.8
	（4）黄泥土	50	48	96.0	0.6	0.4
	（5）沙	50	48	96.0	7.1	11.5
	（6）沙+火土+蛭石	50	43	86.0	0.5	0.6
平果金花茶	（1）沙+火土	60	51	85.0	2.7	8.5
	（2）沙+火土+谷壳灰	60	59	98.3	4.2	11.6
	（3）沙+蛭石	60	46	76.7	4.9	6.5
	（4）黄泥土	60	34	56.7	3.1	8.4
	（5）沙	60	26	43.3	1.9	5.5
	（6）沙+火土+蛭石	60	48	80.0	0.3	0.7

续表

种类	处理	扦插数（条）	成活数（株）	成活率（%）	平均单株根系	
					条数	总长度（cm）
顶生金花茶	（1）沙+火土	60	46	76.7	2.1	4.6
	（2）沙+火土+谷壳灰	60	37	61.7	3.2	3.9
	（3）沙+蛭石	60	50	83.3	5.1	13.7
	（4）黄泥土	60	40	66.7	4.5	4.9
	（5）沙	60	56	93.3	12.2	14.1
	（6）沙+火土+蛭石	60	51	85.0	1.4	2.3
毛籽金花茶	（1）沙+火土	50	20	40.0	14.9	17.4
	（2）沙+火土+谷壳灰	50	28	56.0	28.0	42.5
	（3）黄泥土	50	14	28.0	16.6	14.2
	（4）沙	50	21	42.0	18.3	28.0
	（5）沙+火土+蛭石	50	20	40.0	14.0	13.3
凹脉金花茶	（1）沙+火土	40	16	40.0	8.3	21.5
	（2）沙+火土+谷壳灰	40	7	17.5	8.1	12.0
	（3）沙+蛭石	40	17	42.5	12.2	24.2
	（4）黄泥土	40	13	32.5	8.7	16.3
	（5）沙	40	4	10.0	3.3	13.4
	（6）沙+火土+蛭石	40	1	2.5	1.4	4.2

3. 插穗枝龄对5种金花茶组植物扦插生根成活的影响

由表25-3可知，5种金花茶组植物的扦插成活率均以1年生枝为最高，尤其以顶生金花茶、柠檬金花茶最为显著，1年生枝扦插成活率分别为96.0%、86.0%，2年生枝扦插成活率分别为21.2%、40.0%，二者分别相差74.8%和46.0%，1年生枝扦插苗根系增长量亦大于2年生枝。但凹脉金花茶则相反，2年生枝扦插苗的根条数与总长度均比1年生枝扦插苗的数值大。

表25-3　插穗枝龄对金花茶组植物扦插生根成活的影响

种类	处理	扦插数（条）	成活数（株）	成活率（%）	平均单株根系	
					条数	总长度（cm）
弄岗金花茶	1年生枝	50	20	40.0	1.9	4.7
	2年生枝	55	15	27.2	0.3	0.1
柠檬金花茶	1年生枝	50	43	86.0	2.3	3.1
	2年生枝	50	20	40.0	1.3	2.4
平果金花茶	1年生枝	60	37	61.7	2.7	3.7
	2年生枝	70	26	37.1	—	—
顶生金花茶	1年生枝	100	96	96.0	6.2	11.3
	2年生枝	33	7	21.2	1.4	2.5
凹脉金花茶	1年生枝	40	9	22.5	30.7	25.1
	2年生枝	40	6	15.0	39.0	34.6

4. 插穗留叶程度对5种金花茶组植物扦插生根成活的影响

由表25-4可看出，不同留叶程度对5种金花茶组植物扦插生根成活具有显著影响。在金花茶的扦插繁殖过程中，插穗必须要有一定的绿叶面积保持光合作用，才能生根成活，不带叶扦插，死亡率达100%。留叶效果随种类不同而异，小叶型的平果金花茶和顶生金花茶，以留2全叶为最佳，大叶型的凹脉金花茶、毛籽金花茶则以留1半叶、2半叶为佳；插穗留叶方式亦影响扦插成活率，如平果金花茶留1全叶的扦插成活率为81.6%，留2半叶成活率仅63.3%，相差18.3%，而毛籽金花茶留2半叶的扦插成活率为80.0%，留1全叶的成活率为57.1%，相差22.9%。由此可见，5种金花茶组植物扦插所需的最适留叶程度各不相同，平果金花茶和顶生金花茶以留2全叶、柠檬金花茶以留1全叶的扦插成活率为最高，根系亦较发达；毛籽金花茶、凹脉金花茶分别以留2半叶或1半叶的扦插成活率为最高，而根条数和根总长度以留2全叶为最佳。

表25-4　插穗留叶程度对金花茶组植物扦插生根成活的影响

种类	处理	扦插数（条）	成活数（株）	成活率（%）	平均单株根系	
					条数	总长度（cm）
平果金花茶	留2全叶	60	56	93.3	2.5	9.00
	留1全叶	60	49	81.6	2.0	7.00
	留2半叶	60	38	63.3	2.4	6.50
顶生金花茶	不留叶	60	0	0.0	0.0	0.00
	留2全叶	60	50	83.3	5.1	13.70
	留2半叶	60	39	65.0	2.6	3.20
毛籽金花茶	留2全叶	50	20	40.0	10.9	29.80
	留2半叶	50	40	80.0	8.5	7.30
	留1全叶	49	28	57.1	7.5	4.20
	不留叶	45	0	0.0	0.0	0.00
凹脉金花茶	留1半叶	40	36	90.0	28.6	37.20
	留2半叶	40	20	50.0	21.8	46.50
	留1全叶	40	17	42.5	34.0	39.80
	留2全叶	40	10	25.0	60.0	115.50
	不留叶	40	0	0.0	0.0	0.00
柠檬金花茶	留1全叶	50	41	82.0	4.2	7.47
	留2全叶	100	34	34.0	3.1	5.49
	留2半叶	100	22	22.0	1.9	3.43
	不留叶	50	0	0.0	0.0	0.00

5. 保湿措施对2种金花茶组植物扦插生根成活的影响

对柠檬金花茶和平果金花茶的扦插繁殖，分别用苔藓与塑料棚覆盖以保持床面湿度。由表25-5看出，不同保湿措施对平果金花茶的扦插成活率影响较大，采用苔藓覆盖比塑料棚覆盖的成活率提高27%，而在柠檬金花茶扦插繁殖中，两种保湿措施对其成活率没有明显影响。

表25-5　保湿措施对2种金花茶组植物扦插生根成活的影响

种类	处理	扦插数（条）	成活数（株）	成活率（％）	平均单株根系	
					条数	总长度（cm）
柠檬金花茶	苔藓覆盖	50	44	88.0	4.9	7.4
	塑料棚覆盖	50	44	88.0	3.4	5.4
平果金花茶	苔藓覆盖	60	51	85.0	3.6	7.0
	塑料棚覆盖	60	35	58.3	2.8	7.6

6. 繁殖时期对6种金花茶组植物扦插生根成活的影响

由表25-6看出，不同的繁殖时期对6种金花茶组植物扦插成活率的影响基本一致，均以3月扦插成活率为最高，特别是柠檬金花茶、顶生金花茶、弄岗金花茶、平果金花茶效果尤为显著，3月比5月的扦插成活率分别提高55％、35％、30％、25％。不同时期扦插对6种金花茶组植物根系生长的影响则不同，柠檬金花茶、弄岗金花茶、凹脉金花茶以3月扦插根系较为发达，而毛籽金花茶、顶生金花茶、平果金花茶则以5月扦插根系较为发达。

表25-6　不同繁殖时期对金花茶组植物扦插生根成活的影响

种类	处理月份	扦插数（条）	成活数（株）	成活率（％）	平均单株根系	
					条数	总长度（cm）
凹脉金花茶	3月	200	60	30.0	20.8	11.7
	5月	200	50	25.0	8.3	1.9
弄岗金花茶	3月	200	160	80.0	18.5	17.0
	5月	200	100	50.0	13.2	7.0
毛籽金花茶	3月	200	140	70.0	12.4	6.2
	5月	200	120	60.0	23.1	11.7
顶生金花茶	3月	200	170	85.0	5.0	1.4
	5月	200	100	50.0	8.8	2.3
平果金花茶	3月	200	190	95.0	2.0	0.8
	5月	200	140	70.0	5.0	1.3
柠檬金花茶	3月	200	120	60.0	8.2	2.9
	5月	200	10	5.0	1.0	0.2

25.2.2 金花茶组植物嫁接繁殖的影响因素

1. 不同因素对弄岗金花茶嫁接成活的影响

表25-7和表25-8表明，砧木、嫁接时期、接穗留叶程度、保湿措施对弄岗金花茶嫁接成活均具一定的影响，通过统计分析，各因素极差依次为85、60、35、17.5。说明砧木是影响弄岗金花茶嫁接成活的关键因子；嫁接时期次之，是影响弄岗金花茶嫁接成活的第二大因子；接穗留叶程度的极差较小，对弄岗金花茶嫁接成活的影响较小；保湿措施的极差最小，对弄岗金花茶嫁接成活的影响不大。各因素的最佳组合是A1B1C1D1，正是本试验中成活率最高的第一号试验组合，极差分析结果与实际试验结果相符。由此可见，弄岗金花茶的嫁接繁殖宜选择金花茶作砧木，在春季采用留1全叶的单芽切接，接后套袋保湿效果最佳，成活率最高。

表25-7　弄岗金花茶试验因素水平

因素	砧木（A）	嫁接时期（B）	接穗留叶程度（C）	保湿措施（D）
水平	金花茶	春（3月中旬）	1全叶	套袋
	宛田红花油茶	夏（6月上旬）	2/3叶	不套袋
	小叶油茶	秋（9月中旬）	1/3叶	不套袋

表25-8　弄岗金花茶L₉（3⁴）正交试验的布置及嫁接试验结果

试验号	砧木	嫁接时期	接穗留叶程度	保湿措施	成活率（%）	抽梢期
1	金花茶	春	1全叶	套袋	50.0	7～10月
2	金花茶	夏	2/3叶	不套袋	25.0	9～12月
3	金花茶	秋	1/3叶	不套袋	10.0	12月
4	宛田红花油茶	春	2/3叶	不套袋	0.0	—
5	宛田红花油茶	夏	1/3叶	套袋	0.0	—
6	宛田红花油茶	秋	1全叶	不套袋	0.0	—
7	小叶油茶	春	1/3叶	不套袋	20.0	—
8	小叶油茶	夏	1全叶	不套袋	10.0	7～9月
9	小叶油茶	秋	2/3叶	套袋	0.0	8月
K_1	85	70	60	50	—	—
K_2	0	35	25	65	—	—
K_3	30	10	30	—	—	—
极差	85.0	60.0	35.0	17.5	—	—

注：不套袋为6次重复；极差=50-65/2=17.5。

2. 繁殖时期对3种金花茶组植物嫁接成活的影响

由表25-9看出，平果金花茶、顶生金花茶、毛籽金花茶均以春季嫁接的成活率为最高，嫁接至抽梢时间亦较短，一般为1～3个月，抽梢较整齐；夏季、秋季嫁接的成活率都较低，嫁接至抽梢时间较长，在3个月以上，抽梢很不整齐。顶生金花茶、毛籽金花茶在夏秋两季嫁接的苗木，一部分当年不能萌芽抽梢，甚至经过1年后仍有一定比例的存活接穗未能抽发新梢。

表25-9 不同嫁接时期对3种金花茶组植物嫁接成活的影响

砧木	接穗	嫁接日期	嫁接数（株）	成活数（株）	成活率（%）	存活未抽梢率（%）	抽梢期
金花茶	平果金花茶	2月上旬	36	17	47.2	0.0	3～4月
		5月中旬	20	0	0.0	0.0	—
		9月上旬	20	0	0.0	8.0	—
金花茶	顶生金花茶	3月上旬	46	20	43.5	0.0	4～5月
		5月中旬	25	11	44.0	0.0	10～12月
		9月上旬	20	7	35.0	20.0	翌年4月
金花茶	毛籽金花茶	4月上旬	32	26	81.3	0.0	7～10月
		6月下旬	30	7	23.3	20.0	9～12月
		9月下旬	20	0	0.0	40.0	翌年7月

25.3 讨论

扦插后植物能否生根成活，主要取决于种类特性、树龄与枝龄、枝条的发育状况和储藏营养、激素组成与水平、插条的大小和叶面积等内在因子以及湿度、温度、氧气、光照、扦插基质等外界条件。从金花茶组植物的扦插繁殖情况来看，各种类的生根成活率均较高，说明金花茶组植物与山茶科其他大多数植物一样，具有较强的无性再生能力；6种金花茶组植物均以采用1年生穗条扦插成活率为最高，表明金花茶组植物与多数木本植物具有共性，即1年生成熟枝条或当年生半成熟枝条生活力旺盛，发根力强，萌生率高；采用适当浓度的激素处理对多种金花茶组植物扦插生根成活有不同程度的促进作用，一般都能刺激皮孔生根，提高成活率和生根系数，但不同浓度激素对不同种类的金花茶组植物的生根成活促进作用不相同，且成活率高低不一定与根系强弱呈正相关，说明不同种类的金花茶组植物和同种类金花茶组植物不同的器官激素组成与水平具有差异性；留叶程度与6种金花茶组植物生根成活率密切相关，金花茶组植物的扦插繁殖，必须要保留有一定的叶面积，才能生根成活，不同种类的金花茶组植物带叶扦插的生根成活率随留叶程度不同而不同，这体现出金花茶组植物插条上的叶能通过光合作用制造一定的养分，供应其生根和生长之需要，但在插条未生根前，叶片面积越大，蒸腾量越大，从而容易导致插条枯死；不同的时期，湿度、温度、光照等环境条件各不相同，6 种金花茶组植物的扦插繁殖期均以 3 月为最佳，应该与这一时期的空气湿度较大、气温较低、光照较弱、蒸腾量较小等有关；基质对 6 种金花茶组植物的扦插成活率有一定的影响，同种基质对不同金花茶组植物的扦插成活率有不同效果，但从总体上看，混合基质更利于金花茶组植物插条的生根成活，因为混合基质更有可能满足保温、保湿、疏松、透气、排水良好、无有害物质和有害微生物等条件。

不同因素对弄岗金花茶嫁接成活的影响不同，砧木影响最大，可能是接穗与砧木间的亲和力不同有关。弄岗金花茶与金花茶同属金花茶组植物，亲缘关系最接近，亲和力较强，因此嫁接易成活；小叶油茶为较进化种，和弄岗金花茶同为山茶属，亲缘关系稍远，亲和力次之，嫁接尚能成活；宛田红花油茶虽为山茶属，但属较原始种，与弄岗金花茶的亲缘关系较远，亲和力极小，因此嫁接不能成活。

不同嫁接时期对弄岗金花茶、平果金花茶、顶生金花茶、毛籽金花茶嫁接成活率的影响也很大，均以春接最好，夏接次之，秋接最差。这可能与几种金花茶组植物抽梢物候期有关，据观察，上述几种金花茶组植物主要在春夏或夏秋之交抽梢，而它们的嫁接苗也主要在相应期间抽芽，可见，金花茶组植物的嫁接苗抽梢时期与其本身的生物学特性有关。值得提出的是，弄岗金花茶春季嫁接是在 3 月，夏季嫁接是在 6 月，而抽梢时间相差不大，前者虽然成活率较高，但至抽梢时间却长达 4 个月之久，大大增加了管理工作量，后者虽在 2 个月后即抽梢，可以减少管理工作，但成活率却大幅度下降。因此，如果 4 ～ 5 月嫁接，则有可能在保持较高成活率前提下，缩短嫁接至抽梢的时间，减少管理工作量。

接穗留叶程度不同，弄岗金花茶的嫁接成活率也不同，试验以留 1 片叶的接芽嫁接成活率为最高，留 1/3 叶和留 2/3 叶的嫁接成活率都较低，这可能是接穗叶片损伤，导致水分与营养物质流失、转移，从而影响嫁接口的愈合。

第二十六章
显脉金花茶的扦插繁殖技术

26.1 材料与方法

26.1.1 试验时间及插床准备

试验于 2013 年 6 月至 2014 年 4 月在广西桂林市雁山区广西植物研究所温室大棚内进行。插床长 20 m，宽 1 m，高 30 cm，用红砖砌成。插床底部平铺 5～8 cm 的河卵石，上再铺 5 cm 的河沙，在河沙上铺基质 20 cm。在苗木扦插前，用 500 倍的高锰酸钾溶液对插床进行消毒。

26.1.2 试验材料

试验材料采自广西植物研究所金花茶组植物种质圃内成年的显脉金花茶植株，采集生长健壮、无病虫害的 1～2 年生枝条，采后立即带回温室内进行剪枝扦插。将枝条剪成长 12 cm 左右的插穗，每穗留 2～3 个芽，保留上端 2 片叶，并剪去 1/2。插穗上切口离腋芽 1 cm 处平剪，下切口斜剪。用 800 倍 20% 的多菌灵对插穗进行消毒。

26.1.3 试验设计

以激素种类、处理浓度、插条浸泡时间和扦插基质作为扦插试验的影响因素，每因素取 3 个水平，按 $L_9(3^4)$ 表安排四因素三水平的正交试验（表 26–1），试验共设 9 个处理，每个处理 30 个插穗，重复 3 次，研究各试验因素对显脉金花茶扦插生根的影响程度，以找出其扦插生根的最优条件。

表26–1 $L_9(3^4)$ 正交试验

因素水平	激素种类	处理浓度（mg·L^{-1}）	浸泡时间（h）	扦插基质
1	NAA	100	3	河沙
2	IBA	300	6	$V_{泥炭土}:V_{珍珠岩}=1:1$
3	ABT	500	12	黄土

26.1.4 扦插方法及扦插后管理

采用直插法，株行距为 10 cm×10 cm，扦插深度约为插穗长度的 1/2。扦插时，先用小木棍在基质中打孔，然后将插穗放入孔中，用手压实，扦插完成后，浇透水，使插穗基部与基质充分接触。扦插初期，每天喷雾 2～3 次，棚内温度保持在 25～30℃，相对湿度控制在 90% 以上，并加盖 1 层遮阴网，使插床透光率为 20% 左右。扦插后每隔 15 d 左右，喷施多菌灵进行杀菌，并喷施 0.2% 的尿素和磷酸二氢钾混合液补充营养。插穗生根后，减少喷雾次数及喷水时间，以利于生根。管理期间及时取出腐烂插穗。

26.1.5 结果调查及统计分析

扦插 10 个月后对所有处理的生根率（x_1）、生根数（x_2）和平均根长（x_3）进行测定。生根率（%）= 生根插条数 / 插条总数 ×100；生根数为每个处理取 10 个存活插条，对平均生根数进行统计；每个处理取 10 个插条，每插条随机测定 10 个根长，计算平均根长。采用极差分析、方差分析和多重比较（LSD 法），分析各试验因素对生根率、生根数和平均根长的影响。由于单个指标并不能反映总的生根效果，构建生根效果指数对总的生根效果进行综合评价。以此生根率、生根数和平均根长等 3 个变量为指标，运用功效系数法（曾丹娟 等，2010）构建生根效果指数（y），具体计算方法见式（1）和式（2）。反映总的生根效果，分析各试验因素对生根效果指数的影响，找出显脉金花茶扦插生根的最优组合。为了确保各指标方差的一致性，在统计分析前对生根率进行反正弦转换（续九如 等，1995），对生根数和平均根长进行（x+1）$^{1/2}$ 转换（刘正祥 等，2007）。数据统计分析采用正交设计助手和 SAS 8.1 软件。正交试验结果见表 26–2。

令

$$x_{ij}^* = 60 + \frac{x_{ij} - m_j}{M_j - m_j} \times 40 , \tag{1}$$

则

$$y_i = \sum_{j=1}^{3} x_{ij}^* / 3 , \quad i = 1,...9 , \quad j = 1,...3 。 \tag{2}$$

式中，M_j、m_j 分别为指标 x_j 的最大值和最小值。

表26-2　正交试验结果

处理号	激素	浓度（mg·L⁻¹）	处理时间	扦插基质	生根率（%）	生根数（条）	平均根长（cm）	生根效果指数
1	NAA	100	3 h	河沙	33.3	70.5	2.73	75.98
2	NAA	300	6 h	泥炭土+珍珠岩	50.0	121.3	4.23	96.36
3	NAA	500	12 h	黄土	40.0	65.2	2.74	76.77
4	IBA	100	6 h	黄土	6.7	55.1	2.03	62.11
5	IBA	300	12 h	河沙	33.3	83.7	3.31	81.48
6	IBA	500	3 h	泥炭土+珍珠岩	43.3	100.2	4.32	91.75
7	ABT	100	12 h	泥炭土+珍珠岩	56.7	106.3	4.60	97.80
8	ABT	300	3 h	黄土	26.7	45.5	2.52	68.02
9	ABT	500	6 h	河沙	23.3	75.7	3.06	76.03

26.2 结果与分析

26.2.1 各试验因素对生根率的影响

各试验因素对生根率的影响见表 26-3 和表 26-4。极差的大小反映了各因素对生根率影响的大小，由表 26-3 可知，各试验因素对生根率影响的大小排序为 D ＞ C ＞ A ＞ B，表明扦插基质对生根率的影响最大，浸泡时间次之，激素浓度影响最小。方差分析结果（表 26-4）表明，只有扦插基质对生根率的影响达到显著水平（$P < 0.05$），其中泥炭土＋珍珠岩基质的生根率为 52.47%（转换后数据），显著高于河沙和黄土；其余因素对生根率的影响并不显著（$P > 0.05$）。9 个处理中，处理 7 的生根率最高，为 56.7%。

表26-3　各试验因素对生根率影响的极差分析

均值	生根率			
	激素种类（A）	激素浓度（B）	浸泡时间（C）	扦插基质（D）
K_1	42.53	33.63	35.27	30.53b
K_2	28.50	37.80	27.57	52.47a
K_3	36.93	36.53	45.13	24.97b
极差	14.03	4.17	17.56	27.50

注：同列不同字母表示差异显著（$P<0.05$），下同。

表26-4 各试验因素对生根率影响的方差分析

方差来源	自由度	生根率		
		离差平方和	均方差	F值
A	2	299.42	149.710	10.94
B	2	27.38	13.690	—
C	2	465.23	232.615	16.99
D	2	1268.31	634.160	46.33*
总和	8	2060.34	—	—

注：*表示因素的影响达显著水平（$P<0.05$）。

26.2.2 各试验因素对生根数和平均根长的影响

由极差分析（表26-5）可知，各试验因素对显脉金花茶扦插生根数影响的大小排序为 D > C > A > B，扦插基质影响最大，插条浸泡时间次之，激素浓度影响最小；对平均根长影响的大小排序为 D > C > B > A，扦插基质影响最大，浸泡时间次之，激素种类最小。方差分析结果（表26-6）表明，扦插基质对生根数和平均根长的影响达到极显著水平（$P < 0.01$），泥炭土 + 珍珠岩基质的生根数和平均根长显著高于河沙和黄土；其余各因素对生根数和平均根长的影响均未达到显著水平（$P > 0.05$）。9 个处理中，处理 2 的生根数最多，平均每插穗达 121.3 条，处理 7 的平均根长最长，为 4.6 cm。

表26-5 各试验因素对生根数和平均根长影响的极差分析

均值	生根数				平均根长			
	A	B	C	D	A	B	C	D
K_1	9.22	8.77	8.45	8.81b	2.05	2.01	2.04	2.01b
K_2	8.92	9.03	9.10	10.49a	2.04	2.08	2.01	2.32a
K_3	8.65	8.99	9.23	7.48b	2.08	2.08	2.13	1.85b
极差	0.57	0.26	0.78	3.01	0.04	0.07	0.12	0.47

表26-6 各试验因素对生根数和平均根长影响的方差分析

方差来源	自由度	生根数			平均根长		
		离差平方和	均方差	F值	离差平方和	均方差	F值
A	2	0.49	0.25	4.33	0.003	0.002	—
B	2	0.11	0.06	—	0.010	0.005	3.33

续表

方差来源	自由度	生根数			平均根长		
		离差平方和	均方差	F值	离差平方和	均方差	F值
C	2	1.07	0.54	9.36	0.021	0.011	7.00
D	2	13.66	6.83	119.79**	0.349	0.175	116.33**
总和	8	15.33	—	—	0.383	—	—

注：**表示因素的影响达极显著水平（$P<0.01$）。下同。

26.2.3 各试验因素对生根效果指数的影响

由极差分析（表26-7）可知，各试验因素对显脉金花茶扦插生根效果指数的影响按大小排序为 D＞C＞A＞B，扦插基质对生根效果指数的影响最大，浸泡时间次之，激素浓度的影响最小。极差分析中，均值 K_i 反映了该因素水平 i 对生根效果指数的影响程度，生根效果指数越大，表示其生根效果越好，因此，显脉金花茶扦插生根的最优组合为A1B2C3D2，即当激素种类为NAA、处理浓度为 300 mg·L⁻¹、浸泡时间为 12 h、扦插基质为泥炭土＋珍珠岩时，显脉金花茶的生根效果最好。由方差分析（表26-8）可知，扦插基质对生根效果指数的影响达到极显著水平（$P<0.01$），其余各因素对生根效果指数的影响未达显著水平（$P>0.05$）。

表26-7 各试验因素对生根效果指数影响的极差分析

均值	生根效果指数			
	A	B	C	D
K_1	83.04	78.65	78.58	77.83b
K_2	78.45	81.95	78.17	95.33a
K_3	80.64	81.52	85.37	68.97b
极差	4.59	3.30	7.20	26.36

表26-8 各试验因素对生根效果指数影响的方差分析

方差来源	自由度	生根效果指数		
		离差平方和	均方差	F值
A	2	31.62	15.81	1.64
B	2	19.28	9.64	—
C	2	98.21	49.11	5.09
D	2	1079.54	539.77	55.99**
总和	8	1228.65	—	—

26.3 结论与讨论

影响扦插繁殖成功的因素很多，其中，内部因素有树种遗传特性、插穗年龄、穗条长度等，外部因素包括扦插基质、激素种类、激素浓度、浸泡时间、光照、温度等。本试验以影响显脉金花茶扦插生根的外部因素为重点，探讨其对生根的影响。在激素种类、激素浓度、浸泡时间和扦插基质 4 个因素中，扦插基质对显脉金花茶扦插生根的影响最大，其对生根率、生根数、平均根长、生根效果指数等的影响均达到显著水平（$P < 0.05$），而其余各因素对这些指标的影响均未达到显著水平（$P > 0.05$）。从总的生根效果来看，显脉金花茶扦插生根的最优组合为 A1B2C3D2，即当激素种类为 NAA、处理浓度为 300 mg·L^{-1}、浸泡时间为 12 h、扦插基质为泥炭土 + 珍珠岩时，显脉金花茶的生根效果最好。

扦插基质是影响插条生根和根系活力的重要因素之一，不同扦插基质的持水力、透气性、土壤理化性质等不同，因此，选择合适的扦插基质是扦插成功的关键（耿云芬 等，2013）。本试验中，黄土浇水后黏性较大，土壤含水太多，不透气，易板结，同时易滋生霉菌，常常会引起插穗腐烂，影响扦插成活率；河沙的颗粒细，透气好，但保水性能较差，且不能给插条生根过程中提供足够的营养物质，影响扦插成活率；泥炭土 + 珍珠岩结构疏松，透气性好，持水能力强，一定时期内有能够给插穗提供充足的养分，使得扦插后生根效果较好。因此，泥炭土 + 珍珠岩为显脉金花茶的最佳扦插基质。对金花茶扦插基质的筛选试验表明，一般以黄土或黄土混合河沙、苔藓等基质的生根效果最好（龚弘娟 等，2009；韦记青 等，2010；廖美兰 等，2013）；而毛瓣金花茶在河沙中生根效果最好（柴胜丰 等，2012）；本试验中，显脉金花茶在泥炭土 + 珍珠岩基质中生根效果最好，这可能是由于不同种类的金花茶组植物对扦插基质的要求不同。

外源激素对插条生根有一定的促进作用，它能促进插条内部营养物质的重新分配，增加插条基部的糖含量，使下切口成为插条养分的吸收中心，同时还能有效增强酶活性，刺激形成层细胞的分裂，促进细胞伸长（郑健 等，2007）。相关研究表明，吲哚丁酸、萘乙酸、ABT 等均能提高金花茶的扦插成活率（韦记青 等，2010；赵鸿杰 等，2014）。而本试验中，激素种类、激素浓度、浸泡时间对显脉金花茶扦插生根的影响均不显著，其原因有待进一步研究。

扦插繁殖作为一种常规的繁殖技术，对显脉金花茶来说是可行的。考虑到显脉金花茶野生资源受破坏十分严重，且结实率低，用种子繁殖进行大规模育苗并不现实，而对金花茶组植物的组织培养目前仍处在实验室阶段，尚不能进行工厂化育苗。因此，采用扦插繁殖对显脉金花茶进行规模化生产，是对该物种进行种质资源保护和可持续利用的主要途径。

第二十七章
东兴金花茶的引种驯化研究

27.1 材料与方法

试验材料来源于广西防城港市防城区野生东兴金花茶种子和插穗。2005 年，于东兴金花茶果熟期（12 月）采收成熟种子，洗净后采用常温下含水 6% 的润沙层积贮藏，至翌年 2 月 10 日，播种于郁闭度达 70% 的高荫棚下苗床，观察其种子萌芽及幼苗生长。扦插繁殖分春夏两期进行。第一期于 7 月 3 日采集 1 年生顶枝，保鲜处理 3 d，于 7 月 6 日扦插繁殖，选择相同材料与同一处理方法，分别插于沙 + 火土 + 蛭石、沙 + 蛭石、黄泥 3 种基质；第二期于翌年 3 月 5 日采集插穗材料，经保鲜处理 3 d 后于 3 月 8 日进行扦插繁殖，分别对插穗进行 5 种留叶程度、6 个不同浓度的激素处理、3 个穗龄的扦插与生根成活相差性对比试验，插穗基部均剪成马耳形，按 5 cm × 10 cm 的株行距斜插于基质中，倾斜角约 45°，扦插深度为插穗的 2/3。插后插床再盖竹帘遮阴，淋足水，经常喷水保温。120 d 后检查生根成活情况。繁殖所得苗木移栽定植于荫棚或林荫下，选择标准株各 10 株，进行定点定期观察，观测其物候期、植株生长、开花结实特性及适应性。对引种于广西植物研究所金花茶组植物种质圃的实生东兴金花茶进行成龄植株物候期观察。

27.1.1 原产地自然条件

东兴金花茶自然分布于十万大山东南面防城港市防城区那梭镇那梭村及平木村附近，约在北纬 21°45′，东经 108°07′，海拔 150 ～ 650 m，分布区属低、中丘陵山地，处于北回归线以南，属南亚热带季风气候区。年均气温 21.8℃，极端最高温 39.1℃，极端最低温 0.9℃，最冷月（1 月）均温 12.6℃，最热月（7 月）均温 28.2℃，≥ 10℃年积温 8195.8℃；年均降水量 2900 mm，最高达 3827.7 mm，为广西的多雨地区之一，雨季来临较迟，集中于夏秋两季，占年降水量的 86.9%，冬春两季偏少，占年降水量的 13.1%。年均相对湿度 79.4%，湿度的周期变化与降水的季节变化基本一致，表现为冬春两季湿度小，夏秋两季湿度大，干湿交替明显。分布区的土壤为砂岩、页岩风化发育而成的酸性赤红壤。pH 值为 4.5 ～ 5.3，有机质含量 4.5% ～ 5.8%。分布区的地带性植被为赤红壤季节性雨林，属热带森林的类型。植被的现状以灌草丛为主，森林植被保存较少，尤其原生性天然林保存更少。东兴金花茶出现的群落类型主要有黄樟 – 鹅掌柴 + 东兴金花茶群落和蕈树（*Altingia chinensis*）– 肉实树 + 东兴金花茶群落 2 种（黄付平，2001），群落均为次生林，东兴金花茶在群落中主要居林下灌木层。

27.1.2 引种地自然条件

引种试验地及种质圃设于广西桂林市雁山区广西植物研究所内，位于北纬 25°11′，东经 110°12′，为丘陵台地，海拔 150 ～ 160 m。属中亚热带季风气候区。年均气温 19.2℃，最冷月（1 月）均温 7.7℃，最热月（7 月）均温 28.4℃；极端最高气温 38℃，极端最低气温 –6℃，≥ 10℃年积温 5955.3℃，冬有霜冻，偶见雪。年均降水量 1854.8 mm，多集中于春夏两季，占全年降水量的 71% 以上；年均相对湿度 78%。土壤为砂岩、页岩风化发育而成的酸性红壤，pH 值为 4.7 ～ 6.0，有机质含量不高，质地较黏。

27.2 结果与分析

27.2.1 播种繁殖

东兴金花茶果熟于 12 月。种子成熟被采收后，只要温度（旬均温 10℃以上）和水湿条件适宜，可立即播种，达到早萌芽、早生长。由于桂林气温较低，不适于冬播，宜将采收的种子洗净，采用常温下润沙层积贮藏，控制种子的一定含水量（约 20%）和微弱气体交换，以延长种子寿命，待翌年 2 月气温回升后播种。2 月 10 日将种子播于高荫棚下圃地，播后覆土厚度相当于种子长度的 2 倍，畦面覆盖稻草，并经常淋水保湿，29 d 后种子开始萌芽出土，发芽率 76%。种子萌发出土时子叶不出土，属于子叶留土萌发类型，子叶 3 ～ 4 片包于种壳内。胚根伸长 3 ～ 5 cm 时，胚芽才开始萌发伸出地面。胚芽出土初期茎紫红色，具初生不育叶 4 ～ 5 片。幼茎高 5 ～ 8 cm 时开始生长出紫色的发育叶 3 ～ 4 片，第一次展叶完成后即封顶转入休眠期，此时叶色亦逐渐转绿，随之不育叶开始脱落。此后有 3 ～ 4 次抽芽生长。当年苗高 11 ～ 16 cm，平均 13.6 cm，根颈粗 3 ～ 4 mm，平均 3.2 mm。着生叶 6 ～ 10 片，平均 7.5 片，1 年生苗已开始形成分枝，分枝株率达 60%。主根发达，直伸。

27.2.2 扦插繁殖

东兴金花茶结实率很低，通常不易采到种子。采取扦插繁殖不仅可解决种源问题，而且是早花矮化栽培的一项技术措施，为此我们进行了扦插基质、插穗留叶程度、不同浓度激素处理以及穗条年龄与扦插生根成活相关性探讨试验。

1. 不同扦插基质与扦插生根成活的关系

不同扦插基质对扦插生根成活率有较大影响。以黄泥土基质的生根成活率为最高，平均单株生根数也最多；其次为沙＋火土＋蛭石基质；最低为沙＋蛭石基质（表27-1）。

表27-1　扦插基质对东兴金花茶扦插生根成活的影响

基质	扦插日期（日/月）	扦插数（条）	生根成活数（株）	成活率（%）	平均单株生根	
					条数	总长度（cm）
沙+蛭石	10/7	50	8	16.0	2.4	1.4
沙+火土+蛭石	10/7	50	20	40.0	4.8	5.9
黄泥土	10/7	77	43	55.8	5.0	13.3

2. 插穗不同留叶程度与扦插生根成活的关系

从表27-2中可看出，东兴金花茶扦插繁殖，插穗必须留有一定叶面积进行光合作用才能生根成活，不留叶扦插的死亡率达100%，留1全叶扦插生根成活率最高，达71.4%；留2～3全叶扦插生根成活率仅16%～18%。

表27-2　插穗不同留叶程度对东兴金花茶扦插生根成活的影响

处理	扦插日期（日/月）	扦插数（条）	成活数（株）	成活率（%）
1全叶	22/3	56	40	71.4
2半叶	22/3	50	26	52.0
2全叶	22/3	50	9	18.0
3全叶	22/3	50	8	16.0
不留叶	22/3	30	0	0.0

3. 不同浓度激素处理与扦插生根成活的关系

采用20～100 mg/L NAA溶液浸泡处理插穗14 h，其扦插成活率与对照组相比，提高幅度在6%以内，差异不大（表27-3）。但据观察，对照组的扦插繁殖苗，仅从切口愈伤组织产生新根，而采用NAA溶液处理插穗不但可从切口愈伤组织产生新根，而且可同时从穗条皮孔及叶痕产生新根，它比愈伤组织产生的新根更长，老化程度亦较高，更有利于提高扦插苗的移植成活率。

表27-3　不同浓度NAA溶液处理对东兴金花茶扦插生根成活的影响

处理浓度（mg/L）	扦插日期（日/月）	扦插数（条）	成活数（株）	成活率（%）
20	22/3	50	40	80.0
30	22/3	50	39	78.0
50	22/3	50	38	76.0
80	22/3	50	39	78.0
100	22/3	50	41	82.0
CK	22/3	50	38	76.0

4. 插穗年龄对扦插生根成活的影响

采用留 1 片叶的 1 年生、2 年生、3 年生穗条，以 100 mg/L NAA 溶液处理 14 h 后插于沙＋火土基质中。结果表明，1 年生穗条扦插生根成活率最高，达 82%；2 年生穗条扦插生根成活率次之，为 42%；3 年生穗条扦插成活率最低，仅 1%。

27.2.3 繁殖苗的移植

东兴金花茶为喜温、好湿、耐阴树种，忌强光照射，因此，无论播种实生苗或扦插繁殖苗移栽，都必须选择郁闭度 70% 以上、水湿条件较好、土壤较疏松肥沃之地。暴晒裸露地移植的幼苗，在阳光直接照射下，植株生长缓慢，幼苗嫩叶极易被灼伤，老叶变黄变小，逐渐枯落，至植株死亡，因此暴晒裸露地切不可作移植地。

1. 播种实生苗的移植

东兴金花茶与其他山茶属植物一样，属直根系树种，主根直伸发达，侧根、须根少，因此，实生苗移植时宜将主根生长尖切除，以促进侧根生长。移植时期以春季梅雨期为佳，选择无风阴天移植，在一般管理情况下均能成活，移植后根很快恢复正常生长。若选择夏季、秋季移植，正值高温干旱季节，对裸根移植生长有较大影响，很难恢复正常生长，因此宜以带土移植为好。

2. 扦插苗移植

春季扦插苗繁殖生根成活后，一般在 8 月左右就可以移植，亦可推迟至翌年春季移植，主要视扦插密度与基质肥力而定，如扦插距离较宽且基质有一定肥力，移植时间可往后推移。扦插苗移植时，插条根系还幼嫩细弱，填土压实使之土壤与根系的紧密结合过程中，容易造成根系的损伤，从而降低移植成活率。因此，采取带基质土移植，并在移植穴内添加适量湿润河沙后才盖土淋透水，是提高扦插苗移植成活率的重要措施。为了促进扦插苗移植后新根的生长，应在移植地施加 20 担/亩（1 亩 ≈ 666.67 m²）的火土和适量厩肥，使土壤疏松肥润，有利于幼苗生长。

27.2.4 幼苗植株生长情况

东兴金花茶苗期生长较慢，实生苗年均高生长 12.0 ～ 13.6 cm，基径 0.21 ～ 0.32 cm；扦插苗年均高生长 17.3 ～ 23.6 cm，基径 0.19 ～ 0.31 cm。植株高生长 1 年内有 3 次高峰期：第一次出现在 4 月，平均生长 2.3 ～ 7.4 cm；第二次出现在 7 月，平均生长 3.9 ～ 6.3 cm；第三次出现在 9 ～ 10 月，平均生长 3.6 ～ 3.7 cm。3 个高峰期生长量占全年高生长总量的 54.8% ～ 73.6%。径粗增长的高峰期多出现在高生长高峰期内或高生长高峰期之后的 1 个月。

东兴金花茶的萌芽及分枝能力都较强，耐修剪，摘顶或剪枝后都能萌芽长出新枝。分枝点较低，呈放射状。分枝强度随繁殖苗类、苗龄不同而异，播种实生苗当年植株已有一级分枝，分枝株率达 60%，平均分枝 0.6 条，分枝总长 2.5 cm，3 龄期产生二级分枝，平均单株分枝 5 条，总长 28.1 cm；扦插繁殖的当年苗与 2 龄期苗均未形成分枝，直至 3 龄期 4 月间才有一级分枝，分枝株率达 100%，平均单株分枝 4.3 条，总长 54.4 cm，到 4 龄期株高达到 63.9 cm，基径达 1.0 cm 时，萌芽力与成枝力迅速提高，平均单株分枝增至 12.4 条，总长 185.2 cm。此后，尤其是顶端优势受阻后，更能促发其下部潜伏芽和隐芽的活力，萌芽并长出更多新枝。

27.2.5 物候期

引种于桂林市雁山区的东兴金花茶一般于 3 月上中旬叶芽开始膨大，4 月上中旬叶芽开放，继而展叶抽梢，展叶期与新梢生长期基本一致。幼龄树与成龄树的新梢生长不同，幼龄植株抽梢次数多，每年分别于 4 月、7 月、9 月抽春、夏、秋 3 次梢，个别植株抽 4 次梢。其中，春梢生长期 29 d，夏梢生长期 44 d，秋梢生长期约 27 d。成龄植株每年抽梢 2 次，于 4 月中旬至 5 月中旬抽 1 次春梢，7 月抽 1 次夏梢；7 月上旬开始现蕾，翌年 4 月中旬为始花期，4 月下旬为盛花期，5 月上旬为末花期，果实于 12 月成熟。

27.2.6 适应性

东兴金花茶属喜暖热、好湿润的阴性植物，引种到桂林能正常生长、开花结果。抗寒性较强，在旬均温 6.2℃与旬内连续 3 日出现 –1 ～ –3℃的低温情况下，幼苗仍无明显冻害，但引种地生育期比原产地推迟 46 d 左右，结实率有所降低。东兴金花茶不能忍耐强光照射，长时间受阳光直射，植株生长不良，幼苗嫩茎叶极易被灼伤，造成嫩梢萎蔫，老叶变黄变小，逐渐枯落，甚至植株死亡。成龄树暴晒于阳光下，上部叶片亦有不同程度灼伤，叶呈焦黄绿色，植株长势不良。

东兴金花茶对土壤适应性较广，但在肥沃之地生长较好。因其喜湿怕旱，所以旱季土壤缺水时，如不及时淋水喷灌，容易造成植株萎凋落叶，严重时甚至会死亡。

东兴金花茶病虫害较为严重。主要病害有叶尖枯病、炭疽病等，发生于 5 ～ 6 月高温湿热季节，尤以叶尖枯病较为严重，发病后叶先端变黑，逐渐扩大腐烂，严重时造成植株死亡。可采取清园、剪除病枝病叶集中烧毁等措施进行预防，发病后宜及早采用百菌清 800 倍稀释液或甲基托布津 1000 倍稀释液进行防治。虫害有红蜘蛛、蚜虫、卷叶蛾、钻心虫等，时有发生，尤以新梢生长期较猖獗，宜根据不同情况采用不同浓度的敌敌畏乳剂和敌百虫等农药单独或混用喷杀，若辅以人工捕杀效果更好。

27.3 结论与讨论

东兴金花茶原产于广西北热带季风气候区，引种到桂林中亚热带季风气候区的自然环境条件下，植株生长发育正常，表现有较强抗寒性。植株开花虽多，但结果却很少，结实率低，很可能有两个方面的原因，第一与其生物特性有关，其野生植株的结实率也不高。第二是桂林市年积温比原产地防城港市防城区低，从而影响其结实率。

由于桂东北地区气温较低，冬季不适合东兴金花茶播种繁殖，宜将采收的种子洗净，采用常温下湿润沙层积贮藏，控制种子的一定含水量（约 20%）和微弱气体交换，以延长种子寿命，待翌年 2 月气温回升后播种。

扦插繁殖不仅能保存种质，解决繁殖材料来源，而且是培育树形美观、早花、矮化的植株的重要措施。采用留 1 叶的 1 年生穗条，以 100 mg/L 溶液浸泡处理 14 h，插于黄泥土基质可获得较高的生根成活率。其生根成活率主要与基质的保水性能相关，沙 + 蛭石基质与沙 + 火土 + 蛭石基质均较松散，保水性能差，在没有喷雾或密封保湿的情况下，扦插穗条容易失水而降低生根成活率，根系生长亦差。其中，沙 + 火土 +

蛭石基质因为增加了火土而含有一定的营养，所以扦插生根成活率及根系生长量比前者稍高。黄泥土基质质地稍黏重，保水性能较好，插条及新生根系能与土壤紧密结合，因此，生根成活率最高，生根条数及总长度亦最大。

东兴金花茶是喜阴好湿植物，忌直射光照射。其自然分布主要集中于沟谷两旁和溪边，相对高度 10 ～ 20 m，偶在坡面上有分布，并以稍向阳的坡面较多。这与金花茶的生态特性相似（韦霄 等，2007）。因此，引种栽培选择郁闭度为 70% 左右的荫棚下或林荫之地为宜。

东兴金花茶喜湿润，怕干旱，引种栽培时要保持和提高种植地土壤和空气的湿度。

第二十八章
东兴金花茶优良单株选择初步研究

28.1 材料与方法

28.1.1 材料

研究材料为广西防城金花茶国家级自然保护区内的野生东兴金花茶植株。保护区处于广西南部沿海防城港市防城区，北回归线以南，气温高，属南亚热带季风气候区，冬短夏长，季风气候明显，气候温暖湿润；太阳辐射强，光照充足，热量丰富，霜少无雪，无霜期长；雨量充沛，雨热同季，干湿季节明显。年均气温21.8℃，最冷月（1月）均温12.6℃，最热月（7月）均温28.2℃，极端最高温度39.1℃；年均降水量2900 mm，3～10月多雨，时有山洪，7～9月是全年降水高峰月，月平均降水量为400～500 mm。土壤为红壤、黄壤和黑黄壤，土壤肥沃（苏宗明，1994）。

28.1.2 方法

根据东兴金花茶的经济价值和观赏价值进行选优，在广泛调查东兴金花茶野生种群的基础上，选择50株长势较好的东兴金花茶进行观测。因东兴金花茶的实际生长年龄无法确定，本研究对与年龄相关的6个指标进行归一化处理，以利于各植株间的比较。6个指标分别为冠幅/地径（x_1）、冠厚/地径（x_2）、一级分枝数/地径（x_3）、总枝条数/地径（x_4）、1年生枝条数/地径（x_5）、开花数量/地径（x_9）。另选取1年生枝条叶片数（x_6）、叶片大小（x_7）、叶片重量（x_8）、冠型（x_{10}）、通直度（x_{11}）、生长势（x_{12}），总计12个指标采用线性加权法进行综合评价。冠幅选用树冠（东西+南北）的平均值；叶片大小采用叶片（长+宽）的平均值；植株冠型分为较好、中等、较差，分别赋值3、2、1；植株通直度分为较直、稍弯、较弯，分别赋值3、2、1；植株生长势分为好（枝繁叶茂、叶色浓绿、无病虫害）、一般（枝叶数中等、长势一般）、较差（枝叶较少，发黄，轻微病虫害），分别赋值3、2、1。采用功效系数法对数据进行无量纲化处理。

令

$$x_{ij}^* = 60 + \frac{x_{ij} - m_j}{M_j - m_j} \times 40,$$

则

$$y_i = \sum_{i=1}^{50} \sum_{j=1}^{12} w_j x_{ij}^*, \quad i = 1, \ldots 50, \quad j = 1, \ldots 12。$$

式中，M_j、m_j 分别为指标 x_j 的最大值和最小值。w_j 为各指标的权重，y_i 为综合评价得分，x_{ij} 为植株各指标的测定值。

根据 y_i 计算出东兴金花茶候选优株的综合评价指数，对其进行选优。本研究以经济价值为首要考虑因素，以观赏价值为次要考虑因素，各指标的权重：x_4、x_9 为 0.20，x_5、x_7 为 0.10，其他指标均为 0.05。

28.2 结果与分析

28.2.1 各指标的相关性分析

x_1 和 x_2、x_1 和 x_3、x_1 和 x_9、x_2 和 x_3、x_2 和 x_9、x_3 和 x_9、x_4 和 x_5、x_4 和 x_{10}、x_4 和 x_{12}、x_7 和 x_8、x_{10} 和 x_{12} 呈极显著的正相关关系，x_4 和 x_7 呈显著的正相关关系（表28-1）。表明冠幅和冠厚越大，长势越好，枝条数越多，开花数量也越多；枝条数越多，叶片相应也较大。在进行优良单株筛选时，可重点关注冠形、冠幅、枝条数量、生长势等指标，尽量在经济价值和观赏价值之间达到平衡。

表28-1 各指标的相关性分析

	x_1	x_2	x_3	x_4	x_5	x_6	x_7	x_8	x_9	x_{10}	x_{11}
x_1											
x_2	0.552**										
x_3	0.610**	0.539**									
x_4	0.218	0.123	0.238								
x_5	0.081	0.101	0.131	0.674**							
x_6	0.088	0.008	0.062	0.213	0.276						
x_7	0.058	0.138	0.154	0.302*	0.119	0.161					
x_8	0.035	0.194	0.067	0.111	−0.013	0.091	0.823**				
x_9	0.512**	0.611**	0.481**	0.176	0.130	0.086	0.251	0.129			
x_{10}	0.229	0.163	0.020	0.402**	0.242	0.066	0.187	0.047	0.084		
x_{11}	0.025	0.146	0.030	0.028	0.042	0.055	0.136	0.044	0.128	0.050	
x_{12}	0.001	0.051	0.008	0.431**	0.187	0.034	0.182	0.248	0.112	0.386**	0.024

注：*表示相关性达到显著水平（$P<0.05$），**表示相关性达到极显著水平（$P<0.01$）。

28.2.2 优株选择

候选优株综合得分平均值为 74.62，本研究把得分在 80.00 以上的植株定为优良单株，共选出 4 株东兴金花茶优良单株，分别为 1 号、2 号、4 号、8 号（表 28-2）。与其他候选优株各指标平均值相比，选出的 4 株优株平均冠幅高出 34.6 cm，一级分枝数高出 3.5 个，开花数量高出 44 朵，总枝条数高出 34 条。1 号优株 x_1、x_2、x_3、x_4、x_9 等均较大，总体表现较好；4 号优株开花数量大，达 310 朵；8 号优株叶片最大且最重，分别为 7.55 cm 和 0.551 g。

表28-2　东兴金花茶候选优株性状特征及综合评价得分

编号	地径（cm）	冠幅（cm）	冠厚（cm）	一级分枝数（个）	总枝条数（条）	叶片大小（cm）	花朵数量（朵）	1年生枝条数（条）	每枝条叶数（片）	叶片重量（g）	冠形	通直度	生长势	得分
1	2.75	202.5	240	23	359	5.55	218	102	7	0.328	2	2	3	85.03
2	3.20	174.0	193	14	312	6.30	207	93	6	0.454	3	3	3	83.46
3	4.20	160.0	200	15	166	6.50	300	100	8	0.446	2	1	3	78.06
4	3.10	191.5	208	19	241	5.50	310	125	9	0.302	2	2	2	82.12
5	4.80	138.5	193	15	576	4.84	178	228	6	0.434	2	3	3	79.62
6	6.30	280.0	290	17	1287	4.95	254	446	5	0.251	3	1	3	79.47
7	7.20	202.5	220	28	665	5.90	222	399	5	0.431	2	2	2	75.01
8	4.30	232.5	150	14	409	7.55	156	187	5	0.551	2	2	2	81.30
9	2.90	172.5	142	8	140	6.15	138	62	6	0.398	2	2	2	74.37
10	3.20	132.5	200	11	184	6.10	258	62	4	0.373	2	3	3	78.28
11	3.30	158.5	192	5	196	5.70	199	87	6	0.348	2	2	2	74.41
12	3.90	192.5	233	23	201	6.55	204	84	6	0.424	2	2	2	76.84
13	4.80	164.0	233	13	200	5.70	192	147	7	0.288	2	2	1	69.95
14	8.00	195.0	196	13	420	6.80	204	223	7	0.442	2	2	3	73.50
15	4.00	180.0	230	17	330	6.45	216	71	8	0.451	2	1	2	78.71
16	2.80	136.5	120	17	260	5.40	125	73	6	0.273	2	3	2	74.64
17	5.30	137.5	140	13	146	6.30	109	36	7	0.378	2	2	2	68.17
18	5.40	179.5	250	23	528	5.50	245	122	6	0.278	2	2	2	73.90
19	3.20	121.5	165	12	160	4.90	268	47	7	0.226	1	3	2	72.94
20	4.80	124.0	152	11	385	5.95	197	148	7	0.292	2	2	3	73.27
21	5.30	136.5	177	11	381	5.50	203	110	7	0.271	2	3	3	71.98

续表

编号	地径（cm）	冠幅（cm）	冠厚（cm）	一级分枝数（个）	总枝条数（条）	叶片大小（cm）	花朵数量（朵）	1年生枝条数（条）	每枝条叶数（片）	叶片重量（g）	冠形	通直度	生长势	得分
22	3.20	129.0	97	6	121	6.60	95	37	6	0.436	2	3	2	72.22
23	2.90	127.5	137	9	141	5.15	94	50	8	0.282	2	2	2	69.73
24	5.80	232.5	125	10	426	5.45	139	66	7	0.298	3	2	3	70.54
25	5.10	167.5	170	15	431	5.55	218	176	5	0.298	2	3	3	74.88
26	3.90	146.0	178	12	267	6.35	197	202	6	0.450	2	3	3	79.69
27	4.20	176.5	141	15	239	5.55	196	212	6	0.309	2	3	2	74.25
28	3.90	170.0	217	16	328	5.60	206	104	6	0.320	2	3	2	75.73
29	3.50	171.5	167	17	173	6.10	103	88	6	0.381	2	2	1	71.71
30	3.90	152.5	240	7	178	6.05	105	106	7	0.365	2	2	2	71.71
31	4.60	173.0	286	21	297	5.25	255	157	8	0.240	2	3	2	74.87
32	4.60	182.0	240	12	260	6.10	221	73	7	0.373	2	2	2	73.72
33	3.90	155.5	209	14	187	5.90	109	113	6	0.306	2	2	2	70.69
34	5.60	179.0	273	16	447	5.95	216	266	7	0.307	2	2	2	74.23
35	3.90	137.5	169	12	185	6.40	139	88	8	0.379	2	3	2	74.27
36	3.50	155.5	215	10	198	5.80	130	84	6	0.177	2	2	2	69.69
37	3.10	191.0	110	13	189	6.25	99	90	8	0.376	3	3	3	77.81
38	6.20	192.5	236	13	477	5.95	109	213	5	0.277	2	2	2	69.18
39	4.80	142.5	201	18	214	6.05	109	128	5	0.351	2	2	2	69.60
40	3.60	160.0	153	13	154	5.95	206	62	5	0.296	2	2	2	71.83
41	3.90	180.0	233	14	274	6.15	298	130	6	0.299	2	2	2	77.38
42	3.10	140.0	176	15	175	6.00	122	66	7	0.301	2	1	2	71.95
43	4.40	182.5	241	10	385	6.20	231	204	5	0.333	2	3	3	78.04
44	4.20	157.5	159	19	226	6.60	98	82	7	0.383	2	2	3	73.38
45	3.10	145.0	250	14	198	6.35	208	131	6	0.326	2	2	3	79.41
46	5.70	221.5	214	13	292	5.90	211	145	8	0.300	2	2	2	71.49
47	4.20	156.5	283	11	242	6.60	139	86	5	0.373	1	2	2	71.73
48	4.30	146.5	252	15	182	6.30	108	96	5	0.361	2	1	3	70.60
49	3.10	143.0	174	17	248	5.95	163	127	4	0.301	2	2	2	75.16
50	6.30	190.0	170	13	288	6.85	175	129	5	0.455	1	2	2	70.67

28.2.3 优株特性

对表 28-2 中 1 号、2 号、4 号、8 号优株的地径、冠幅、总枝条数、花朵数等指标数值范围进行总结（表 28-3）。优株各项指标值范围分别为地径 2.75～4.3 cm、冠幅174.0～232.5 cm、冠厚 150～240 cm、一级分枝数 14～23 个、总枝条数 241～409 条、叶片大小 5.5～7.55 cm、花朵数量 156～310 朵、1 年生枝条数 93～187 条、每枝条叶片数 5～9 片、叶片重量 0.302～0.551 g。在选取优良种源用于开展繁殖育种的生产实践中，可根据上述指标范围进行优株选取，选出优株后，从优株上剪取枝条或收集种子作为优良种源开展繁殖育种工作。

表28-3　东兴金花茶优株指标数值统计

地径（cm）	冠幅（cm）	冠厚（cm）	一级分枝数（个）	总枝条数（条）	叶片大小（cm）	花朵数量（朵）	1年生枝条数（条）	每枝条叶数（片）	叶片重量（g）	冠形	通直度	生长势
2.75～4.30	174.0～232.5	150～240	14～23	241～409	5.50～7.55	156～310	93～187	5～9	0.302～0.551	2～3	2～3	2～3

28.3 结论与讨论

28.3.1 东兴金花茶繁殖育种

东兴金花茶资源存量十分有限，其自身开花结实率低，大量获取种子用于繁殖育种非常困难。现阶段人工繁殖东兴金花茶应用较广泛的方式为扦插繁殖，广西植物研究所长期开展东兴金花茶的保育及繁殖研究工作，基本掌握了东兴金花茶扦插繁殖和种植技术（苏宗明，1994；唐文秀 等，2009；蒋运生 等，2010；杨泉光 等，2013；唐健民 等，2016）。此外，为了减少东兴金花茶枝条的使用量，缩短东兴金花茶成苗时间，实现在短期内获得较多东兴金花茶植株的目的，可采用嫁接方式繁殖东兴金花茶。同时，采用组织培养繁殖东兴金花茶是快速获取大量苗木的方式，目前对东兴金花茶嫁接及组织培养的研究未见报道，建议开展相关研究工作。

28.3.2 野外植株的其他指标

本研究在对东兴金花茶进行初步观测的基础上，选择 50 株候选优株，对反映经济价值和观赏价值的 12 个指标进行测定，其中，地径、冠幅、分枝数等 9 个指标均可以用测量结果记录确切数据，而冠形、通直度、生长势 3 个指标无法准确测量，只能通过感官来判断，存在一定的主观性，且本试验在进行野外观测时，有些植株枝条数量较多、枝条较长、叶片宽大、花朵数量大等，呈现旺盛的生长势，但是受倒伏树木或其他外来因素影响，植株被折断或压弯，导致冠形、通直度等指标较差，在实际种源选取工作中，可根据实际情况灵活评价植株优劣。

28.3.3 优株选择后续工作

优株选择研究是一项比较系统的工作，根据不同目的所采用的评价方法和评价指标不同，如核桃坚果优株的选择指标为坚果外形特征（纵径、横径和侧径）、单果重以及主要营养成分（陈春芳 等，2018）；以产油效率高为目的的油茶品种优株选择所采用的评价指标为种子含油率与种仁含油率、干籽质量、干仁质量、冠幅冠厚比、二回枝角、单位主梢分枝数、果实含油率、出仁率等（王黎明 等，2014）；另外，与本文研究对象同为山茶属金花茶组植物的金花茶的花朵经济价值较高，对单株花量大的优株选择展开研究具有重要意义。据研究，冠幅和株高对丰花型金花茶的单株花量有直接影响，而地径无直接影响（殷爱华 等，2017）。本研究是基于经济价值和观赏价值所进行的优株选择研究，为了对选出的优株做进一步的筛选和评价，研究人员在完成上述评价工作后，对选出的 4 株优株进行标记，分别收集 4 株优株的枝条和种子进行繁殖和栽培，同时，随机收集其他植株的枝条和种子进行繁殖和栽培，对人工栽培的植株进行观测，记录各生长指标，分析栽培苗木的优劣性，以便今后对所选优株的优劣性做进一步筛选和评价。

第二十九章
金花茶组植物种质圃的建立及管理技术

种质圃的建设就是为了把植物种质资源以活体植株的形式保存起来。一是保证物种安全，通过维持物种种内遗传多样性来提高物种生态适应多样性，从而保证在环境胁迫时更有机会逃脱种族灭绝的危险；二是进行良种选育和生物学研究，即收集保存与育种目标相关的种质资源，为良种选育提供物质基础，为生物学研究准备原始材料；三是研究种内变异，鉴定每份种质资源的性状，评价其可利用性，开展种质创新工作；四是选择观赏和药用价值高的物种进行栽培驯化，调查其生物学特性，研究与建立栽培方法，开展培育扩繁，为扩大生产提供技术服务。

29.1 种质圃概况

金花茶组植物种质圃位于广西桂林市雁山区广西植物研究所内。该地区位于北纬25°11′，东经110°12′，海拔178 m，属中亚热带季风气候区。年均气温19.2℃，最热月均温28.4℃，最冷月均温7.7℃，绝对高温38℃，绝对低温–6℃，冬季有霜冻，一年内有6～7个月月均温高于20℃，年积温6950℃。年均降水量1854.8 mm，多集中于春夏4～8月，这5个月的降水量占全年的73%，年均蒸发量1461 mm，少于降水量。年均相对湿度78%，干湿季明显。年均日照时数1553.09 h，有霜日9～24 d。土壤为砂页岩及第四纪红土发育的酸性土壤，pH值为4.7～6.0，质地为黏性土。该种质圃上层树种主要为马尾松，林下郁闭度较好，适宜金花茶组植物的生长。种质圃位于园内试验区一座小山及附近区域。种质圃占地面积约20亩，分为种质保育和繁殖更新2个保育区，其中种质保育区约15亩，繁殖更新区约5亩。

29.2 种质资源收集

广西植物研究所从20世纪70年代末起进行金花茶组植物资源的收集和研究工作，通过野外采集金花茶组植物的种子或枝条进行繁育，或向国内外科研单位、金花茶生产企业和种植户等购买相关材料。收集到的金花茶组植物均记录其来源、引种人、引种地点、引种日期、引种材料、特性特征等，同时对引种栽培的金花茶组植物的物候特征、开花结实特性、生长特性、适应性等进行观测和记录。截至 2022 年 4 月，累计收集国内金花茶组植物 23 种，越南金花茶组植物 10 多种（部分种类未能鉴定）。种质圃内的金花茶组植物均生长良好，大多数能正常开花结实。收集的金花茶组植物种类见表 29-1。

表29-1　广西植物研究所金花茶组植物及其生长情况

序号	种类	引种地	植株大小及长势	花期	果期
1	金花茶	防城、南宁	成年，长势良好	1~3月	11月
2	显脉金花茶	防城	成年，长势良好	12月至翌年1月	11月
3	东兴金花茶	防城	成年，长势良好	3~4月	12月
4	小果金花茶	南宁	成年，长势良好	12月至翌年1月	11月
5	薄叶金花茶	龙州	成年，长势良好	12月至翌年1月	11月
6	小瓣金花茶	宁明	成年，长势良好	12月至翌年1月	12月
7	小花金花茶	凭祥	成年，长势良好	12月至翌年1月	11月
8	淡黄金花茶	龙州	成年，长势良好	9~11月	8月
9	凹脉金花茶	龙州	成年，长势良好	2~3月	11月
10	柠檬金花茶	崇左	成年，长势良好	12月至翌年1月	10月
11	四季花金花茶	崇左	成年，长势良好	几乎全年开花，盛花期为6~8月	几乎全年结果
12	中华五室金花茶	扶绥	成年，长势良好	2~3月	10月
13	中东金花茶	扶绥	成年，长势良好	12月至翌年3月	9月
14	毛瓣金花茶	隆安	成年，长势良好	2~3月	9月
15	喙果金花茶	隆安	成年，长势良好	11月至翌年1月	6月
16	顶生金花茶	天等	成年，长势良好	11月至翌年1月	6月
17	德保金花茶	德保	扦插幼苗，长势良好	—	—
18	平果金花茶	平果	成年，长势良好	11月至翌年1月	9月
19	武鸣金花茶	武鸣	成年，长势良好	12月至翌年2月	11月
20	富宁金花茶	云南富宁	幼苗，长势良好	—	—
21	簇蕊金花茶	云南河口	成年，长势良好	12月至翌年1月	10月
22	贵州金花茶	天峨	成年，长势良好	2~3月	10月
23	离蕊金花茶	贵州册亨	成年，长势良好	12月至翌年1月	10月
24	箱田金花茶（Camellia hakodae）	越南	成年，长势良好	2~3月	10月
25	多毛金花茶（Camellia hirsuta）	越南	成年，长势良好	1~2月	10月
26	红顶金花茶（Camellia insularis）	越南	成年，长势良好	2~3月	10月

续表

序号	种类	引种地	植株大小及长势	花期	果期
27	黄抱茎金花茶 （*Camellia murauchii*）	越南	成年，长势良好	2～3月	10月
28	无名金花茶 （*Camellia innominata*）	越南	成年，长势良好	1～2月	未见结实
29	五室金花茶 （*Camellia aurea*）	越南	成年，长势良好	1～2月	10月

注："—"表示引种植株为幼苗或幼树，还未开花结果。

29.3 种质圃金花茶组植物的管理

29.3.1 幼树期管理

水分管理：按照"见干见湿"原则，一般在晴天早晨或傍晚浇水，土壤田间持水量保持在85%左右，可采用喷灌、滴灌或人工浇水等方式。雨天注意及时排除积水，以免水分过多造成沤根。

中耕除草：在幼树期每年进行3～4次中耕除草，深度为5～7 cm。

施肥：结合中耕除草进行。以施复合肥为主。每年施3次，在3～4月、6～7月和10～11月进行。施肥量视植株大小而定，一般每株施10～20 g。

29.3.2 成年树管理

锄草松土：中耕除草一般在追肥前进行，耕作深度7～10 cm。根据园地土壤情况决定耕作次数，中耕除草结合培土；深耕改土工作1～2年进行1次，在秋季结合施肥进行。

施肥：按"次多量少"的施肥原则进行施肥。基肥隔年施，以有机肥为主。每亩增施腐熟有机肥1000 kg以上，并加入1%的复合肥，在采果后即开沟深施，沟深30～40 cm。全年追肥2～3次，6月上中旬萌芽开花前，以氮肥为主（用量占全年施氮量的30%以上）；7月上旬花芽分化及果实膨大期，氮肥、磷肥、钾肥配合施用，氮肥、磷肥、钾肥用量分别是全年施肥量的30%、20%和40%；10月下旬，进入抽梢前期，继续追施氮肥。根外（叶面）增肥结合喷药进行，每年3～4次，主要喷施0.3%～0.5%的尿素和磷酸二氢钾，以及硼、锌、铁、钼等微量元素。

29.3.3 修剪管理

定型修剪：第一次在茶苗移栽定植（晚秋或早春）时进行，第二次在栽后第二年

6月中下旬进行，第三次在定植后第三年2月下旬至3月上旬，最好是新梢刚刚老熟时进行。剪后需喷1次杀菌剂。修剪时还应剪除过密枝、纤弱枝及病虫枯枝枯叶。要求在晴天进行修剪。另一种方法是在金花茶组植物长到80 cm高度时进行修剪，具体依金花茶组植物的生长情况及特性而定。成年树修剪一般采用压顶的方式。

摘蕾：扦插苗和新移植树苗第一、第二年要摘去花蕾。成年植株中，病弱的金花茶组植物应摘去一些花蕾，以保证金花茶组植物的养分充足。摘蕾后，可喷洒托布津1000倍稀释液，达到防病和防止伤口感染的目的。

29.3.4 病虫害防治

防治原则：应遵循"预防为主，综合防治"的植保工作方针，以农业防治、生物防治和物理防治为主，药剂防治为辅，根据各病虫的发生为害特点，综合运用各防治技术措施。当确需使用化学药剂防治时，严格执行GB 4285–1989、GB/T 8321.1–GB/T8321.9和NY/T 393–2013的有关规定。

防治措施见表29–2。

表29–2　种质圃内金花茶组植物病虫害防治措施

病虫害名称	防治方法
炭疽病	主要为害叶片。发病初期喷洒700倍百菌清或70%托布津1000倍稀释液，每7 d喷洒1次，连续喷洒2～3次
白绢病	病原菌主要由茎基部和根部侵入，主要为害幼树。发病初期采用75%代森铵800～1000倍稀释液灌施
叶枯病	主要为害叶片。发病初期喷洒70%托布津1000倍稀释液或50%退菌特1000倍稀释液，每7 d喷洒1次，连续喷洒2～3次
蚜虫	主要为害嫩叶和芽。3月中旬开始为害，5～6月是为害高峰期。可采用10%吡虫啉2000～3000倍稀释液喷洒
吹绵蚧	主要防治第一代若虫。可采用10%吡虫啉2000～3000倍稀释液喷洒

29.3.5 金花茶组植物的繁育

依据种质圃内收集的各金花茶组植物种类的数量，不定期进行播种、扦插、嫁接、高空压条等种苗繁育工作，以扩大种质圃的资源量，同时亦可满足外单位对金花茶组植物的采购需求。

29.4 种质圃建设存在的问题及发展对策

29.4.1 收集和保存的资源总量不足

对一些金花茶组植物种类，仅收集了个别单株或少数几个枝条的繁育苗，存在遗传多样性保存不足的问题；近年来，陆续发表的越南金花茶组植物种类超过 20 种，而本种质圃收集的越南金花茶组植物种类还较少，且部分种类还暂时不能定名。随着"金花茶热"的持续，国内外金花茶组植物资源都受到了极为严重的破坏，因此必须高度重视并经常开展金花茶组植物种质资源的考察和收集工作，避免一些珍稀的金花茶组植物资源丢失。同时，要通过科技交流、出国考察等途径从国内外引进相关金花茶组植物种质，持续壮大金花茶组植物种质圃。

29.4.2 种质资源专项经费不足

金花茶组植物种质资源保存是一项基础性工作，种质圃前期建设需要大量投入，主要是基础设施投资建设、资源收集和引种等。种质圃建成后，资源种类多、面积大、直接经济效益低，却需要投入大量的资金，包括水肥费用、人员费用、资源更新费用等，但由于国家和地方财政几乎没有投入，仅靠项目经费维持，给种质圃的正常运转带来很大的困难，制约了种质资源收集、保存和相关的研究工作。

首先，金花茶组植物种质资源保护属基础性、公益性工作，未来要积极向有关政府部门争取固定的资金支持和投入。其次，要积极参与竞争性科研项目的申报，通过一些基础科研项目来解决种质圃建设资金不足问题。第三，充分认识种质圃建设的意义，争取依托单位在基础条件和人员配备上的适度倾斜和支持。第四，课题组的成员也要积极加强金花茶组植物资源的开发利用，通过产学研合作、科技开发等形式促进种质圃的更好发展。

29.4.3 种质资源保存手段单一

目前，金花茶组植物种质资源的保存仍采用常规的种植保存法，虽然开展了一些离体保存试验，但效果不是很理想。尚无经费用于建设低温库或超低温库，并进行相关研究和试验。

29.4.4 金花茶组植物育种工作滞后，需进一步加强种质资源创新利用研究

目前，种质圃内已收集了较多的金花茶组植物种类，具备开展金花茶组植物新品

种培育的能力。然而，这方面的工作还开展较少，未来将加强金花茶组植物杂交育种方面的工作，采用常规育种、诱变育种、分子育种等技术，培育具有观赏价值或重要药用价值的金花茶组植物新品种，促进金花茶组植物资源的开发利用。

29.4.5 加强种质资源数据库建设，促进资源共享利用

种质资源数据库收集了大量的种质资源信息，是广大科研工作者进行资源检索的共享平台，可有效促进金花茶组植物种质资源的交流、科研和育种。未来将加强金花茶组植物种质资源数据库的建设，根据资源的保密程度提供不同程度的共享，打破本位封闭的陈旧观念，营造一个开放、和谐的良好学术氛围。

参考文献

［1］艾希珍，张振贤，王绍辉，等.强光胁迫下SOD对姜叶片光抑制破坏的防御作用［J］.园艺学报，
2000，27（3）：198-201.

［2］艾星梅，何睿宇，胡燕芳.马铃薯花芽分化与内源激素动态变化的关系［J］.西北植物学报，
2018，38（1）：87-94.

［3］安玉艳，梁宗锁，韩蕊莲，等.土壤干旱对黄土高原3个常见树种幼苗水分代谢及生长的影响［J］.
西北植物学报，2007（1）：91-97.

［4］宾晓芸.金花茶遗传多样性和居群遗传结构的ISSR，RAPD和AFLP分析［D］.桂林：广西师范大
学，2005.

［5］蔡志全，曹坤芳，冯玉龙，等.热带雨林三种树苗叶片光合机构对光强的适应［J］.应用生态学
报，2003，14（4）：493-496.

［6］曹建华，朱敏洁，黄芬，等.不同地质条件下植物叶片中钙形态对比研究——以贵州茂兰为例［J］.
矿物岩石地球化学通报，2011，30（3）：251-260.

［7］曹尚银，张俊昌，魏立华，等.苹果花芽孕育过程中内源激素的变化［J］.果树科学，2000（4）：
244-248.

［8］柴胜丰，付嵘，邹蓉，等.不同钙离子浓度对喜钙和嫌钙型金花茶光合及生理指标的影响［J］.广
西植物，2021，41（2）：167-176.

［9］柴胜丰，史艳财，陈宗游，等.珍稀濒危植物毛瓣金花茶扦插繁殖技术研究［J］.种子，2012，31
（6）：118-121.

［10］柴胜丰，韦霄，蒋运生，等.濒危植物金花茶开花物候和生殖构件特征［J］.热带亚热带植物学
报，2009，17（1）：5-11.

［11］柴胜丰，韦霄，史艳财，等.强光胁迫对濒危植物金花茶幼苗生长和叶绿素荧光参数的影响［J］.
植物研究，2012，32（2）：159-164.

［12］柴胜丰，庄雪影，韦霄，等.光照强度对濒危植物毛瓣金花茶光合生理特性的影响［J］.西北植物
学报，2013，33（3）：547-554.

［13］陈春芳，赵雪姣，张琳，等.湖北十堰市核桃优株选择［J］.湖北林业科技，2018（5）：15-20.

［14］陈代慧.不同山茶花抗寒生理及遗传差异分析［D］.郑州：河南农业大学，2014.

［15］陈海玲，路雪林，叶泉清，等.基于SSR标记探讨三种金花茶植物的遗传多样性和遗传结构［J］.
广西植物，2019，39（3）：318-327.

［16］陈健妙，郑青松，刘兆普，等.麻疯树（Jatropha curcas L.）幼苗生长和光合作用对盐胁迫的响应
［J］.生态学报，2009，29（3）：1356-1365.

［17］陈圣宾，宋爱琴，李振基.森林幼苗更新对光环境异质性的响应研究进展［J］.应用生态学报，
2005，16（2）：365-370.

［18］陈晓亚，汤章城.植物生理与分子生物学［M］.北京：高等教育出版社，2007：499-532.

［19］陈雅君，崔国文，富象乾.低温对苜蓿品种幼苗体内游离脯氨酸含量的影响［J］.中国草地，1996
　　（6）：47-48，51.

［20］陈宗游，史艳财，罗宝丽，等.块根紫金牛ISSR-PCR反应体系的建立与优化［J］.种子，2011，
　　30（7）：82-85.

［21］程华，李琳玲，袁红慧，等.内源激素含量变化与板栗花芽分化关系研究［J］.北方园艺，2013
　　（22）：5-9.

［22］崔波，周一冉，王喜蒙，等.不同光照强度下白及光合生理特性的研究［J］.河南农业大学学报，
　　2020，54（2）：276-284.

［23］崔培鑫，申智骅，付培立，等.中国南方生长于不同基质的天然林植物叶片元素含量特征比较
　　［J］.生态学报，2020，40（24）：9148-9163.

［24］邓艳，蒋忠诚，蓝芙宁，等.广西热带亚热带典型森林岩溶区土壤-植物系统元素分布特征［J］.
　　生态环境，2008（3）：1140-1145.

［25］邓园艺，喻勋林，雷瑞虎，等.油茶的传粉生物学特性［J］.经济林研究，2009，27（1）：72-75.

［26］邓园艺，喻勋林，罗毅波.传粉昆虫对我国中南地区油茶结实和结籽的作用［J］.生态学报，
　　2010，30（16）：4427-4436.

［27］邸欣月，安显金，董慧，等.贵州喀斯特区域土壤有机质的分布与演化特征［J］.地球与环境，
　　2015，43（6）：697-708.

［28］樊卫国，刘国琴，安华明，等.刺梨花芽分化期芽中内源激素和碳、氮营养的含量动态［J］.果树
　　学报，2003，20（1）：40-43.

［29］方江保，殷秀敏，余树全，等.光照强度对苦槠幼苗生长与光合作用的影响［J］.浙江林学院学
　　报，2010，27（4）：538-544.

［30］冯昌军，罗新义，沙伟，等.低温胁迫对苜蓿品种幼苗SOD、POD活性和脯氨酸含量的影响［J］.
　　草业科学，2005（6）：29-32.

［31］冯建灿，胡秀丽，毛训甲.叶绿素荧光动力学在研究植物逆境生理中的应用［J］.经济林研究，
　　2002（4）：14-18，30.

［32］冯伟，孟和，杨文斌，等.小叶杨与胡杨杂交种（小×胡）幼苗抗旱性初步研究［J］.干旱区资源
　　与环境，2014，28（7）：166-170.

［33］冯晓英，胡章平，乙引.Ca^{2+}胁迫下伞花木和华山松脯氨酸及可溶性蛋白质含量的变化［J］.贵州
　　农业科学，2010，38（9）：169-170，175.

［34］冯玉龙，曹坤芳，冯志立.生长光强对4种热带雨林树苗光合机构的影响［J］.植物生理和分子生
　　物学学报，2002，28（2）：153-160.

［35］符裕红，喻理飞，黄宗胜，等.岩溶区根系地下生境优势植物及其养分利用特征［J］.生态环境学
　　报，2020，29（12）：2337-2345.

［36］高超，闫文德，田大伦，等.杜仲光合速率日变化及其与环境因子的关系［J］.中南林业科技大学
　　学报，2011，31（5）：100-104.

［37］高辉，黎云祥.不同遮荫条件下峨眉岩白菜光合特性初探［J］.西南农业学报，2015，28（5）：
　　1992-1997.

［38］高建国，徐根娣，李文巧，等.濒危植物长序榆（*Ulmus elongata*）幼苗光合特性的初步研究［J］.
　　生态环境学报，2011，20（1）：66-71.

［39］耿云芬，袁春明，李永鹏，等.不同基质对濒危树种景东翅子树扦插生根的影响［J］.西北林学院学报，2013，28（4）：98-102.

［40］龚弘娟，胡兴华，李洁维，等.3种不同基质对金花茶扦插的影响［J］.福建林业科技，2009，36（3）：145-147.

［41］郭辰，杨雪，杨光泉，等.东兴金花茶花果期内源激素动态变化［J］.广西科学，2016，23（3）：278-285.

［42］郭春芳，孙云，唐玉海，等.水分胁迫对茶树叶片叶绿素荧光特性的影响［J］.中国生态农业学报，2009，17（3）：560-564.

［43］郭卫华，李波，黄永梅，等.不同程度的水分胁迫对中间锦鸡儿幼苗气体交换特征的影响［J］.生态学报，2004，4（12）：2717-2722.

［44］郭晓荣，曹坤芳，许再富.热带雨林不同生态习性树种幼苗光合作用和抗氧化酶对生长光环境的反应［J］.应用生态学报，2004（3）：377-381.

［45］国家林业和草原局，农业农村部.国家重点保护野生植物名录（2021年第15号），2021.

［46］韩利红，刘潮，杨云锦，等.光强对罗平小黄姜生长和叶绿素荧光参数的影响［J］.农学学报，2022，12（4）：47-53.

［47］何见，蒋丽娟，李昌珠，等.光皮树花芽分化过程中内源激素含量变化的研究［J］.中国野生植物资源，2009，28（2）：41-45.

［48］何洁，严友进，易兴松，等.喀斯特地区土壤异质性及其与植物相互作用［J］.应用生态学报，2021，32（6）：2249-2258.

［49］何维明，董鸣.毛乌素沙地旱柳生长和生理特征对遮荫的反应［J］.应用生态学报，2003，14（2）：175-178.

［50］何雪娇，余智城，郑少缘，等.遮荫对高山羊齿光合生理特性的影响［J］.热带亚热带植物学报，2018，26（2）：141-149.

［51］侯学煜.中国境内酸性土、钙质土和盐碱土的指示植物［M］.北京：中国科学院出版社，1954.

［52］胡适宜.被子植物胚胎学［M］.北京：人民教育出版社，1982.

［53］胡玉玲，胡冬南，王伟峰，等.不同激素对油茶关键生长过程的调节机制初步研究［J］.浙江林业科技，2011，31（2）：32-37.

［54］胡玉玲，姚小华，任华东，等.普通油茶花芽分化过程春梢生理生化变化［J］.扬州大学学报（农业与生命科学版），2016，37（2）：93-99.

［55］黄付平.防城金花茶植物群落类型的研究［J］.广西林业科学，2001（1）：35-38.

［56］黄杰，孙桂菊，李恒，等.茶多糖提取工艺研究［J］.食品研究与开发，2006，27（6）：77-79.

［57］黄羌维，叶文.内源激素与果树成花的关系［J］.福建师范大学学报（自然科学版），1996（1）：124-128.

［58］黄双全，郭友好.传粉生物学的研究进展［J］.科学通报，2000，45（3）：225-237.

［59］黄双全.花部特征演化的最有效传粉者原则：证据与疑问［J］.生命科学，2014，26（2）：118-124.

［60］黄伟燕，冯志坚.光照强度对赪桐生长及光合特性的影响［J］.林业与环境科学，2020，36（4）：96-101.

［61］黄兴贤，邹蓉，胡兴华，等.十四种金花茶组植物叶总黄酮含量比较［J］.广西植物，2011，31（2）：281-284.

［62］简令成，卢存福，李积宏，等.适宜低温锻炼提高冷敏感植物玉米和番茄的抗冷性及其生理基础［J］.作物学报，2005（8）：971-976.

［63］姜丽娜，李纪元，范正琪，等.金花茶组植物花朵内多酚组分含量分析［J］.林业科学研究，2020，33（4）：117-126.

［64］蒋高明.植物生理生态学［M］.北京：高等教育出版社，2004.

［65］蒋高明，渠春梅.北京山区辽东栎林中几种木本植物光合作用对CO_2浓度升高的响应［J］.植物生态学报，2000，24（2）：204-208.

［66］蒋运生，柴胜丰，唐辉，等.光照强度对广西地不容光合特性和生长的影响［J］.广西植物，2009，29（6）：792-796，723.

［67］蒋运生，唐辉，韦霄，等.珍稀濒危植物东兴金花茶引种驯化研究［J］.广西植物，2010，30（3）：362-366.

［68］金基强，崔海瑞，龚晓春，等.用EST-SSR标记对茶树种质资源的研究［J］.遗传，2007，29（1）：103-108.

［69］金亚征，姚太梅，丁丽梅，等.果树花芽分化机理研究进展［J］.北方园艺，2013（7）：193-196.

［70］喇燕菲，肖丽梅，黄涵，等.3种金花茶花芽分化进程及形态学特征比较［J］.西南农业学报，2021，34（5）：977-983.

［71］冷平生，杨晓红，胡月，等.5种园林树木的光合和蒸腾特性的研究［J］.北京农学院学报，2000，15（4）：13-18.

［72］李斌.云南金花茶遗传多样性分析及其离体快繁研究［D］.昆明：西南林业大学，2018.

［73］李秉真，孙庆林，张建华，等.苹果梨花芽分化期内源激素含量的变化（简报）［J］.植物生理学通讯，2000（1）：27-29.

［74］李从玉，陈在新.板栗雄花芽临界分化期内源激素含量变化［J］.安徽农业科学，2012，40（2）：680-681.

［75］李合生.植物生理生化实验原理和技术［M］.北京：高等教育出版社，2000.

［76］李娟，彭镇华，高健，等.干旱胁迫下黄条金刚竹的光合和叶绿素荧光特性［J］.应用生态学报，2011，22（6）：1395-1402.

［77］李俊才，刘成，王家珍，等.洋梨枝条的低温半致死温度［J］.果树学报，2007（4）：529-532.

［78］李昆，曾觉民，赵虹.金沙江干热河谷造林树种游离脯氨酸含量与抗旱性关系［J］.林业科学研究，1999，12（1）：103-107.

［79］李鹂，党承林.短葶飞蓬（*Erigeron breviscapus*）的花部综合特征与繁育系统［J］.生态学报，2007（2）：571-578.

［80］李林玉，杨丽英，王馨，等.灯盏花的繁育系统与访花昆虫初步研究［J］.西南农业学报，2009，22（2）：454-458.

［81］李满秀，张静，张海容，等.等吸收紫外光度法同时测定槐米中的芦丁和槲皮素［J］.光谱实验室，2005，22（1）：42-45.

［82］李群，包琎龙，王学英，等.蜀葵花蜜成分与虫媒传粉模式的研究［J］.沈阳农业大学学报，2011，42（2）：190-194.

［83］李石容.金花茶茶花黄酮类化合物的分离纯化及抗氧化活性的初步研究［D］.湛江：广东海洋大学，2012.

［84］李西文，陈士林.遮荫下高原濒危药用植物川贝母（*Fritillaria cirrhosa*）光合作用和叶绿素荧光特征［J］.生态学报，2008（7）：3438-3446.

［85］李晓婷，张静，林跃平，等.云南保山烟区土壤与烟叶钙镁含量分布特征及相关性［J］.土壤通报，2019，50（1）：137-142.

［86］李娅莉.不同光周期对山茶花成花影响的研究［D］.成都：四川农业大学，2005.

［87］李在军，冷平生，丛者福.黄连木对干旱胁迫的生理响应［J］.植物资源与环境学报，2006（3）：47-50.

［88］李左栋，刘静萱，黄双全.传粉生物学中几种花蜜采集和糖浓度测定方法的比较［J］.植物分类学报，2006，44（3）：320-326.

［89］梁盛业.世界金花茶植物名录［J］.广西林业科学，2007，36（4）：221-222.

［90］梁小红，安勐颖，宋峥，等.外源甜菜碱对低温胁迫下结缕草生理特性的影响［J］.草业学报，2015，24（9）：181-188.

［91］廖美兰，王华新，杜铃.3种生根剂对金花茶扦插生根的影响［J］.广西林业科学，2013，42（2）：159-161.

［92］林伟宏.植物光合作用对大气CO_2浓度升高的反应［J］.生态学报，1998，18（5）：529-537.

［93］刘慧民，仇茜，苏青，等.18种绣线菊苗期抗寒性评价与筛选［J］.园艺学报，2014，41（12）：2427-2436.

［94］刘家书，周永萍，施翔，等.多枝柽柳春夏两季开花物候特征与生殖特性［J］.西北植物学报，2017，37（9）：1839-1846.

［95］刘凯，李开祥，韦晓娟，等.基于SLAF-seq技术的金花茶SNP标记开发及遗传分析［J］.经济林研究，2019，37（3）：79-83.

［96］刘柿良，马明东，潘远智，等.不同光强对两种桤木幼苗光合特性和抗氧化系统的影响［J］.植物生态学报，2012，36（10）：1062-1074.

［97］刘锡辉，秦新生，梁同军，等.石灰岩特有植物圆叶乌桕土壤与叶片化学元素含量特征［J］.西南农业学报，2013，26（3）：1195-1200.

［98］刘智媛，曾丽，杜习武，等.藤本月季"安吉拉"花芽分化形态结构及内源激素变化研究［J］.植物研究，2021，41（1）：37-43.

［99］刘宗莉，林顺权，陈厚彬.枇杷花芽和营养芽形成过程中内源激素的变化［J］.园艺学报，2007，34（2）：339-344.

［100］刘祖祺，张石诚.植物抗性生理学［M］.北京：中国农业出版社，1994.

［101］卢家仕，李先民，黄展文，等.基于SCoT分子标记的金花茶组植物种质资源遗传多样性分析［J］.中草药，2021，52（20）：6357-6364.

［102］卢永彬.淡黄金花茶种群遗传结构研究［D］.桂林：广西师范大学，2015.

［103］陆军，张吉先.植物内源激素在树木生长中的作用［J］.浙江林业科技，1992（5）：68-71.

［104］罗光宇，陈超，李月灵，等.光照强度对濒危植物长序榆光合特性的影响［J］.生态学杂志，2021，40（4）：980-988.

［105］罗绪强，王世杰，张桂玲，等.钙离子浓度对两种蕨类植物光合作用的影响［J］.生态环境学报，2013，22（2）：258-262.

［106］罗绪强，张桂玲，杜雪莲，等.茂兰喀斯特森林常见钙生植物叶片元素含量及其化学计量学特征

［J］.生态环境学报，2014，23（7）：1121-1129.

［107］吕伟伟，田俊德，郭郁娇，等.不同光照强度下玫瑰光合生理特性［J］.北华大学学报（自然科学版），2021，22（5）：581-587.

［108］吕效国，吕大梅，吴梅君，等.功效系数法与距离法相结合综合评价农作物［J］.安徽农业科学，2009，37（12）：5331-5369.

［109］马宏，王雁，李正红，等.滇丁香的繁育系统研究［J］.林业科学研究，2009，22（3）：373-378.

［110］马焕普.果树花芽分化与激素的关系［J］.植物生理学通讯，1987（1）：1-6.

［111］孟繁静.植物花发育的分子生物学［M］.北京：中国农业出版社，2000：84-86.

［112］孟庆伟，赵世杰，许长成，等.午间强光胁迫下叶黄素循环对小麦叶片光合机构的保护作用［J］.作物学报，1998，24（6）：747-750.

［113］米海莉，许兴，李树华，等.水分胁迫对牛心朴子、干草叶片色素、可溶性糖、淀粉含量及碳氮比的影响［J］.西北植物学报，2004，24（10）：1816-1821.

［114］闵天禄，顾志建，张文骑，等.世界山茶属的研究［M］.昆明：云南科技出版社，2000.

［115］莫惠栋.Logistic方程及其应用［J］.江苏农学院学报，1983，4（2）：53-57.

［116］那光宇，张姝媛，郭娜，等.什锦丁香花芽分化过程中植物内源激素的变化［J］.内蒙古农业大学学报（自然科学版），2012，33（Z1）：58-61.

［117］宁静，黄建安，李娟，等.茶树ISSR-PCR反应体系的正交优化［J］.湖南农业大学学报（自然科学版），2010，36（4）：414-417.

［118］潘瑞炽，董愚德.植物生理学（下册）［M］.北京：高等教育出版社，1998.

［119］潘瑞炽，王小青，李娘辉.植物生理学［M］.北京：高等教育出版社，1992.

［120］裴斌，张光灿，张淑勇，等.土壤干旱胁迫对沙棘叶片光合作用和抗氧化酶活性的影响［J］.生态学报，2013，33（5）：1386-1396.

［121］漆小雪，韦霄，王熊军，等.金花茶花期内源激素含量的变化［J］.江苏农业科学，2013，41（3）：141-144.

［122］齐清文，郝转，陶俊杰，等.报春苣苔属植物钙形态多样性［J］.生物多样性，2013，21（6）：715-722.

［123］齐欣，曹坤芳，冯玉龙.热带雨林蒲桃属3个树种的幼苗光合作用对生长光强的适应［J］.植物生态学报，2004（1）：31-38.

［124］乔小燕，乔婷婷，周炎花，等.基于EST-SSR的广东与广西茶树资源遗传结构和遗传分化比较分析［J］.中国农业科学，2011，44（16）：3297-3311.

［125］秦惠珍，韦霄，唐健民，等.东兴金花茶和长尾毛蕊茶光合响应曲线拟合模型比较研究［J］.江苏农业科学，2020，48（15）：165-170.

［126］秦小明，林华娟，宁恩创，等.金花茶叶水提物的抗氧化活性研究［J］.食品科技，2008（2）：189-191.

［127］卿卓，苏睿，董坤，等.花蜜化学成分及其生态功能研究进展［J］.生态学杂志，2014，33（3）：825-836.

［128］莎仁图雅，齐容镰，何亮.小胡杨2号光合日变化及光响应曲线研究［J］.安徽农业科学，2019，47（15）：112-115.

［129］申加枝，张新富，王玉，等.钙过量对茶树幼苗叶绿素组成及钙、镁吸收的动态影响［J］.山东农业科学，2014，46（6）：85-88.

［130］沈文飚，徐郎莱，叶茂炳，等.抗坏血酸过氧化物酶活性测定的探讨［J］.植物生理学通讯，1996，32（3）：203～205.

［131］宋杨，窦连登，张红军.蓝莓不同品种花芽形成过程中内源激素的变化［J］.中国南方果树，2014，43（5）：106-108.

［132］苏迪，乙引，张习敏，等.外源Ca^{2+}对伞花木和大白杜鹃生长及矿质元素含量代谢的影响［J］.贵州林业科技，2012，40（3）：23-27.

［133］苏明华，刘志成，庄伊美，等.水涨龙眼结果母枝内源激素含量变化对花芽分化的影响［J］.热带作物学报，1997，18（2）：66-71.

［134］苏培玺，张立新，杜明武，等.胡杨不同叶形光合特性、水分利用效率及其对加富CO$_2$的响应［J］.植物生态学报，2003，27（1）：34-40.

［135］苏宗明.金花茶组植物种群生态的初步研究［J］.广西科学，1994，1（1）：311-316.

［136］苏宗明，莫新礼.我国金花茶组植物的地理分布［J］.广西植物，1988，8（1）：75-81.

［137］孙红梅，廖浩斌，刘盼盼，等.不同成花量金花茶花果期果枝叶内源激素的变化［J］.广西植物，2017，37（12）：1537-1544.

［138］孙金春，张扬欢，温泉，等.不同钙效应剂对长春花光合特性的影响［J］.西南大学学报（自然科学版），2011，33（6）：74-78.

［139］孙颖，王阿香，陈士惠，等.侧金盏花的花部特征与繁育系统观察［J］.草业科学，2015，32（3）：347-353.

［140］唐健民.基于SSR标记的东兴金花茶交配系统分析及其抗旱性研究［D］.桂林：广西师范大学，2014.

［141］唐健民，陈宗游，韦霄，等.东兴金花茶SSR-PCR反应体系的优化及引物筛选［J］.基因组学与应用生物学，2014，33（2）：398-404.

［142］唐健民，邹蓉，柴胜丰，等.东兴金花茶花芽分化和发育的初步研究［J］.绿色科技，2016（11）：15-19.

［143］唐文秀，盘波，毛世忠，等.凹脉金花茶和东兴金花茶的繁殖试验研究［J］.西北林学院学报，2009，24（2）：63-67.

［144］汪炳良，徐敏，史庆华，等.高温胁迫对早熟花椰菜叶片抗氧化系统和叶绿素及其荧光参数的影响［J］.中国农业科学，2004，37（8）：1245-1250.

［145］王程媛，王世杰，容丽.营养胁迫对薄叶双盖蕨叶绿素荧光特征的影响［J］.地球与环境，2012，40（1）：23-29.

［146］王程媛，王世杰，容丽，等.茂兰喀斯特地区常见蕨类植物的钙含量特征及高钙适应方式分析［J］.植物生态学报，2011，35（10）：1061-1069.

［147］王方，袁庆华.冰草ISSR-PCR反应体系的建立与优化［J］.草地学报，2009，17（3）：354-357.

［148］王冠群，李丹青，张佳平，等.德国鸢尾6个品种的耐寒性比较［J］.园艺学报，2014，41（4）：773-780.

［149］王坤，黄晓露，梁晓静，等.11种金花茶组植物叶片活性成分含量对比［J］.经济林研究，2018，36（1）：110-114.

［150］王黎明，杨善勋，王荣刚，等.孟江油茶初选种质的变异分析与优株的选择［J］.经济林研究，

2014，32（2）：47-52.

［151］王玲，王春雷，马喜娟，等.锦带花新品种抗寒性［J］.东北林业大学学报，2012，40（12）：43-46.

［152］王玲丽，贾文杰，马璐琳，等.低温胁迫对不同百合主要生理指标的影响［J］.植物生理学报，2014，50（9）：1413-1422.

［153］王树刚，王振林，王平，等.不同小麦品种对低温胁迫的反应及抗冻性评价［J］.生态学报，2011，31（4）：1064-1072.

［154］王玮，李红旭，赵明新，等.7个梨品种的低温半致死温度及耐寒性评价［J］.果树学报，2015，32（5）：860-865.

［155］王小华，庄南生.脯氨酸与植物抗寒性的研究进展［J］.中国农学通报，2008（11）：398-402.

［156］王晓冰，宋雅迪，庄静静，等.不同光照条件下大百合光合生理特性研究［J］.中药材，2019，42（7）：1489-1493.

［157］王琰，陈建文，狄晓艳.不同油松种源光合和荧光参数对水分胁迫的响应特征［J］.生态学报，2011，31（23）：46-53.

［158］王翊，喇燕菲，戴宇琴，等.9种金花茶类植物在南宁的开花物候期及花部形态特征的观察和比较［J］.植物资源与环境学报，2020，29（3）：43-49.

［159］王玉华，范崇辉，沈向，等.大樱桃花芽分化期内源激素含量的变化［J］.西北农业学报，2002（1）：64-67.

［160］王跃华，张丽霞，孙其远.钙过量对茶树光合特性及叶绿体超微结构的影响［J］.植物营养与肥料学报，2010，16（2）：432-438.

［161］王忠.植物生理学［M］.北京：中国农业出版社，2000：432-436.

［162］韦记青，蒋水元，唐辉，等.岩黄连光合与蒸腾特性及其对光照强度和CO_2浓度的响应［J］.广西植物，2006，26（3）：317-320.

［163］韦记青，蒋运生，唐辉，等.珍稀濒危植物金花茶扦插繁殖技术研究［J］.广西师范大学学报：自然科学版，2010，28（3）：70-74.

［164］韦靖杰，潘晓芳，覃镇，等.陆川油茶现蕾期至谢花期主要器官中内源激素的变化规律［J］.经济林研究，2021，39（2）：123-131.

［165］韦璐，秦小明，黄日秋，等.超声波提取金花茶多糖的工艺研究［J］.食品科技，2007（11）：100-102.

［166］韦霄，柴胜丰，陈宗游，等.珍稀濒危植物金花茶保育生物学研究［M］.南宁：广西科学技术出版社，2015.

［167］韦霄，黄兴贤，蒋运生，等.3种金花茶组植物提取物的抗氧化活性比较［J］.中国中药杂志，2011，36（5）：639-641.

［168］韦霄，蒋运生，韦记青，等.珍稀濒危植物金花茶地理分布与生境调查研究［J］.生态环境，2007，16（13）：895-899.

［169］魏雅君，李雯雯，冯贝贝，等.杏李开花生物学特性研究［J］.农业科学与技术（英文版），2016，17（3）：577-583.

［170］吴甘霖，段仁燕，王志高，等.干旱和复水对草莓叶片叶绿素荧光特性的影响［J］.生态学报，2010，30（14）：3941-3946.

［171］吴建国，陆晓民，张晓婷，等.水分胁迫下水杨酸对毛豆幼苗生长及其抗渍性的影响［J］.中国农学通报，2006，22（1）：153-155.

［172］吴雅琴，常瑞丰，李春敏，等.葡萄实生树开花节位与内源激素变化的关系［J］.园艺学报，2006，33（6）：1313-1316.

［173］吴志祥，周兆德，陶忠良，等.妃子笑与鹅蛋荔枝花芽分化期间内源激素的变化［J］.热带作物学报，2005，26（4）：42-45.

［174］席万鹏，郁松林，王有科，等.扁桃幼苗对水分胁迫的生理响应［J］.西北农业科学，2006，15（6）：135-139.

［175］夏婵，李何，王佩兰，等.不同光照强度对赤皮青冈幼苗光合特性的影响［J］.中南林业科技大学学报，2021，41（7）：72-79.

［176］肖政，李纪元，李志辉，等.金花茶组物种遗传关系的ISSR分析［J］.林业科学研究，2014，27（1）：71-76.

［177］谢丽萍，王世杰，肖德安.喀斯特小流域植被－土壤系统钙的协变关系研究［J］.地球与环境，2007（1）：26-32.

［178］徐红建，朱再标，郭巧生，等.光强对老鸦瓣生长发育及光合特性的影响［J］.中国中药杂志，2012，37（4）：442-446.

［179］徐小圆，周玲玲.簇枝补血草花部综合特征及繁育系统的初步研究［J］.北方园艺，2014（21）：105-110.

［180］许大全，沈允钢.植物光合作用效率的日变化［J］.植物生理学报，1997，23（4）：410-416.

［181］许大全，张玉忠，张荣铣.植物光合作用光抑制［J］.植物生理学通讯，1992，28（4）：237-243.

［182］许大全.光合作用效率［M］.上海：上海科学技术出版社，2002：33.

［183］许木果，陈桂良，刘忠妹，等.西双版纳橡胶园土壤交换性钙镁含量及其对叶片钙镁含量的影响［J］.西北林学院学报，2021，36（4）：88-93.

［184］杨泉光，宋洪涛，张洪.不同基质对东兴金花茶种苗发育的影响［J］.绿色科技，2013（12）：107-108.

［185］杨盛美，宋维希，唐一春，等.茶组植物花粉生活力测定及种间杂交研究［J］.中国农学通报，2010，26（8）：115-118.

［186］杨雪.金花茶内源激素变化规律及顶生金花茶遗传多样性的SSR分析［D］.南宁：广西大学，2016.

［187］杨雅涵.蓝莓多次开花与内源激素关系研究［D］.昆明：云南大学，2020.

［188］姚史飞，尹丽，胡庭兴，等.干旱胁迫对麻疯树幼苗光合特性及生长的影响［J］.四川农业大学学报，2009，27（4）：444-449.

［189］叶鹏，李显煌，唐军荣，等.云南金花茶转录组SSR的分布及其序列特征［J］.中南林业科技大学学报，2019，39（9）：86-91.

［190］叶子飘.光合作用对光和CO_2响应模型的研究进展［J］.植物生态学报，2010，34（6）：727-740.

［191］易伟坚，张海东，叶绍明，等.光强对格木幼苗生长及光合特性的影响［J］.南方林业科学，2018，46（1）：29-32，37.

［192］殷爱华，李鑫，陈杰，等.生长因子对丰花型金花茶花量的影响及优株筛选［J］.广西林业科学，2017，46（2）：210-214.

［193］应站明，杨明照，苏应娟，等.篦子三尖杉ISSR-PCR体系优化［J］.南昌大学学报（理科版），2009，33（3）：298-301.

［194］喻雄，邓全恩，李建安.内源激素含量与"铁城一号"油茶开花过程的关系［J］.经济林研究，2019，37（4）：149-154.

［195］岳海，李国华，李国伟，等.澳洲坚果不同品种耐寒特性的研究［J］.园艺学报，2010，37（1）：31-38.

［196］曾丹娟，赵瑞峰，柴胜丰，等.濒危植物合柱金莲木扦插繁殖研究［J］.种子，2010，29（10）：80-82.

［197］曾琦，耿明建，张志江，等.锰毒害对油菜苗期Mn、Ca、Fe含量及POD、CAT活性的影响［J］.华中农业大学学报，2004（3）：300-303.

［198］曾骧.果树生理学［M］.北京：农业大学出版社，1992：134-177.

［199］詹妍妮，郁松林，陈培琴.果树水分胁迫反应研究进展［J］.中国农学通报，2006（4）：239-243.

［200］张大勇.植物生活史与繁殖生态学［M］.北京：科学出版社，2004.

［201］张芳，宋敏，彭晚霞，等.不同钙浓度对两种岩溶植物幼苗生长及其酶活性的影响［J］.广西植物，2017，37（6）：707-715.

［202］张宏达，任善湘.中国植物志（第49卷第3分册）［M］.北京：科学出版社，1998：101-112.

［203］张进忠，林桂珠，林植芳，等.几种南亚热带木本植物光合作用对生长光强的响应［J］.热带亚热带植物学报，2005，13（5）：413-418.

［204］张俊杰，刘青，韦霄，等.光强对金丝李幼苗生长及光合特性的影响［J］.林业科学，2022，58（5）：53-64.

［205］张兰，王静，张金峰，等.辽东栎幼苗生长和生理特性对光照强度的响应［J］.中南林业科技大学学报，2021，41（11）：73-81.

［206］张旻桓，张汉卿，蔡秀兰，等.山茶属种质资源亲缘关系的SSR分析［J］.经济林研究，2018，36（4）：130-134.

［207］张明生，谈锋.水分胁迫下甘薯叶绿素a/b比值的变化及其与抗旱性的关系［J］.种子，2001（4）：23-25.

［208］张秋英，李发东，刘孟雨，等.水分胁迫对小麦旗叶叶绿素a荧光参数和光合速率的影响［J］.干旱地区农业研究，2003，18（1）：26-28

［209］张守仁.叶绿素荧光动力学参数的意义及讨论［J］.植物学通报，1999，16（4）：444-448.

［210］张婷婷，郭太君.白檀光合作用光补偿点和光饱和点的研究［J］.黑龙江科学，2017，8（2）：156-157.

［211］张旺锋，樊大勇，谢宗强，等.濒危植物银杉幼树对生长光强的季节性光合响应［J］.生物多样性，2005，13（5）：387-397.

［212］张习敏，宋庆发，刘伦衔，等.喜钙和嫌钙型植物对外源Ca^{2+}的生长生理响应［J］.西北植物学报，2013，33（8）：1645-1650.

［213］张燕平，张虹，洪泳平，等.羊栖菜提取物体外自由基清除能力的研究［J］.郑州工程学院学报，2003（1）：50-53，57.

［214］张宇斌，张荣，冯丽，等.外源Ca^{2+}对喜钙和嫌钙型植物POD活性的影响［J］.贵州师范大学学报

（自然科学版），2008，26（3）：14-16.

［215］张云，夏国华，马凯，等.遮阴对董叶紫金牛光合特性和叶绿素荧光参数的影响［J］.应用生态学报，2014，25（7）：1940-1948.

［216］赵昌琼，芦站根，庞永珍，等.曼地亚红豆杉的半致死温度与对低温的适应性［J］.重庆大学学报（自然科学版），2003（6）：86-88.

［217］赵鸿杰，李鑫，玄祖迎，等.不同基质和激素对金花茶扦插成活率、根系的影响［J］.林业实用技术，2014（9）：77-79.

［218］赵磊，杨延杰，林多.光照强度对蒲公英光合特性及品质的影响［J］.园艺学报，2007，34（6）：1555-1558.

［219］赵世杰，史国安，董新纯.植物生理学试验指导［M］.北京：中国农业科学出版社，2002：21-31.

［220］赵兴楠.花蜜呈现策略的繁殖生态学研究［D］.哈尔滨：东北师范大学，2017.

［221］赵志珩，张荣，严蕾，等.板栗花芽分化中内源激素的变化规律［J］.广西林业科学，2020，49（4）：518-523.

［222］郑健，郑勇奇，苑林，等.金露梅扦插繁殖技术研究［J］.林业科学研究，2007，20（5）：736-738.

［223］周欢，韦如萍，李吉跃，等.光照强度对乐昌含笑幼苗生长及光合特性的影响［J/OL］.生态学杂志，1-9［2023-05-25］.

［224］周鑫鹏.鬼臼亚科叶片化学多样性及其与遗传和环境因子之间相关性的初步研究［D］.杭州：浙江大学，2019.

［225］朱成豪，唐健民，韦霄，等.不同光强对药食两用鳞尾木幼苗生长及光合特性的影响［J］.江苏农业科学，2020，48（8）：174-178.

［226］朱根海，刘祖祺，朱培仁.应用Logistic方程确定植物组织低温半致死温度研究［J］.南京农业大学学报，1986（3）：11-16.

［227］朱书法，刘丛强，陶发祥，等.贵州喀斯特地区棕色石灰土与黄壤有机质剖面分布及稳定碳同位素组成差异［J］.土壤学报，2007，44（1）：169-173.

［228］朱雯.高州油茶开花生物学及授粉特征［D］.广州：华南农业大学，2017.

［229］朱小龙，李振基，赖志华，等.不同光照下土壤水分胁迫对长苞铁杉幼苗的作用［J］.北京林业大学学报，2007，29（2）：77-81.

［230］朱章顺，王强锋，李芹，等.木芙蓉花期不同阶段主要器官内源激素含量的变化［J］.西部林业科学，2021，50（6）：16-23.

［231］朱振家，姜成英，史艳虎，等.油橄榄成花诱导与花芽分化期间侧芽内源激素含量变化［J］.林业科学，2015，51（11）：32-39.

［232］朱政，蒋家月，江昌俊，等.低温胁迫对茶树叶片SOD、可溶性蛋白和可溶性糖含量的影响［J］.安徽农业大学学报，2011，38（1）：24-26.

［233］邹琦.植物生理学实验指导［M］.北京：中国农业出版社，2000.

［234］ANDERSON J M. Insights into the consequences of grana stacking of thylakoid membranes in vascular plants：a personal perspective［J］. Australian Journal of Plant Physiology，1999，26（7）：625-639.

［235］ANTON S，KOMON-JANCZARA E，DENISOW B. Floral nectary，nectar production dynamics and chemical composition in five nocturnal *Oenothera* species（Onagraceae）in relation to floral visitors ［J］. Planta，2017，246（6）：1051−1067.

［236］BAKER H G，BAKER I. Floral nectar sugar constituents in relation to pollinator type ［M］. New York：Van Nostrand Reinhold，1983：117−141.

［237］BASSMAN J，ZWIER J C. Gas exchange characteristics of *Populus trichocarpa*，*Populus deltoids* and *Populus trichocarpa × P. deltoids clone* ［J］. Tree Physiology，1991，8（2）：145−159.

［238］BERNACCHI C J，SINGSAAS E L，PIMENTEL C，et al. Improved temperature response functions for models of Rubisco-limited photosynthesis ［J］. Plant Cell and Environment，2001，24（2）：253−259.

［239］BJÖRKMAN O，DEMMIG B. Photon yield of O_2 evolution and chlorophyll fluorescence at 77k among vascular plants of diverse origins ［J］. Planta，1987，170（4）：489−504.

［240］BJÖRKMAN O，DEMMIG B. Regulation of photosynthetic light energy capture，conversion，and dissipation in leaves of higher plants ［M］. Berlin：Springer-Verlag，1995：17−47.

［241］BROADHEAD G T，RAGUSO R A. Associative learning of non-sugar nectar components：amino acids modify nectar preference in a hawkmoth ［J］. Journal of Experimental Biology，2021，224（12）：jeb234633.

［242］BUBAN T，FAUST M. Flower bud induction in apple trees：internal control and differentiation ［J］. Horticultural Reviews，1982，4（2）：174−203.

［243］CANDANA N，TARHANB L. Effects of calcium，stress on contents of chlorophyll and carotenoid，LPO levels，and antioxidant enzyme activities in *Mentha* ［J］. Journal of Plant Nutrition，2005，28：127−139.

［244］CHAI S F，CHEN Z Y，TANG J M，et al. Breeding system and bird pollination of *Camellia pubipetala*，a narrowly endemic plant from karst regions of south China ［J］. Plant Species Biology，2019，34（4）：141−151.

［245］CHAPUIS M P，ESTOUP A. Microsatellite null alleles and estimation of population differentiation ［J］. Molecular Biology and Evolution，2007，24（3）：621−631.

［246］CHEN Z Y，JIANG Y S，WANG Z F，et al. Development and characterization of microsatellite markers for *Camellia nitidissima* ［J］. Conservation Genetics，2010（3）：1163−1165.

［247］CORBET S A. Nectar sugar content：estimating standing crop and secretion rate in the field ［J］. Apidologie，2003，34（1）：1−10.

［248］CRUDEN R W，HERMANN-PARKER S M，PETERSON S. Patterns of nectar production and plant-pollinator coevolution ［C］. New York：Columbia University Press，1983：80−125.

［249］CRUDEN R W. Pollen-ovule ratios：a conservative indicator of breeding systems in flowering plants ［J］. Evolution，1977，31（1）：32−46.

［250］DAFNI A，KEVAN P G. Flower size and shape：implication in pollination ［J］. Israel Journal of Plant Science，1997，45（2−3）：201−212.

［251］DAFNI A. Pollination ecology ［M］. New York：Oxford University Press，1992.

［252］DAKIN E E，AVISE J C. Microsatellite null alleles in parentage analysis ［J］. Heredity，2004，93

（5）：504-509.

［253］DE LA FUENTE V, RUFO L, RODRÍGUEZ N, et al. Metal Accumulation Screening of the Río Tinto Flora （Huelva, Spain） ［J］. Biological Trace Element Research, 2010, 134（3）: 318-341.

［254］DESILVA D L R, MANSFIELD T A. The stomatal physiology of calcicoles in relation to calcium delivered in the xylem sap ［J］. Proceedings of the Royal Society B-Biological Sciences, 1994, 257（1348）: 81-85.

［255］DING W L, CLODE P L, CLEMENTS J C, et al. Sensitivity of different *Lupinus* species to calcium under a low phosphorus supply ［J］. Plant Cell and Environment, 2018a, 41（7）: 1512-1523.

［256］DING W L, CLODE P L, CLEMENTS J C, et al. Effects of calcium and its interaction with phosphorus on the nutrient status and growth of three *Lupinus* species ［J］. Physiologia Plantarum, 2018b, 163（3）: 386-398.

［257］DING Y C, CHANG C R, LUO W, et al. High potassium aggravates the oxidative stress inducedy by magnesium deflciency in rice leaves ［J］. Pedosphere, 2008, 18（3）: 316-327.

［258］DOLNICAR S, LEISCH F. Using graphical statistics to better understand market segmentation solutions ［J］. International Journal of Market Research, 2014, 56（2）: 207-230.

［259］DUPONT Y L, HANSEN D M, RASMUSSEN J T, et al. Evolutionary changes in nectar sugar composition associated with switches between bird and insect pollination: the Canarian bird-flower element revisited ［J］. Functional Ecology, 2004, 18（5）: 670-676.

［260］FAEGRI K, VAN DER PIJL L. The principles of pollination ecology ［M］. Oxford: Pergamon Press, 1979: 53-272.

［261］FARQUHAR G D, SHARKEY T D. Stomatal conductance and photosynthesis ［J］. Annual Review of Plant Physiology, 1982, 33: 317-345.

［262］FERRÉ C, CACCIANIGA M, ZANZOTTERA M, et al. Soil-plant interactions in a pasture of the Italian Alps ［J］. Journal of Plant Interactions, 2020, 15（1）: 39-49.

［263］FRANKHAM R, BALLOU J D, BRISCOE D A. Introduction to conservation genetics ［M］. Cambridge: Cambridge University Press, 2002.

［264］HALBUR M M, SLOOP C M, ZANIS M J, et al. The population biology of mitigation: impacts of habitat creation on an endangered plant species ［J］. Conservation Genetics, 2014, 15（3）: 679-695.

［265］HAMRICK J L, GODT M J. Allozyme diversity in plant species. ［M］. Sunderland: Sinauer, 1989: 43-263.

［266］HAYES P E, CLODE P L, CAIO G P, et al. Calcium modulates leaf cell-specific phosphorus allocation in Proteaceae from south-western Australia ［J］. Journal of Experimental Botany, 2019, 70（15）: 3995-4009.

［267］HE H H, VENEKLAAS E J, KUO J, et al. Physiological and ecological significance of biomineralization in plants ［J］. Trends in Plant Science, 2014, 19（3）: 166-174.

［268］HEINRICH B, RAVEN P H. Energetics and pollination ecology ［J］. Science, 1972, 176（4035）: 597-602.

［269］HENDRY A P，DAY T. Population structure attributable to reproductive time：isolation by time and adaptation by time ［J］. Molecular Ecology，2005，14（4）：901−916.

［270］HOAD G V. Hormonal regulation of fruit-bud formation in fruit trees ［J］. Acta Horticultural，1984，149：13−24.

［271］JESSOP R，ROTH G，SALE P. Effects of increased levels of soil $CaCO_3$ on Lupin（ *Lupinus angustifolius* ）growth and nutrition ［J］. Australian Journal of Soil Research，1990，28（6）：955−962.

［272］KERLEY S J，HUYGHE C. Comparison of acid and alkaline soil and liquid culture growth systems for studies of shoot and root characteristics of white lupin（ *Lupinus albus* L. ）genotypes ［J］. Plant and Soil，2001，236（2）：275−286.

［273］KERLEY S J，HUYGHE C. Stress-induced changes in the root architecture of white lupin（ *Lupinus albus* ）in response to pH，bicarbonate，and calcium in liquid culture ［J］. Annals of Applied Biology，2002，141（2）：171−181.

［274］KITAJIMA K，HOGAN K P. Increases of chlorophyll a/b ratios during acclimation of tropical woody seedlings to nitrogen limitation and high light ［J］. Plant，Cell & Environment，2003，26（6）：857−865.

［275］KITAO M，LEI T T，KOIKE T，et al. Susceptibility to photoinhibition of three deciduous broadleaf tree species with different successional traits raised under various light regimes ［J］. Plant Cell Environment，2000，23（1）：81−89.

［276］KOSEGARTEN H U，HOFFMANN B，MENGEL K. Apoplastic pH and Fe^{3+} Reduction in Intact Sunflower Leaves ［J］. Plant Physiology，1999，121（4）：1069−079.

［277］KRAUSE G H，WEIS E. Chlorophyll fluorescence and photosynthesis：the basics ［J］. Annual Review of Plant Physiology and Plant Molecular Biology，1991，42：313−349.

［278］KRAUSE G H. Photoinhibition of photosynthesis：an evaluation of damaging and protective mechanisms ［J］. Physiologia Plantarum，1988，74（3）：566−574.

［279］KRULL E S，SKJEMSTAD J O. δ^{13} C and δ^{15} N rofiles in ^{14}C-dated oxisol and vertisols as a function of soil chemistry and mineralogy ［J］. Geoderma，2003，112（1−2）：1−29.

［280］KUDO G. Relationship between flowering time and fruit set of the entomophilous alpine shrub，*Rhododendron aureum*（Ericaceae），inhabiting snow patches ［J］. American Journal of Botany，1993，80（11）：1300−1304.

［281］LAL A，KU M S B，EDWARDS G E. Analysis of inhibition of photosynthesis due to water stress in the C_3 species Hordeum vulgare and *Vicia faba*：electron transport，CO_2 fixation and carboxylation capacity ［J］. Photosynthetic Research，1996，49（1）：57−69.

［282］LARCHER W. Physiological Plant Ecology ［M］. Berlin：Spriger-Verlag，1980.

［283］LEVITT J. Responses of plants to environmental stress ［M］. New York：Academic Press，1980：533−568.

［284］LI X M，ZHANG Q S，HE J，et al. Photoacclimation characteristics of Sargassum Thunbergii germlings under different light intensities ［J］. Journal of Applied Phycology，2014，26：2151−2158.

［285］LIAO J X，LIANG D Y，JIANG Q W，et al. Growth performance and element concentrations reveal the calcicole-calcifuge behavior of three *Adiantum* species［J］. BMC Plant Biology, 2020, 20 （1）: 327.

［286］LINDSAY W L, VLEK P L G, CHIEN S H. Phosphate minerals［M］. Madison: Soil Science Society of America, 1989: 1089-1130.

［287］LOUSTAU D, BEN BEAHIM M, GAUDILLÈRE J P, et al. Photosynthetic responses to phosphorus nutrition in two-year-old maritime pine seedlings［J］. Tree Physiology, 1999, 19（11）: 707-715.

［288］LUCKWILL L C. The control of growth and fruitfulness of apple trees［M］. London: Academic Press, 1970: 237-245.

［289］MCLAUGHLIN S B, WIMMER R. Tansley Review No. 104: Calcium physiology and terrestrial ecosystem processes［J］. New Phytologist, 1999, 142（3）: 373-417.

［290］MENGEL K, BREININGER M T, BÜBL W. Bicarbonate, the most important factor inducing iron chlorosis in vine grapes on calcareous soil［J］. Plant and Soil, 1984, 81（3）: 333-344.

［291］MENGEL K. Iron availability in plant tissues-iron chlorosis on calcareous soils［J］. Plant and Soil, 1994, 165（2）: 275-283.

［292］MO Y W, LIANG G B, SHI W Q, et al. Metabolic responses of alfalfa （*Medicago sativa* L.) leaves to low and high temperature-induced stresses［J］. African Journal of Biotechnology, 2011, 10（7）: 1117-1124.

［293］NARWAL R P, KUMAR V, SINGH J P. Potassium and magnesium relationship in cowpea （*Vigna unguiculata*（L.) Walp.) ［J］. Plant and Soil, 1985, 86（1）: 129-134.

［294］NEPI M, STPICZYNSKA M. The complexity of nectar: secretion and resorption dynamically regulate nectar features［J］. Naturwissenschaften, 2008, 95（3）: 177-184.

［295］NEWTON I P, COWLING R M, LEWIS O A M. Growth of calcicole and calcifuge Agulhas Plain Proteaceae on contrasting soil types, under glasshouse conditions［J］. South African Journal of Botany, 1991, 57（6）: 319-324.

［296］NICOLSON S W. Amino acid concentrations in the nectars of Southern African bird-pollinated flowers, especially *Aloe* and *Erythrina*［J］. Journal of Chemical Ecology, 2007, 33（9）: 1707-1720.

［297］NIEVA F J J, CASTILLO J M, LUQUE C J. Ecophysiology of tidal and non-tidal population of the invading cordgrass *Spartina densiflora*: seasonal and diurnal patterns in a Mediterranean climate［J］. Estuarine Coast and Shelf Science, 2005, 57（5-6）: 919-928.

［298］NYBOM H. Comparison of different nuclear DNA markers for estimating intraspecific genetic diversity in plants［J］. Molecular Ecology, 2004, 13（5）: 1143-1155.

［299］PAXTON R J, THORÉN P A, GYLLENSTRAND N, et al. Microsatellite DNA analysis reveals low diploid male production in a communal bee with inbreeding［J］. Biological Journal of the Linnean Society, 2000, 69（4）: 483-502.

［300］PEDERSEN J, FRANSSON A-M, OLSSON P A. Performance of *Anisantha*（Bromus） tectorum and *Rumex acetosella* in sandy calcareous soil［J］. Flora, 2011, 206（3）: 276-281.

［301］PROCTOR M, YEO P, LACK A. The natural history of pollination［M］. London: Harper Collins publishers, 1996: 172-201.

［302］RAJASHEKAR C，GUSTA L V，BURKE M J. Forest damage in liardy herbaceous specious ［A］．In：Lyons J M. Low temperature stress in crop plants the role of membrane ［M］. New York：Academic Press，1979：255-274.

［303］RHO J R，CHOE J C. Floral visitors and nectar secretion of the Japanese Camellia，*Camellia japonica* L. ［J］. Korean Journal of Biological Sciences，2003，7（2）：123-125.

［304］ROBERT W C. Pollen-Ovule Ratios：A conservative indicator of breeding systems in flowering plants ［J］. Evolution，1977，31（1）：32-46.

［305］ROGUZ K，BAJGUZ A，CHMUR M，et al. Diversity of nectar amino acids in the *Fritillaria* （Liliaceae）genus：ecological and evolutionary implications ［J］. Scientific Reports，2019（9）：15209.

［306］SARDANS J，ALONSO R，CARNICER J，et al. Factors influencing the foliar elemental composition and stoichiometry in forest trees in Spain ［J］. Perspectives in Plant Ecology，Evolution and Systematics，2016，18：52-69.

［307］SLATKIN M. Gene flow and the geographic structure of natural populations ［J］. Science，1987，236（4803）：787-792.

［308］SMOOT M E，ONO K，RUSCHEINSKI J，et al. Cytoscape 2. 8：New features for data integration and network visualization ［J］. Bioinformatics，2011，27（3）：431-432.

［309］SNAYDON R W. The growth and competitive ability of contrasting natural populations of *Trifolium repens* L. on calcareous and acid soils ［J］. Journal of Ecology，1962，50（2）：439-447.

［310］STPICZYNSKA M，NEPI M，ZYCH M. Secretion and composition of nectar and the structure of perigonal nectaries in *Fritillaria meleagris* L.（Liliaceae）［J］. Plant systematics and evolution，2012，298（5）：997-1013.

［311］STRÖM L. Root exudation of organic acids：importance to nutrient availability and the calcifuge and calcicole behaviour of plants ［J］. Oikos，1997，80（3）：459-466.

［312］STRÖM L，OLSSON T，TYLER G. Differences between calcifuge and acidifuge plants in root exudation of low-molecular organic acids ［J］. Plant and Soil，1994（167）：239-245.

［313］SUN S G，HUANG Z H，CHEN Z B，et al. Nectar properties and the role of sunbirds as pollinators of the golden-flowered tea（*Camellia petelotii*）［J］. American Journal of Botany，2017，104（3）：468-476.

［314］SUSIN S，ABADIA A，GONZALEZ-REYES J A，et al. The pH requirement for in vivo Activity of the iron-deficiency-induced "Turbo" ferric chelate reductase（A comparison of the iron-deficiency-induced iron reductase activities of intact plants and isolated plasma membrane fractions in sugar beet）［J］. Plant Physiology，1996，110（1）：111-123.

［315］TALLMON D A，LUIKART G，WAPLES R S. The alluring simplicity and complex reality of genetic rescue ［J］. Trends in Ecology & Evolution，2004，19（9）：489-496.

［316］TANG S，LIU J，LAMBERS H，et al. Increase in leaf organic acids to enhance adaptability of dominant plant species in karst habitats ［J］. Ecology and Evolution，2021，11：10277-10289.

［317］TYLER G，STRÖM L. Differing organic acid exudation pattern explains calcifuge and acidifuge behaviour of plants ［J］. Annals of Botany，1995，75（1）：75-78.

［318］TYLER G. A new approach to understanding the calcifuge habit of plants ［J］. Annals of Botany, 1994, 73 （3）: 327−330.

［319］TYLER G. Inability to solubilize phosphate in limestone soils-key factor controlling calcifuge habit of plants ［J］. Plant and Soil, 1992, 145 （1）: 65−70.

［320］VALENTINUZZI F, MIMMO T, CESCO S, et al. The effect of lime on the rhizosphere processes and elemental uptake of white lupin ［J］. Environmental and Experimental Botany, 2015, 118: 85−94.

［321］VAN DER ENT A, CARDACE D, TIBBETT M, et al. Ecological implications of pedogenesis and geochemistry of ultramafic soils in Kinabalu Park （Malaysia）［J］. Catena, 2018, 160: 154−169.

［322］VERBRUGGEN N, HERMANS C. Proline accumulation in plants ［J］. Amino Acids, 2008, 35 （4）: 753−759.

［323］VIRK S S, CLELAND R E. The role of wall calcium in the extension of cell walls of soybean hypocotyls ［J］. Planta, 1990, 182 （4）: 559−564.

［324］WANG J X, LUO T, ZHANG H, et al. Variation of endogenous hormones during flower and leaf buds development in 'Tianhong 2' apple ［J］. HortScience, 2020, 55 （11）: 1794−1798.

［325］WANG M, CHEN H S, ZHANG W, et al. Influencing factors on soil nutrients at different scales in a karst area ［J］. Catena, 2019, 175: 411−420.

［326］WANG M M, CHEN H S, ZHANG W, et al. Soil nutrients and stoichiometric ratios as affected by land use and lithology at county scale in a karst area, southwest China ［J］. Science of The Total Environment, 2018, 619: 1299−1307.

［327］WEI J Q, CHEN Z Y, WANG Z F, et al. Isolation and characterization of polymorphic microsatellite loci in *Camellia nitidissima* Chi （Theaceae）［J］. American Journal of Botany, 2010, 97: 89−90.

［328］WRIGHT S. The interpretation of population structure by F-statistics with special regard to systems of mating ［J］. Evolution, 1965, 19 （3）: 395−420.

［329］WU G, LI M T, ZHONG F X, et al. *Lonicera confusa* has an anatomical mechanism to respond to calcium-rich environment ［J］. Plant and Soil, 2011, 338 （1−2）: 343−353.

［330］YAN B B, HOU J L, CUI J, et al. The effects of endogenous hormones on the flowering and fruiting of *Glycyrrhiza uralensis* ［J］. Plants, 2019, 8 （11）: 519.

［331］YAO Z M, XU C Y, CHAI Y, et al. Effect of light intensities on the photosynthetic characteristics of *Abies holophylla* seedlings from different provenances ［J］. Annals of Forest Research, 2014, 57 （2）: 181−196.

［332］YI Z H, CUI J J, FU Y M, et al. Effect of different light intensity on physiology, antioxidant capacity and photosynthetic characteristics on wheat seedlings under high CO_2 concentration in a closed artificial ecosystem ［J］. Photosynthesis Research, 2020, 144: 23−34.

［333］YU Q, TANG C. Lupin and pea differ in root cell wall buffering capacity and fractionation of apoplastic calcium ［J］. Journal of Plant Nutrition, 2000, 23: 529−539.

［334］ZHANG W, ZHAO J, PAN F J, et al. Changes in nitrogen and phosphorus limitation during secondary succession in a karst region in southwest China ［J］. Plant and Soil, 2015, 391 （1−2）: 77−91.

［335］ZHANG Y B, ZHOU C Y, LV W Q, et al. Comparative study of the stoichiometric characteristics of karst and non-karst forests in Guizhou, China ［J］. Journal of Forestry Research, 2019, 30（3）: 799－806.

［336］ ZOHLEN A, TYLER G. Soluble inorganic tissue phosphorus and calcicole-calcifuge behaviour of plants ［J］. Annals of Botany, 2004, 94（3）: 427－432.